U0203154

低压电工实用技术

（微课版）

主编 孙丽娜 何玲

江苏大学出版社
JIANGSU UNIVERSITY PRESS

镇江

图书在版编目(CIP)数据

低压电工实用技术/孙丽娜,何玲主编. — 镇江：
江苏大学出版社,2020.8(2024.9 重印)
ISBN 978-7-5684-1389-3

Ⅰ.①低… Ⅱ.①孙… ②何… Ⅲ.①低电压–电工
技术 Ⅳ.①TM08

中国版本图书馆 CIP 数据核字(2020)第 126203 号

低压电工实用技术
Diya Diangong Shiyong Jishu

主　　编/孙丽娜　何　玲
责任编辑/李菊萍　苏春晶
出版发行/江苏大学出版社
地　　址/江苏省镇江市京口区学府路 301 号(邮编：212013)
电　　话/0511-84446464(传真)
网　　址/http://press.ujs.edu.cn
排　　版/镇江文苑制版印刷有限责任公司
印　　刷/镇江文苑制版印刷有限责任公司
开　　本/787 mm×1 092 mm　1/16
印　　张/17.75
字　　数/432 千字
版　　次/2020 年 8 月第 1 版
印　　次/2024 年 9 月第 6 次印刷
书　　号/ISBN 978-7-5684-1389-3
定　　价/49.00 元

如有印装质量问题请与本社营销部联系(电话:0511-84440882)

前　言

近年来,随着经济的快速发展,各种电器产品在生产、生活中的应用日益深广,各行各业从事电工作业的人员也在迅速增加。

在职业院校,低压电工已逐渐扩展为全校性公共实训课,开始面向非电、非理工类的学生,通过调研不同专业学生和不同企业人员对低压电工的学习需求,根据《国家中长期教育改革和发展规划纲要》和《中国教育改革和发展纲要》提出的教学改革要求,结合近几年江苏省品牌专业的建设,以及长期从事职业教育和低压电工培训的经验,我们本着"课证融合、工学结合、项目引导、任务驱动、教学做一体化"的原则,编写了《低压电工实用技术》新形态一体化教材。

本书将低压电工的基础知识与来自企业生产实践的典型案例相结合,并融入低压电工作业理论和实践操作的考试内容,其中标有"＊"的内容是低压电工作业的实际操作考试内容。最终经过教学整合设计,将教学过程用 11 个项目贯穿起来,每个项目分为 2 个任务。建议教学在实训室进行,合理分配实训工位,使学生能在做中学、学中做。我们建议这门课程理论和实践的课时比至少为 1∶1,当然也可根据实际情况适当调整。

本书的特色如下:

1. 激发主动学习,提升实践技能。本书的内容设置以学生为教学主体,以激发学生主动学习的热情,提高课堂教学效率为目标,注重培养学生理论联系实际的能力,突出对职业素质和技能的培养。

2. 知识精炼必需,做中学学中做。本书以理论知识必需、够用为度,少而精的原则,将知识点贯穿于项目中,将技能要求转换为实训操作,达到"做中学"和"学中做"工学交替的效果,使学生的学习过程更具有连贯性、针对性和选择性。

3. 考证融入项目,解析详细易学。将低压电工上岗证理论考题融入每个项目中,学生可以扫码做题,做完后会立即出现成绩、答案及详细的解析过程,方便学生自学,教师也可以随时查看学生的做题情况。针对低压电工上岗证的实操考题设有专门的项目或任务,并配有详细的实际操作视频。

4. 配备视频资源,线上自学简单。本书将关键知识点和技能点拍摄成视频资源,方便实现学生线上学习与线下实训相互配合的教学目的。

5. 三层教学资源,适宜不同需求。根据不同专业、不同年级的学生,以及企业电工工作的人员和准备从事电工工作人员的实训需求,本书将数字化教学资源分为基础性、提升性、拓展性三层。

本书由苏州工业园区职业技术学院机电工程系孙丽娜和何玲担任主编,孙丽娜负责制定编写大纲并提出各章的编写思路。项目1—5和项目7由孙丽娜、何玲共同编写，项目6和项目8—11由孙丽娜编写，书中视频由孙丽娜、何玲共同拍摄。

在编写过程中，我们查看、参考或引用了众多文献资料，获得了很多启发，得到了许多同行的关心和帮助。本书邀请全国教学名师王应海教授担任主审，王教授仔细审阅了全稿，提出了很多宝贵的意见和建议。苏州轨道交通运营分公司、苏州三星显示有限公司、博世汽车部件(苏州)有限公司等多家合作企业的工程师也为本书提供了很多资料，并给予指导，在此一并表示感谢。

由于作者水平有限，书中疏漏之处在所难免，恳请业内专家和广大读者批评指正。

孙丽娜　何　玲

目　录

项目简介

本项目为安全用电,涉及低压电工作业安全技术实际操作的第四个考题(触电救护和心肺复苏法模拟操作、灭火器材选择和使用,配分30分,考试时间10 min),要求学员能够掌握以下知识和技能:在发生触电时能够清楚第一时间该做如何处理;能够对橡塑模拟人进行正确的体位安放、口对口(鼻)人工呼吸和胸外心脏按压;了解哪些灭火器可用于电气灭火,哪些灭火器不能用于电气灭火;现场能够正确选择和使用灭火器材。

项目具体实施过程中分解成2个任务(如图1.0.1所示),分别为安全用电与触电急救、电气火灾与防护。要求通过2个任务的学习,最终通透地掌握本项目的理论和实践内容。

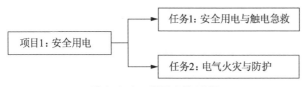

图1.0.1　项目实施过程

项目目标

1. 熟悉电工安全技术操作规程;
2. 了解安全用电基本知识;
3. 熟悉触电后的急救知识,能够对触电事故中的人员进行正确施救;
4. 熟悉常用电气设备的防火、防爆措施;
5. 了解灭火器的原理,熟悉灭火器的使用方法;
6. 能根据电气火灾的状况采取合理的灭火方式,并正确使用各式灭火器。

*项目1

安全用电

*任务 1　安全用电与触电急救

任 务 目 标

1. 熟悉电工安全技术操作规程;
2. 了解电流对人体的影响与人体触电方式;
3. 掌握触电防护技术;
4. 了解电气设备的保护接地和保护接零;
5. 熟悉触电后的急救措施,能够对触电事故中的人员进行正确施救。

实 训 设 备 和 元 器 件

任务所需实训设备和元器件如表 1.1.1 所示。

表 1.1.1　实训设备和元器件明细表

序号	器件名称	型号规格	数量
1	橡塑模拟人		1 个
2	体操垫	根据实训室条件自定	1 个
3	个人卫生用品		1 份/人

基 础 知 识

一、电工安全技术操作规程

安全文明生产是每个从业人员不可忽视的重要内容,违反安全操作规程,就会造成人身事故和设备故障,不仅给国家和企业造成经济损失,而且直接关系到个人的生命安全。

（一）工作前的检查和准备工作

（1）必须穿好工作服(严禁穿裙子、短裤、拖鞋),女同志应戴工作帽,长发必须罩入工作帽内,腕部和颈部不允许佩戴金属饰品。

（2）在安装或维修电气设备时,要清扫工作场地或工作台面,防止灰尘等杂物侵入电气设备内造成故障。

（二）文明操作和安全技术

（1）工作时要精力集中,不允许做与本职工作无关的事情,必须检查仪表和测量工具是否完好。

（2）在断开电源开关检修电气设备时,应悬挂电气安全标志,如"有人工作,严禁合闸"等。

（3）拆卸和装配电气设备时，操作要平稳，用力要均匀，不要强拉硬敲，防止损坏电气设备。电动机通电试验前，应先检查绝缘是否良好、机壳是否接地。试运转时，应注意观察转向，听声音，测温度，工作人员要避开联轴旋转方向，非操作人员不允许靠近电动机和试验设备，以防高压触电。

（4）在操作过程中一定要注意安全标志。明确统一的标志是保证用电安全的一项重要措施。统计表明，不少电气事故完全是由于标志不统一造成的。例如，由于导线颜色不统一，误将相线接设备的机壳，导致机壳带电，酿成触电事故。安全用电标志分为颜色标志和图形标志。颜色标志常用来区分各种不同性质、不同用途的导线，或者用来表示某处安全程度。图形标志常用来告诫人们不要去接近或进入危险场所。为保证安全用电，必须严格按照有关标准使用颜色标志和图形标志。我国安全色采用的标准基本上与国际标准草案（ISD）相同，规定用红、黄、蓝、绿四种颜色作为全国通用的安全色。四种安全色的含义和用途如下：

- 红色：用来标志禁止、停止和消防，如信号灯、信号旗、机器上的紧急停止按钮等。
- 黄色：用来标志注意危险，如"当心触电""注意安全"等。
- 绿色：用来标志安全无事，如"在此工作""已接地"等。
- 蓝色：用来标志强制执行，如"必须戴安全帽"等。

黑、白两种颜色一般作为安全色的对比色，主要用作上述各种安全色的背景色，如安全标志牌上的底色一般采用白色或黑色。

按照规定，为便于识别，防止误操作，确保运行及检修人员的安全，须采用不同颜色来区别设备特征。例如，对于电气母线，U 相为黄色，V 相为绿色，W 相为红色；明敷的接地线为黑色；在二次系统中，交流电压回路为黄色，交流电流回路为绿色，信号和警告回路为白色。

安全用电标志图案如图 1.1.1 所示。

图 1.1.1　安全用电标志图案

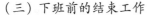

（三）下班前的结束工作

（1）要断开电源总开关，防止电气设备起火造成事故。

（2）修理后的电气设备应放在干燥、干净的工作场地，并摆放整齐。做好修理电气设备的事故记录，积累维修经验。

二、安全用电基本知识

随着电力工业和电气技术的迅速发展，电能的使用日益广泛，并已深入生产和生活的各个领域。但是，电本身是看不见、摸不到的东西，它在造福人类的同时，也存在很大的潜在危险。如果缺乏安全用电知识，没有掌握基本的用电技术，就不能做到安全用电，有时还可能造成用电电器的损坏，引发电气火灾，甚至带来人员伤亡。因此，宣传安全用电知识，普及安全用电技能，是人们安全、合理使用电能，避免用电事故发生的一大关键。

（一）电流对人体的伤害及影响因素

1. 电流对人体的伤害

人体触及或接近带电体，引起人体局部受伤，甚至导致死亡的现象，称为触电。人体触电时，有电流通过，并会对其造成伤害。电流对人体的伤害，主要有电击和电伤两种。

（1）电击。电击是指电流通过人体，使人体内部的器官受到损伤。

（2）电伤。电伤是指电流直接或间接造成对人体表面的局部损伤。电伤包括灼伤、电烙印和皮肤金属化等。

触电是一个比较复杂的过程，在很多情况下，电击和电伤往往同时发生，但绝大部分的触电死亡事故都是电击造成的。

2. 电流对人体伤害程度的影响因素

（1）电流大小的影响。通过人体的电流越大，人的生理反应和病理反应越明显，引起心室颤动所需的时间越短，致命的危险性越大。电流按大小可分为以下几种。

① 感知电流：引起人的感觉（如麻、刺、痛）的最小电流。不同的人，感知电流不相同。工频电的平均感知电流，成年男性约为 1.1 mA，成年女性约为 0.7 mA；直流电约为 5 mA。

② 摆脱电流：触电后能自主摆脱带电体的最大电流。摆脱电流与人体生理特征、带电体接触方式及电极形状等有关。工频电的平均摆脱电流，成年男性约为 16 mA，成年女性约为 10 mA；直流电约为 50 mA；儿童的摆脱电流较成人要小。

当电流超过摆脱电流时，人的肌肉就可能发生痉挛，时间过长就会造成昏迷、窒息，甚至死亡。

③ 致命电流：触电后能在短时间内危及生命的电流。在低压触电事故中，心室颤动是触电致命的原因，因此，致命电流又称为心室颤动最小电流。一般情况下工频电流为 30 mA。

（2）电流持续时间的影响。电流持续时间越长，其危险性就越大。

（3）电流途径的影响。电流通过心脏、中枢神经（脑部和脊髓）是最危险的，这很容易引起心室颤动和中枢神经失调而导致死亡。一般来说，流过心脏和中枢神经的电流越多、电路线路越短的途径就是触电危险性越大的途径。

从左手到胸部、从左手到右脚是极为危险的电流途径；从右手到胸部、从右手到脚，手到手等也都是很危险的电流途径；脚到脚一般危险性较小，但可能因剧烈痉挛而摔倒，导致电流通过全身并造成摔伤、坠落等二次事故。

（4）电流频率的影响。50~60 Hz 的交流电对人体的伤害程度最大。当低于或高于以上频率范围时，它的伤害程度就会显著减轻。直流电的伤害程度远比工频电流要小，人体对直流电的极限忍耐电流值可达约 100 mA。

（5）电压高低的影响。触电电压越高，通过人体的电流越大，危险性越大。由于通过人体的电流与作用于人体的电压并不成正比关系，随着作用于人体的电压升高，人体电阻急剧下降，通过的电流迅速增加，对人体造成的伤害更为严重。

（6）人体电阻及健康状况的影响。人体触电时，流过人体的电流与人体电阻值成反比。人体电阻越小，流过人体的电流越大，伤害程度就越大；反之，相对较小。干燥条件下，人体电阻为 1 000~3 000 Ω，皮肤破损、皮肤表面粘有导电性粉尘、皮肤潮湿、接触压力增大、电流持续时间延长、接触面积增大等都会使人体电阻下降。潮湿条件下的人体电阻约为干燥条件下的 1/2。

（二）触电形式

按照人体触及带电体的方式和电流流过人体的途径，可将触电分为单相触电、两相触电和跨步电压触电。

（1）单相触电。当人体直接碰触带电设备中的某一根相线时，电流会通过人体流入大地，这种触电形式称为单相触电。

（2）两相触电。人体同时接触带电设备或线路中的两相导体，电流从一相导体通过人体流入另一相导体，构成一个闭合电路，这种触电形式称为两相触电。发生两相触电时，作用于人体上的电压等于线电压，这种触电是最危险的。

（3）跨步电压触电。当电气设备发生接地故障时，接地电流通过接地体向大地流散，在地面上形成电位分布，若人在接地短路点周围行走，则其两脚之间的电位差就是跨步电压。跨步电压的大小受接地电流大小、鞋和地面特征、两脚之间的跨距、两脚的方位及离接地点的远近等很多因素的影响。

（三）触电防护技术

防止直接接触触电的技术措施有绝缘防护、屏护、安全距离、安全电压及漏电保护器等；防止间接接触触电的技术措施有自动切断电源的保护、采用接地保护和接零保护来降低接触电压等。

1. 防止接触带电部件

（1）绝缘防护。绝缘防护就是使用绝缘材料将带电导体封护或隔离起来，保证在电气设备及线路正常工作时，人体不会触及带电体而造成触电事故的发生。

（2）屏护防护。屏护防护就是采用遮拦、护罩、护盖、箱闸、围墙等把带电体同外界隔离开来，主要用于电气设备不便于绝缘和绝缘不足以保证安全的场合，是防止人体接触带电体的重要措施。

（3）间距防护。间距又称安全距离，是指为防止发生触电事故或短路故障而规定的带电体之间、带电体与地面及其他设施之间、工作人员与带电体之间所必须保持的最小距离或最小空气间隙。

2. 采用安全电压

把可能加在人身上的电压限制在某一范围内，使得在这种电压下，通过人体的电流不超过允许范围，这一电压就叫作安全电压。

安全电压的工频有效值一般不超过 50 V，直流不超过 120 V。我国安全电压额定值的等级为 42 V、36 V、24 V、12 V 和 6 V，并规定当电器设备的工作电压超过 24 V 时，必须采取预防直接接触带电体的保护措施。

设备的安全电压要根据使用场所、操作员条件、使用方式、供电方式、线路状况等因素选用。较干燥的环境中可使用 42 V 和 36 V，在较恶劣的环境中，如隧道内、潮湿环境中，采用 24 V 及以下。安全电压有一定的局限性，一般适用于小型电气设备，如手持电动工具等。

3. 合理使用防护用具

在电气作业中，合理配备和使用绝缘防护工具，对防止触电事故，保障工作人员在生产过程中的安全健康具有重要意义。

绝缘防护用具可分为两类：一类是基本安全防护用具，这类防护用具其绝缘强度能长期承受工作电压，并能在该电压等级内产生过电压时，保证工作人员的人身安全，如绝缘棒、绝缘钳，以及低压作业时的绝缘手套、验电器等；另一类是辅助安全防护用具，它的绝缘强度不能承受工作电压，只能起到加强基本安全用具的保护作用，如绝缘（靴）鞋、橡皮垫、绝缘台和高压作业时的绝缘手套等，用来防止接触电压、跨步电压等对工作人员的伤害。

4. 安装漏电保护器

漏电保护器，又称触电保安器，是一种在规定条件下，当漏电电流达到或超过给定值时，便能自动断开电路的机械式开关电器或组合电器。漏电保护器有电压型和电流型，直接传动型和间接传动型，机械脱扣和电磁脱扣，单相双极、三相三极和三相四极等多种分类类型。漏电保护器实物如图 1.1.2 所示。

图 1.1.2　漏电保护器外形

下列场所必须安装漏电保护装置：移动式电气设备及手持式电动工具（Ⅲ类除外）；安装在潮湿、强腐蚀性等环境恶劣场所的电气设备；建筑施工工地的电气施工机械设备；暂作临时用电的电气设备；宾馆、饭店及招待所客房内的插座回路；机关、学校、企业、住宅等建筑物内的插座回路；游泳池、喷水池、浴室的水中照明设备；安装在水中的供电线路和设备；医院中直接接触人体的医用设备。

（四）保护接地和保护接零

电气设备上与带电部分相绝缘的金属外壳、配电装置的构架和线路杆塔等，可能因绝缘损坏或其他原因而带电，危及人身和设备安全。为避免或减小事故的危害性，电气工程中常采用接地的安全技术措施。电气设备的任何部分与土壤之间的良好连接称为"接地"。与土壤直接接触，有一定散流电阻的金属导体称为接地体，连接接地体与设备接地部分的导线称为接地线，接地体和接地线合称接地装置。电力系统和电气设备的接地有工作接地、保护接地、保护接零、重复接地等。

1. 工作接地（N 线接地）

工作接地是指把电力系统的中性点接地，以便电气设备可靠运行。它的作用是降低人体的接触电压，因为此时当一相导线接地后，可形成单相短路电流，有关保护装置就能及时动作，从而切断电源，如图 1.1.3 所示。

2. 保护接地（PN 线接地）

保护接地是指把电气设备的金属外壳及与外壳相连的金属构架接地，如电动机的外壳接地、敷线的金属管接地等，如图 1.1.4 所示。采取保护接地后，一旦电气设备的金属外壳因带电部分的绝缘损坏而带电，人体触及金属外壳时，由于接地线的电阻远小于人体电阻，大部分电流经过接地线流入大地，从而保证了人体的安全。

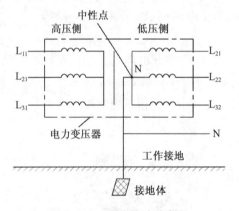

图 1.1.3　工作接地示意图

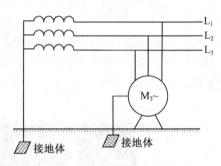

图 1.1.4　保护接地示意图

3. 保护接零（PEN 线接地）

保护接零是指在中性点接地的三相四线制系统中，将电气设备的金属外壳、构架等与中性线连接，如图 1.1.5 所示。采取保护接零的电气设备，若绝缘损坏而使外壳带电，则因中性线接地电阻很小，所以短路电流很大，导致电路中保护开关动作或熔丝熔断，从而避免触电危险。

4. 重复接地（PENN 线重复接地）

在三相四线制保护接零电网中，在零干线的一处或多处用金属导线连接接地装置，如图 1.1.6 所示。重复接地可以降低漏电保护设备外壳的对地电压，减小触电的危险。

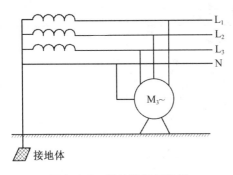

图1.1.5　保护接零示意图

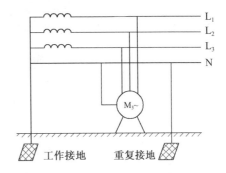

图1.1.6　重复接地示意图

 任务实施：触电救护和心肺复苏法模拟操作

1. 任务说明

发生触电事故时,对于触电者的急救应分秒必争。据统计资料显示:触电者在1 min内就地实施有效抢救,成活率在90%以上;1~4 min内抢救,成活率为60%;6 min后才实施急救措施,救活率仅为10%;10 min后抢救,救活率几乎为0。因此,一旦确认伤者呼吸、心跳停止,就必须立即现场进行对症处理。

本任务实施是低压电工作业安全技术实际操作第四个考题中的触电救护和心肺复苏法模拟操作(配分20分,考核时间5 min),任务要求各小组根据表1.1.1准备好实训设备和元器件并掌握以下知识和技能:

(1)发生触电时,能第一时间做出处理;(4分)

(2)能正确安放触电者(橡塑模拟人)体位;(4分)

(3)采用橡塑模拟人(图1.1.7)模拟演示口对口(鼻)人工呼吸;(6分)

(4)采用橡塑模拟人模拟演示胸外心脏按压。(6分)

图1.1.7　橡塑模拟人

2. 任务步骤

☞ **题目1:触电现场的处理**

现场急救的具体操作可分为迅速脱离电源、简单诊断和对症处理3个步骤。

第1步:迅速脱离电源

发生触电事故后,首先应尽快使触电者脱离电源。使触电者脱离电源的方法如表1.1.2所示。

表 1.1.2　触电者脱离电源的方法

处理方法		实施方法
低压电源	拉	附近有电源开关或插座时,应立即拉下开关或拔掉电源插头。
	切	若一时找不到断开电源的开关时,应迅速用绝缘完好的钢丝钳剪断电源侧的电线,或用装有干燥木柄的电工器具砍断电源侧的电线。
	挑	对于由导线绝缘损坏造成的触电,救护人可用绝缘工具、干燥的木棒等将电线挑开。
	拽	救护人可戴上手套或在手上包缠干燥的衣服等绝缘物品拖拽触电者。
	垫	也可站在干燥的木板、橡胶垫等绝缘物品上,用一只手将触电者拖拽开。
高压电源		发现有人在高压设备上触电时,救护者如果是电气值班人员,应戴上绝缘手套,穿上绝缘靴后拉开电闸;如果是非电气值班人员,应及时通知电气值班人员,由电气值班人员按照操作规程进行拉闸操作。如果有人在高压架空线路上触电,且不能立即断开电源开关时,可采用抛挂短接线路的方法,促使电源开关跳闸。

第 2 步:简单诊断

脱离电源后,触电者往往处于昏迷状态,应对触电者的意识、心跳和呼吸情况做一一判断,只有明确判断,才能及时正确地进行急救。具体方法如表 1.1.3 所示。

表 1.1.3　简单诊断

判断步骤	判断方法
① 判断意识是否清晰	通过叫名字、轻拍肩部的方法,快速判断(时间不超过 5 s)触电者是否丧失意识。禁止摇动触电者头部进行呼叫。若触电者有反应,则一定有心跳和呼吸存在;若无反应,再用手指掐压人中穴,若仍无反应,则可判断触电者意识丧失。
② 观察呼吸是否存在	通过"看"胸部有无起伏、"听"口鼻有无呼气声、手放鼻孔处"感觉"有无气体排出等方法判断呼吸是否存在。
③ 判断心跳是否存在	通过摸颈动脉是否有搏动来判断心跳是否存在。
④ 观察瞳孔是否扩大	瞳孔扩大说明大脑组织严重缺氧,处于死亡边缘。

第 3 步:对症处理

经过简单诊断后,应根据触电的情况,对触电者采取不同的急救措施。

① 如果触电者受的伤害不严重,神志还清醒,只是四肢发麻、全身无力,或虽曾一度昏迷,但未失去知觉,都要使之就地安静休息,并严密观察。情况严重时,应小心送往医疗部门,途中严密观察触电者,以防意外。

② 触电者呼吸、心跳存在,但神志不清。应使其仰卧,保持周围空气流畅,注意保暖,并且立即通知或送往医院抢救。除了要严密地观察外,还要做好人工呼吸和胸外心脏按压急救的准备工作。

③ 如果触电者受的伤害较严重,无知觉,无呼吸,但心脏有跳动,应立即进行人工呼吸。如有呼吸,但心脏停止跳动,则应立即实施胸外心脏按压。

④ 如果触电者受的伤害很严重,心跳和呼吸都已停止,瞳孔放大,失去知觉,则需同时采取人工呼吸和胸外心脏按压两种方法。做人工呼吸和胸外心脏按压的同时,应向医院告

急求救。抢救要有耐心,要一直坚持,直到把人救活,或者确定已经死亡为止。在送往医院抢救途中,不能中断急救工作。

☞ **题目2:人工呼吸**

提示:吹气2 s,放松3 s,每4~5 s完成1次,即每分钟吹12次。

第1步:施行口对口人工呼吸前,应迅速将触电者身上阻碍呼吸的衣领、上衣、裤带解开,并迅速取出触电者口腔内妨碍呼吸的食物,脱落的假牙、血块、黏液等,以免堵塞呼吸道。

第2步:救护人在触电者一侧,一手掌按前额,将另一手托在触电者的颈后,这样可使舌根与后咽壁分离,上呼吸道得以通畅。

第3步:吹气前,救护人用按于前额手的拇指和食指夹住触电者鼻翼,另一只手的食指与中指抬起触电者下颌。吹气时,救护人深吸一口气,屏气,用口唇严密地包住触电者的口唇(不留空隙),将气体吹入触电者的口腔到肺部,注意不要漏气,每次吹气量500~1 000 mL。吹气后,口唇离开,救护人吸入新鲜空气,以便做下一次人工呼吸,同时放松捏鼻的手指,让触电者从鼻孔呼气。

第4步:如果无法使触电者的嘴张开,可改用口对鼻人工呼吸法。操作时,救护人一只手放在触电者前额,另一只手抬起触电者下颌,使嘴紧闭,救护人先深吸一口气,用嘴包绕封住触电者的鼻孔,向鼻孔内吹气,随后嘴离开,让触电者被动呼气。

☞ **题目3:胸外心脏按压法**

施行胸外心脏按压法应使触电者仰卧在比较坚实的地方,姿势与口对口(鼻)人工呼吸法相同。

提示:每次按压与放松时间大致相等,按压频率≥100次/分钟。

第1步:触电者取仰卧位,背后须是平整的硬地或木板以保证按压效果。

第2步:救护人立于或蹲于触电者一侧,将一只手的食指和中指并拢,沿触电者肋弓下缘上滑到两肋弓交点和胸骨的切肌处,将中指放在切肌处,另一只手的掌根紧贴着第一只手的食指,如图1.1.8(a)所示。手指向上翘起并不触及胸壁,另一手掌叠加于该手背上,如图1.1.8(b)所示。

第3步:按压时救护人上半身前倾,腕、肘、肩关节伸直,以髋关节为轴,垂直向下用力,借助上半身的体重和肩臂部肌肉的力量有节奏地垂直按压胸骨。注意用力要适中,过轻按压无效,过重易造成肋骨骨折。按压深度:成人≥5 cm(儿童、瘦弱者深度酌减),如图1.1.8(c)所示。

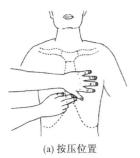

(a) 按压位置

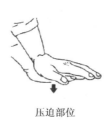

压迫部位

(b) 掌跟挤压,手指翘起

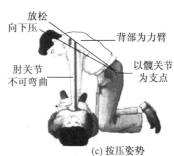

(c) 按压姿势

图1.1.8 胸外心脏按压法

第 4 步：按压后迅速放松，使胸骨恢复原位，但掌根不要离开胸骨。

☞ **题目 4：心肺复苏**

当遇到触电者呼吸、心跳全停止时，应同时采取胸外心脏按压及人工呼吸。

方法一：救护人有 2 人时，一人做胸外心脏按压，另一人做人工呼吸，每按压 30 次，进行人工呼吸 2 次。

方法二：救护人只有一人时，应先做胸外心脏按压，再做口对口人工呼吸，如此交替进行。一般来说，胸外心脏按压 30 次和人工呼吸 2 次为一组，做完 5 组后需判断触电者呼吸、心跳是否恢复，检查时间不能超过 5 s。

3. 评分标准

表 1.1.4 所示是低压电工作业安全技术实际操作第四个考题中的触电救护和心肺复苏法模拟操作的标准答案和评分标准。

表 1.1.4　触电救护和心肺复苏法模拟操作的标准答案和评分标准

序号	标准答案	评分标准	配分	得分
1	发生触电时，第一时间做何处理？发生触电时，首先应迅速切断电源，然后进行抢救。	步骤不正确，每处扣 1 分，扣完为止。	4	
2	正确安放触电者体位：触电者仰卧平面上，四肢平放，解开衣领、松开裤带、头后仰，保持气道通畅，清除口腔内异物。	每个步骤不正确扣 1 分，扣完为止。	4	
3	模拟演示口对口(鼻)人工呼吸：用一手拇指和食指捏住触电者鼻孔，深吸一口气，用自己的嘴唇包住触电者的嘴用力吹气，观察触电者胸部有无明显起伏。每分钟吹气量：成人 500～1 000 mL，每分钟吹 12 次。	不解开衣领、松开裤带，头后仰，每个步骤不正确扣 1 分，扣完为止。	6	
4	1. 触电者体位同前，按压部位：胸骨中 1/3 与下 1/3 交界处。 2. 两手掌掌根重叠，两手手指交叉翘起，使手指脱离胸壁，双臂绷直。双肩在触电者胸部上方正中，靠自身重量垂直向下按压，不要左右摆动。按压深度：成人≥5 cm(儿童、瘦弱者深度酌减)。 3. 放松时手掌根部不要离开胸骨定位点，使胸骨不受任何压力，按压频率≥100 次/分钟。 4. 口对口(鼻)人工呼吸与胸外心脏按压(心肺复苏法)同时进行，按挤压 30 次，吹气 2 次(即 30：2)反复进行。	每个步骤不正确扣 1 分，扣完为止。	6	
5	总分		20	
备注	假如采用电子语音提示的橡塑模拟人，以电子语音提示判定为准(否定)该项不记分。			

*任务 2 电气火灾与防护

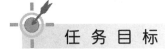

任 务 目 标

1. 了解电气火灾的成因和危害,熟悉常用电气设备的防火、防爆措施;
2. 熟悉灭火器的使用方法;
3. 能根据电气火灾的状况采取合理的灭火方式,并正确使用各式灭火器。

实训设备和元器件

任务所需实训设备和元器件如表 1.2.1 所示。

表 1.2.1 实训设备和元器件明细表

器件名称	型号规格	数量
灭火器	根据实训室条件自定	2~3 台

基 础 知 识

发生电气事故导致的火灾时,在保护好自身安全的同时,需要及时报警,或运用正确的方法参与灭火。这就需要了解电气火灾的各种成因和危害,并能根据常用电气设备的防火、防爆措施,制订电气火灾紧急处理方案。

一、电气火灾的成因和危害

当电气设备和供电线路处于短路、过载、接触不良、散热不畅等不正常运行状态时,其发热量增加,温度升高,容易引起火灾。在有爆炸性混合物的场合,电火花、电弧除了引起火灾外,还可能引发爆炸。电热和照明设备使用不当也会导致火灾。

引发火灾的电气设备可能是带电的,如不注意还可能引起触电事故。有些电气设备(如油浸式变压器、油断路器)本身充有大量的油,可能发生喷油,甚至爆炸事故,扩大火灾范围。电气火灾与爆炸事故除造成设备损坏外,还可能殃及生产场所和居民家庭的财产损失,造成人员伤亡,危及电力系统安全。

二、常用电气设备的防火、防爆措施

(1)在安装电气设备时,必须保证质量,应满足安全防火的各项要求。

(2)导线和电缆的安全载流量应大于线路长期工作电流;供用电设备不可超负荷运行,以防止线路或设备过热;变压器等充油设备的上层油温应小于最高允许值;熔断器的熔体等各种过流保护器、漏电保护装置必须按规程、规定装配,保证其动作可靠。

（3）使用合格的电气设备，破损的开关、灯头和破损的电线都不能使用，电线的接头要按规定的连接法牢靠连接，并用绝缘胶带包好。对接线桩头、端子的接线要拧紧螺丝，防止因接线松动而造成接触不良。保持电气设备绝缘良好，导电部分连接可靠，定期清扫积尘。

（4）开关、电缆、母线、电流互感器等设备应满足热稳定的要求。

（5）电力电容器外壳膨胀、漏油严重或声音异常时，应停止使用。

（6）保护装置应可靠动作，操作机构动作应灵活、可靠，防止松动。

（7）工作环境应通风良好，机械通风装置应运行正常。

（8）使用电热、照明及外壳温度较高的电气设备时，应注意防火，并不得在易燃易爆物质附近使用这些设备。如必须使用，应采取有效的隔热措施，人离去时应断开电源。

（9）发生电气火灾时，要先断开电源，再进行灭火。

三、电气火灾的处理

电气失火后，首先应切断电源，但有时为争取时间，来不及断电或因生产需要等不允许断电时，需带电灭火。

切断电源应注意以下几个方面：

（1）停电应按分闸操作规程所规定的程序操作，严防带负荷拉隔离开关。在火场内的开关和闸刀，由于烟熏火烤，其绝缘水平可能降低，因此，操作时应戴绝缘手套，穿绝缘靴，使用相应电压等级的绝缘工具。

（2）切断带电导线时，切断点应选择在电源侧的支持物附近，以防导线断落后触及人体或短路。切断低压多股绞线时，应使用有绝缘手柄的工具分相剪断。非同相的相线、零线应分别在不同部位剪断，以防在钳口处发生短路。

（3）需要电力部门切断电源时，应迅速联系，说明情况。切断电源后的电气火灾，多数情况可按一般性火灾扑救。

带电灭火需要注意以下安全措施：

（1）带电灭火时应使用不导电的灭火剂，如二氧化碳、四氯化碳、1211、干粉灭火剂等，不得使用泡沫灭火剂和喷射水流类导电的灭火剂。

（2）扑救人员及所使用的导电消防器材与带电部位应保持足够的安全距离。

（3）高压电气设备或线路发生火灾时，在室内，扑救人员不得进入距事故点 4 m 以内的范围；在室外，扑救人员不得接近距事故点 8 m 以内的范围。如进入上述范围，必须穿绝缘靴；需接触设备外壳或构架时，应戴绝缘手套。

（4）对架空线路或空中电气设备灭火时，人体位置与带电体之间的仰角不应大于45°，并应站在线路外侧，以防导线断落后触及人体。

（5）专业灭火人员用水枪灭火时，宜采用喷雾水枪，这种水枪通过水柱的泄漏电流较小，带电灭火比较安全。用普通的直流水枪灭火时，为防止泄漏电流流过人体，可将水枪喷嘴接地，也可让灭火人员穿戴绝缘手套、绝缘靴或均压服进行灭火。

任务实施：灭火器的选择和使用

1. 任务说明

本任务实施是低压电工作业安全技术实际操作第四个考题中的灭火器的选择和使用（配分10分，考核时间5 min），任务要求各小组根据表1.2.1准备好实训设备和元器件并掌握以下知识和技能：

（1）可用于电气火灾的灭火器材种类；（2分）

（2）了解一般情况下不能用于带电灭火的灭火器材种类；（2分）

（3）现场正确选择灭火器材；（3分）

（4）现场正确使用灭火器材。（3分）

2. 任务步骤

☞ **题目1：各种灭火器的适用范围**

手持式干粉灭火器、二氧化碳灭火器、泡沫灭火器及1211灭火器的适用范围如表1.2.2所示。

表1.2.2　各种灭火器的适用范围

灭火器类型	适用范围
手持式干粉灭火器	适用于扑救石油及其产品、可燃气体和电气设备的初起火灾。不宜扑救旋转电机火灾。
手持式二氧化碳灭火器	主要适用于扑灭一般可燃固体、贵重设备、图书档案、仪器仪表、600 V以下的电气设备及油脂和忌水物质（如电气石）的火灾。不宜扑救金属钠、铝等轻金属火灾。
手持式泡沫灭火器	主要适用于扑救各种油类和一般固体可燃物火灾。但对易溶于水的易燃液体如丙酮、甲醇、酒精等灭火效果较差，不适用于扑救电器火灾和忌水性化学物品引起的火灾。
1211灭火器	主要适用于扑灭易燃、可燃液体、气体、金属及带电设备的初起火灾；也可以对固体物质如木、竹、织物、纸张等表面火灾进行扑灭；还可用于扑灭精密仪器、贵重物资仓库、珍贵文物、图书档案、电器仪表等初起火灾；还能扑灭飞机、船舶、车辆、油库、宾馆等场所的初起火灾。
备注	发生电气火灾时，可根据具体情况选择表中所示的各类灭火器。此外，对小范围带电灭火，也可使用干燥的沙子覆盖，达到灭火效果。由于泡沫灭火器喷出的泡沫中含有大量水分，故电气火灾不得使用泡沫灭火器。

☞ **题目2：灭火器的检查**

第1步：拿到灭火器后，首先要检查灭火器的型号是否可以应用于此类火灾。

第2步：检查灭火器的压力是否正常（灭火器的压力表指针在绿色区域，表示压力正常；在红色区域，表明欠压；在黄色区域，表明超压）。

第3步：检查灭火器瓶身和灭火剂是否在有效期内。

第4步：检查瓶身有无锈迹或破损。

☞ **题目3：各种灭火器的使用方法**

手持式干粉灭火器、二氧化碳灭火器、泡沫灭火器及1211灭火器的使用方法如表1.2.3所示。

表1.2.3　各种灭火器的使用方法

灭火器类型	使用方法及步骤
手持式 干粉灭火器	① 右手握着压把,左手托着灭火器底部,轻轻地取下灭火器;② 右手提着灭火器到现场; ③ 除掉铅封;④ 拔掉保险销;⑤ 左手握着胶管,右手提着压把;⑥ 在距离火焰2 m的地方,右手用力压下压把,左手拿着喷管对准火源,左右摆动,喷射干粉覆盖整个燃烧区。
手持式 二氧化碳灭火器	① 右手握着压把;② 右手提着灭火器到现场;③ 除掉铅封;④ 拔掉保险销;⑤ 在距离火焰2 m的地方,左手握住喇叭筒根部的手柄,右手紧握启闭阀的压把;⑥ 对着火焰根部喷射,并不断推向前进,直至把火焰扑灭。 注意：使用时,不要用手摸金属管,也不要把喷嘴对准人,以免冻伤。室内灭火时,注意打开门窗,并应顺风方向喷射。二氧化碳绝缘性差,电压超过600 V时,必须先断电后灭火。
手持式 泡沫灭火器	① 右手握着压把,左手托着灭火器底部,轻轻地取下灭火器;② 右手提着灭火器到现场;③ 右手捂住喷嘴,左手执筒底边缘;④ 把灭火器颠倒过来呈垂直状态,用劲上下晃动几下,然后放开喷嘴;⑤ 右手抓筒耳,左手抓筒底边缘,把喷嘴朝向燃烧区,站在离火焰8 m的地方,并不断前进兜围着火焰喷射,直至把火焰扑灭;⑥ 灭火后把灭火器卧放在地上,喷嘴朝下。 注意：对于油类火灾,不能对着油面中心喷射,以防着火的油品溅出,顺着火源根部的周围,向上侧喷射,逐渐覆盖油面,将火扑灭。
1211灭火器	使用方法与手持式干粉灭火器类似。
备注	1. 有风天气,应站在上风风向进行灭火。 2. 有风天气灭火时,离火距离安全值一般扩大1~2 m。

☞ **题目4：正确选用灭火器,并进行灭火操作演示**

提供泡沫灭火器、二氧化碳灭火器和干粉灭火器、1211灭火器,从下面任选一题：

① 带电设备着火应选用哪种灭火器？请进行灭火操作演示。

② 汽油着火应选用哪种灭火器？请进行灭火操作演示。

③ 家中棉被着火应选用哪种灭火器？请进行灭火操作演示。

④ 图书档案资料着火应选用哪种灭火器？请进行灭火操作演示。

⑤ 旋转电机着火应选用哪种灭火器？请进行灭火操作演示。

3. 评分标准

表1.2.4是低压电工作业安全技术实际操作第四个考题中的灭火器的选择和使用的标准答案和评分标准。

表 1.2.4　灭火器的选择和使用的标准答案和评分标准

序号	标准答案	评分标准	配分	得分
1	可用于电气火灾的灭火器材有二氧化碳灭火器、干粉灭火器、1211 灭火器、黄沙等。	选择不得少于三项,错误一项扣 1 分。	2	
2	一般情况不能用于带电灭火的灭火器材有水、泡沫灭火器。	选择不得少于两项,错误一项扣 1 分。	2	
3	现场正确选择二氧化碳灭火器、干粉灭火器、1211 灭火器。	选错一项扣 2 分,扣完为止。	3	
4	现场正确使用灭火器材,灭火器使用时要求一拔、二压、三对准,人要在上风。	不会使用灭火器,扣 3 分。	3	
5	必须穿戴好防护用品。	不穿戴好防护用品,在总分内扣 2 分。		
6	总分		10	

低压电工作业理论考试［习题 1］

基础题　　　　　　提升题　　　　　　拓宽题

项目简介

本项目为电工工具及导线连接,要求学员能够掌握常用电工工具的用途和使用方法,并且能够熟练地完成导线绝缘层的剖削及导线的连接与包扎。

项目具体实施过程中分解成 2 个任务(如图 2.0.1 所示),分别为常用电工工具的使用、导线的连接与绝缘恢复。要求通过 2 个任务的学习,最终通透地掌握本项目的理论和实践内容。

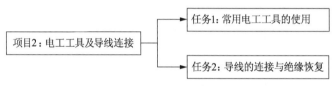

图 2.0.1　项目实施过程

项目目标

1. 认识电工工具,了解电工工具的用途和结构;
2. 掌握电工工具的使用方法和使用注意事项,并且能够熟练使用电工工具;
3. 了解导线绝缘层的剖削、导线的连接与导线包扎的方法;
4. 能够熟练地完成导线绝缘层的剖削及导线的连接和包扎。

项目 2

电工工具及导线连接

任务 1　常用电工工具的使用

任务目标

1. 认识验电器、螺钉旋具、电工用钳、电工刀、活扳手、钢锯等电工工具,了解电工工具的用途;
2. 了解验电器、螺钉旋具、电工用钳、电工刀、活扳手、钢锯等电工工具的结构;
3. 掌握电工工具的使用方法和使用注意事项,并且能够熟练使用电工工具。

实训设备和元器件

任务所需实训设备和元器件如表 2.1.1 所示。

表 2.1.1　实训设备和元器件明细表

序号	器件名称	型号规格	数量
1	氖管式验电笔		1 支/人
2	数字式验电笔		1 支/人
3	螺钉旋具	根据实训室条件自定	1 套/组
4	钢丝钳、尖嘴钳、斜口钳、剥线钳		1 套/组
5	电工刀、活扳手		1 套/组

基础知识

常用电工工具主要有验电器、螺钉旋具、电工用钳、电工刀、活扳手、钢锯等。

一、验电器

验电器是验明设备或装置是否带电的一种器具,分高压和低压两种。

（1）高压验电器。高压验电器是变电站必备的工具,主要用来检验电力输送网络中的高电压,如图 2.1.1 所示。

（2）低压验电器。低压验电器又称为验电笔,它是用来检验对地电压为 250 V 以下的低压电源及电气设备是否带电的工具。验电笔分为氖管式和数字式两种类型,如图 2.1.2 所示。氖管式验电笔根据其外形可分为螺钉旋具式和钢笔式。目前,市场上出售的验电笔以螺钉旋具式较为常见。

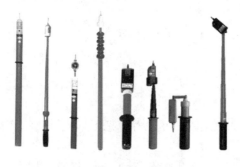

图 2.1.1　高压验电器

图 2.1.2　低压验电器

1）氖管式验电笔的结构及工作原理

氖管式验电笔通常由笔尖(工作触头)、电阻、氖管、弹簧和笔身组成,如图 2.1.3(a)所示。它是利用电流通过验电笔、人体、大地形成回路,其漏电电流使氖泡起辉发光而工作的。只要带电体与大地之间电位差超过一定数值(36 V 以上),验电笔就会发出辉光,低于这个数值,就不发光,从而判断低压电气设备是否带电。验电笔的正确握法如图 2.1.3(b)所示。

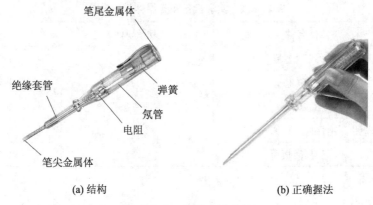

(a) 结构　　　　　　　　　　　　(b) 正确握法

图 2.1.3　氖管式验电笔

注意:① 使用前应在确认有电的设备上进行试验,确认验电笔良好后方可进行验电;② 在强光下验电时,应采取遮挡措施,以防误判。

2）氖管式验电笔的功能

① 区分相线和零线。验电笔触及导线,使氖管发光的是相线,氖管不亮的线为零线或地线。

② 区分交流电和直流电。验电笔触及导线,使氖管两极都发光的是交流电,只有一极发光的是直流电。

③ 判断电压的高低。如果氖管发黄红色光,则电压较高;如果氖管发暗微亮至暗红色光,则电压较低。

二、螺钉旋具

螺钉旋具俗称螺丝刀,它是用来旋紧或起松螺钉的。维修电工使用的螺钉旋具一般是木柄或塑料柄的;按螺钉旋具的头部形状,可分为一字形和十字形两种,常用的规格长度有

50 mm、100 mm、150 mm 和 200 mm 四种,如图 2.1.4
所示。

　　注意:不可使用金属杆直通柄顶的螺钉旋具,应
在金属杆上加绝缘护套;螺钉旋具的规格应与螺钉规
格尽量一致;两种槽型的旋具也不要混用。

图 2.1.4　螺钉旋具

三、电工用钳

　　(1)钢丝钳。钢丝钳是用来钳夹和剪切的工具。
电工用钢丝钳的钳柄带有绝缘套,耐压为 500 V 以
上。钢丝钳由钳头(钳口、齿口、刀口、铡口)和钳柄两部分组成,如图 2.1.5(a)所示。钳口
用来弯绞或钳夹导线线头,齿口用来紧固或起松螺母,刀口用来剪切导线或剖削导线绝缘
层,铡口用来铡切导线线芯、钢丝或铁丝等。钢丝钳常用的规格有 150 mm、175 mm 和
200 mm 三种。

　　(2)尖嘴钳。尖嘴钳的头部呈细长圆锥形,在接近端部的钳口上有一段菱形齿纹,如
图 2.1.5(b)所示。由于尖嘴钳的头部尖而细,所以适用于在较狭小的工作空间内使用。尖
嘴钳的常用规格有 130 mm、160 mm、180 mm 和 200 mm 四种。目前常见的是带刃口的尖嘴
钳,它既可夹持零件,又可剪切细金属丝。

　　(3)斜口钳。斜口钳如图 2.1.5(c)所示。斜口钳是用来剪切细金属丝的工具,尤其适
用于剪切工作空间比较狭窄和有斜度的工件,常用规格有 130 mm、160 mm、180 mm 和
200 mm 四种。

　　(4)剥线钳。剥线钳是用来剥离小直径导线线头绝缘层的工具,如图 2.1.5(d)所示。
剥线钳由钳头和钳柄两部分组成。钳头部分由压线口和刀口构成,分为直径为 0.5 ~ 3 mm
的多个刀口,以适合于不同规格的线芯;钳柄上套有额定工作电压 500 V 的绝缘套管。使用
时,将要剥离的绝缘层放入相应的刀口中(比导线直径稍大),用手将两钳柄一握,然后一松,
导线的绝缘层即被割破并自动弹开。

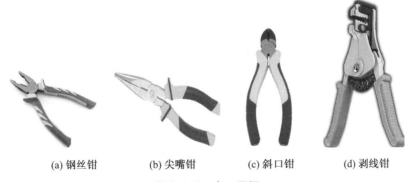

(a) 钢丝钳　　　　(b) 尖嘴钳　　　　(c) 斜口钳　　　　(d) 剥线钳

图 2.1.5　电工用钳

四、电工刀

　　电工刀是用来剖削的专用工具,如图 2.1.6 所示。使用时,刀口应朝外进行操作,用完

随时把刀片折入刀柄内,防止伤人。电工刀的刀柄是没有绝缘的,不能在带电体上使用电工刀进行操作,以免触电。电工刀的刀口应在单面上磨出圆弧状,在剖削导线的绝缘层时,必须使圆弧状刀面贴在导线上进行削割,这样刀口就不易损伤线芯。

五、活扳手

活扳手又称为活络扳手,它是装、拆、维修时旋转六角或方头螺栓、螺钉、螺母时的一种常用工具,其外形如图 2.1.7 所示。它的特点是开口尺寸可在规定范围内任意调节,所以特别适合在螺栓规格多的场合使用。

六、钢锯

钢锯是用来切割电线管的工具,如图 2.1.8 所示。锯弓是用来装置和张紧锯条的,分固定式和可调式两种,常用的是可调式。锯条根据锯齿的牙锯大小,分为粗齿、中齿和细齿三种,常用的规格为 300 mm。

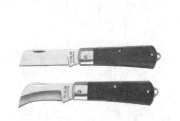
图 2.1.6 电工刀

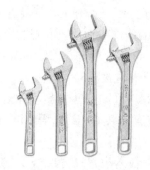
图 2.1.7 活扳手

图 2.1.8 钢锯

任务实施:常用电工工具的使用

1. 任务说明

电工工具广泛应用在生产、生活的各个方面。电工工具的正确使用是保证电力拖动系统和照明系统正常运行的前提。本任务首先要求各小组根据表 2.1.1 准备好实训设备和元器件,然后通过对常用电工工具的认识和使用,掌握常用电工工具的用途和使用方法。

2. 任务步骤

(1)氖管式验电笔的使用
提示:先验电笔,后验电;注意握笔姿势。

☞ **题目1:测试交流电源插孔、导线、开关是否带电**
要求:观察氖管发光情况,给出验电结论。

☞ **题目2:测试交流电源线,区分相线与零线**
要求:观察氖管发光情况,指出导线属性。

（2）螺钉旋具的使用

提示：旋进用力要适度;注意安全,防止触电。

☞ **题目：用螺钉旋具拆解接线端子**

要求：螺钉要保持垂直旋进,不能用旋具锤打螺钉。

（3）电工用钳的使用

提示：注意握钳姿势,握力要适度。

☞ **题目 1：用钳刀口剪断 2.5 mm² 的 BLV 导线,用钳口弯直角线形**

要求：导线是剪断的而不是折断的,断口与绝缘层要平齐;线形的弯角要呈 90°(钢丝钳的握法如图 2.1.9 所示)。

☞ **题目 2：用钳嘴紧固、起松电源箱内的接地螺母**

要求：紧固不仅要牢靠,而且钳头不要磨圆螺母的六角(尖嘴钳的握法如图 2.1.10 所示)。

图 2.1.9　钢丝钳的握法　　　　图 2.1.10　尖嘴钳的握法

☞ **题目 3：用斜口钳整理电路板上的元器件引脚**

要求：元器件引脚要平整,高低一致(斜口钳的握法如图 2.1.11 所示)。

☞ **题目 4：选取多种线径导线,用剥线钳剥离其端部的绝缘层**

要求：根据线径选择剥线钳刀口,不要割伤线芯,线芯裸露的长短要适度(剥线钳的握法如图 2.1.12 所示)。

图 2.1.11　斜口钳的握法　　　　图 2.1.12　剥线钳的握法

（4）电工刀的技能训练

提示：刀口应朝外,以免伤人;刀口应稍微放平,以免割伤线芯。

☞ **题目：用电工刀剖削导线的绝缘层**

要求：绝缘层剖削要规整，长短适度，不要割伤线芯；电工刀使用后应将刀片及时折入刀柄内（电工刀的握法如图 2.1.13 所示）。

（5）活扳手的技能训练

提示：活扳手的开口调节以既能夹住螺栓，又能方便移动扳手、转换角度为宜。

☞ **题目：用活扳手拆卸螺栓**

要求：根据底脚螺栓大小选择相应规格的活扳手，正确调节扳手开口（活扳手的技能训练如图 2.1.14 所示）。

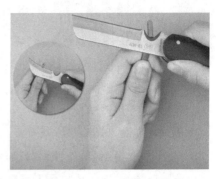

图 2.1.13　电工刀的握法

图 2.1.14　活扳手的技能训练

3. 评分标准

本任务实施评分标准如表 2.1.2 所示。

表 2.1.2　常用电工工具的使用评分标准

序号	考核内容		评分标准	配分	得分
1	验电笔的操作		① 正确的握法（5分）； ② 相线与零线的判断（10分）； ③ 其他用途（10分）。	25	
2	螺钉旋具的操作		① 正确选用（5分）； ② 正确的握法（5分）； ③ 旋进、旋出技能训练（5分）。	15	
3	电工用钳的操作		① 正确的握法（5分）； ② 剪、弯、剥、紧固、起松技能训练（20分）。	25	
4	电工刀的操作		① 正确的握法（5分）； ② 剖削技能训练（5分）。	10	
5	活扳手的操作		① 正确选用（5分）； ② 正确的握法（5分）； ③ 紧固、起松技能训练（5分）。	15	
6	安全文明操作		违反一次，扣5分。	10	
7	定额时间	25 min	超过定额时间，每超过 5 min，总分扣 10 分。		
8	开始时间		结束时间	总评分	

注：除定额时间外，各项最高扣分不应超过其配分。

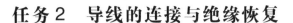

任务 2　导线的连接与绝缘恢复

任务目标

1. 了解导线绝缘层剖削的方法；
2. 了解导线连接的方法；
3. 了解导线包扎的方法；
4. 熟练地完成导线绝缘层的剖削及导线的连接和包扎。

实训设备和元器件

任务所需实训设备和元器件如表 2.2.1 所示。

表 2.2.1　实训设备和元器件明细表

序号	器件名称	型号规格	数量
1	各种导线	根据实验条件自定	若干根/人
2	钢丝钳、尖嘴钳、斜口钳、剥线钳、电工刀		1 套/组
3	绝缘带		1 卷/组
4	黑胶带		1 卷/组

基础知识

导线的处理主要有导线绝缘层的剖削、导线的连接及导线绝缘强度的恢复（导线的包扎）等。

一、导线绝缘层的剖削

导线绝缘层剖削的长度一般为 50~150 mm，剖削时应注意尽量不损伤线芯，若有较大损伤，应重新剖削，导线绝缘层的剖削方法如表 2.2.2 所示。

表 2.2.2　导线绝缘层的剖削方法

绝缘层的剖削	4 mm² 以上	硬塑料线	用电工刀剖削
		软塑料线	用钢丝钳剖削
	4 mm² 及以下	塑料护套线	用电工刀剖削
		橡胶软电缆	用电工刀剖削
		塑料软导线	用钢丝钳、尖嘴钳或剥线钳剖削

二、导线的连接

在电气安装和线路维修中,经常需要进行导线的连接,导线连接的基本内容与要求:导线接头处的电阻要小,不得大于导线本身的电阻,且稳定性要好;接头处的机械强度应不小于原导线机械强度的80%;保证接头处的绝缘强度不低于原导线的绝缘强度;导线连接处要防腐蚀。

实现导线连接的主要方法有铰接、焊接、压接和螺栓连接等,它们分别用于不同导线的连接。

三、导线绝缘强度的恢复(导线的包扎)

导线连接完成后应恢复其绝缘强度,在连接处进行绝缘处理。导线绝缘强度恢复的基本内容与要求:绝缘胶带包裹均匀、紧密,不能露出导线线芯。

任务实施:导线的连接与绝缘恢复

1. 任务说明

在电气设备的安装与配线过程中,常常需要将一根导线和另一根导线连接或与电气设备的端子连接。这些连接处不论是机械强度还是电气性能,均是电路的薄弱环节,安装的电路能否安全可靠地运行,很大程度上取决于导线连接头的质量。因此导线接头的处理是电气安装与布线中一道非常重要的工序,必须按标准和规程操作。本任务要求各小组根据表2.2.1准备好实训设备和元器件,并能够熟练地完成导线绝缘层的剖削及导线的连接和包扎。

2. 任务步骤

(1)绝缘层的剖削

提示:操作时电工刀的刀口应朝外。

☞ **题目1:6 mm² 硬塑料单芯导线端头绝缘层的剖削**

第1步:根据所需导线端头的长度,确定电工刀的起始位置,如图2.2.1(a)所示。

第2步:将电工刀刀口以45°角切入绝缘层,使电工刀刀面与线芯以15°角向前推进,削出一条缺口,如图2.2.1(b)所示。

第3步:如图2.2.1(c)所示,将被剖开的绝缘层向后翻起,用电工刀齐根切去。

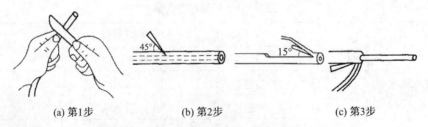

(a) 第1步　　　　　　　(b) 第2步　　　　　　　(c) 第3步

图2.2.1　硬塑料单芯导线端头绝缘层的剖削

☞ **题目2：2.5 mm² 软塑料单芯导线端头绝缘层的剖削**

第1步：根据所需导线端头的长度，确定钢丝钳的起始位置。

第2步：用钢丝钳刀口轻轻切破绝缘层表皮。

第3步：如图2.2.2所示，左手拉紧导线，右手适当用力握住钢丝钳头部，迅速向外勒去绝缘层。

☞ **题目3：塑料护套线端头绝缘层的剖削**

第1步：如图2.2.3(a)所示，按所需长度，用电工刀刀尖对准芯线缝隙间，划开护套层。

第2步：如图2.2.3(b)所示，向后将被划开的护套层翻起，用电工刀齐根切去。

第3步：将护套层内的两根线分开，采用题目2所示的方法或用剥线钳直接剥离层内导线端头的绝缘层。

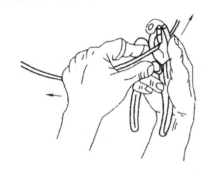

图2.2.2 软塑料单芯导线端头绝缘层的剖削

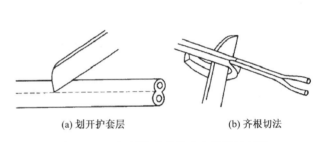

(a) 划开护套层   (b) 齐根切法

图2.2.3 塑料护套线端头绝缘层的剖削

（2）导线的连接

☞ **题目1：单股硬导线的直接连接**

第1步：如图2.2.4(a)所示，将两根线头在离线芯根部1/3处呈"X"状交叉。

第2步：如图2.2.4(b)所示，把两根线头如麻花状相互紧绞两圈。

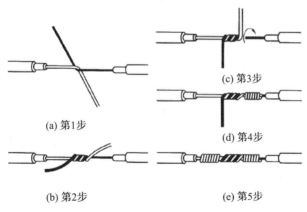

(a) 第1步

(b) 第2步

(c) 第3步

(d) 第4步

(e) 第5步

图2.2.4 单股硬导线的直接连接

第3步：如图2.2.4(c)所示，把两根线头分别扳起，并保持垂直。

第4步：如图2.2.4(d)所示，把扳起的一根线头按顺时针方向在另一根导线上绕6~8圈，圈间不应有缝隙，且应垂直排绕；绕毕，切去线芯余端。

第5步：对另一根线头进行加工，加工方法同第4步内容。

☞ **题目2：单股硬导线的分支连接**

第1步：如图2.2.5(a)所示，将剖削好的分支线芯垂直搭接在已经剖削好的主干导线的线芯上。

第2步：如图2.2.5(b)所示，将分支线芯按顺时针方向在主干线芯上紧绕6~8圈，圈间不应有缝隙。

第3步：绕毕，切去分支线芯余端。

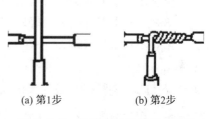

(a) 第1步　　　　　(b) 第2步

图2.2.5　单股硬导线的分支连接

☞ **题目3：多股导线的直线连接（以7股铜芯线为例）**

操作步骤如表2.2.3所示。

表2.2.3　多股导线的直线连接（以7股铜芯线为例）

步骤	说明	图示
1	先将剥去绝缘层的芯线头散开并拉直，再把靠近绝缘层1/3线段的芯线绞紧，然后把余下的2/3芯线头按图示分散成伞状，并将每根芯线拉直。	
2	把两根伞骨状线端隔根对叉，必须相对插到底。	
3	捏平叉入后的两侧所有芯线，并理直每股芯线，使每股芯线的间隔均匀；同时用钢丝钳钳紧叉口处以消除空隙。	
4	在一端把邻近两股芯线在距叉口中线约3根单股芯线直径宽度处折起，并折成90°。	
5	把这两股芯线按顺时针方向紧缠2圈后，再折回90°并平卧在折起前的轴线位置上。	
6	把处于紧挨平卧前邻近的2根芯线折成90°，并按步骤5进行加工。	
7	把余下的3根芯线按步骤5方法缠绕至第2圈时，将前4根芯线在根部分别切断，并钳平；接着把3根芯线缠足3圈，然后剪去余端，钳平切口不留毛刺。	
8	另一侧按步骤4至7方法进行加工。	

☞ **题目4：多股导线的分支连接**

第1步：如图2.2.6(a)所示，剥去导线绝缘层。

第2步：如图2.2.6(b)所示，将分支线分两组弯成90°形状，把支线紧靠在干线上。

第3步：如图 2.2.6(c)所示,扳起一侧(一组)分支芯线与干线进行紧密缠绕。

第4步：如图 2.2.6(d)所示,扳起另一侧(另一组)分支芯线与干线紧密缠绕,完成后将线端钳平。

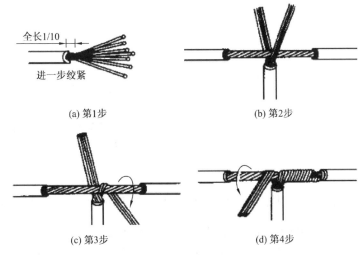

图 2.2.6　多股导线的分支连接

☞ **题目 5：螺钉式连接**

第1步：如图 2.2.7(a)所示,离绝缘层根部约 3 mm 处向外侧折角。

第2步：如图 2.2.7(b)所示,按略大于螺钉直径弯曲圆弧。

第3步：如图 2.2.7(c)所示,剪去线芯余端。

第4步：如图 2.2.7(d)所示,修正圆圈成圆。

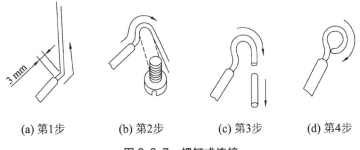

图 2.2.7　螺钉式连接

☞ **题目 6：针孔式连接**

如图 2.2.8 所示,将导线端头线芯插入承接孔,拧紧压紧螺钉。

☞ **题目 7：瓦形接线桩式连接**

第1步：如图 2.2.9(a)所示,将单导线端头线芯弯成 U 形,拧紧瓦形垫圈。

第2步：如图 2.2.9(b)所示,将双导线端头线芯弯成 U 形,拧紧瓦形垫圈。

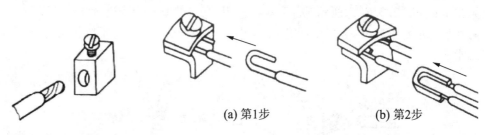

图 2.2.8　针孔式连接　　　　　　图 2.2.9　瓦形接线桩式连接

（3）导线的包扎

第 1 步： 如图 2.2.10（a）所示，用黄蜡带或涤纶薄膜带从导线左侧的完好绝缘层上开始顺时针包裹，应包入绝缘层 30~40 mm。进行包裹时，绝缘带与导线应保持 45°的倾斜角并用力拉紧。

第 2 步： 进行每圈斜叠缠包，后一圈必须压叠住前一圈的 $\frac{1}{2}$ 带宽，如图 2.2.10（b）所示。

第 3 步： 如图 2.2.10（c）所示，包至另一端时也必须包入与始端同样长的绝缘层，然后接上黑胶带，黑胶带包出绝缘带至少半根带宽，即必须使黑胶带完全包裹绝缘带。

第 4 步： 如图 2.2.10（d）所示，黑胶带的包缠不应过疏或过密，包到另一端也必须完全包裹绝缘带，收尾后应用双手的拇指和食指紧捏黑胶带两端口，按一正一反方向拧紧，利用黑胶带的黏性，将两端充分密封起来。

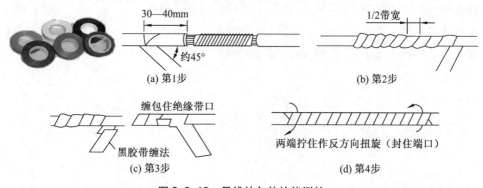

图 2.2.10　导线的包扎技能训练

3. 评分标准

本任务实施评分标准如表 2.2.4 所示。

表 2.2.4　导线的连接与绝缘恢复的评分标准

序号	考核项目	评分标准	配分	得分
1	硬塑料单芯导线端头绝缘层的剖削	① 导线剖削方法不正确，扣 5 分； ② 导线损伤，扣 5 分。	10	
	软塑料单芯导线端头绝缘层的剖削		10	
	塑料护套线端头绝缘层的剖削		10	

续表

序号	考核项目		评分标准		配分	得分
2	单股硬导线的直接连接		① 导线的连接方法不正确,扣5分; ② 导线连接不紧、不平整,扣5分。		10	
	单股硬导线的分支连接				10	
	螺钉式及针孔式连接				10	
	瓦形接线桩式连接				10	
3	导线的包扎		① 包缠方法不正确,扣5分; ② 渗出内层绝缘,扣5分; ③ 渗出铜线,扣10分。		20	
4	安全文明操作		① 穿拖鞋、衣冠不整,扣5分; ② 工具摆放不整齐,扣5分。		10	
5	定额时间	20 min	超过定额时间,每超过5 min,总分内扣10分。			
6	开始时间		结束时间		总评分	

注:除定额时间外,各项最高扣分不应超过其配分。

低压电工作业理论考试[习题2]

项 目 简 介

本项目涉及低压电工作业安全技术实际操作第一个考题(电工仪表识别及电工仪表使用和测量,配分 20 分,考试时间 5 min),要求学员能够识别常用电子元器件,掌握常用电子元器件的参数、用途及检测方法,并能够熟练使用万用表、钳形电流表、兆欧表等电工测量仪器。

项目具体实施过程中分解成 2 个任务(如图 3.0.1 所示),分别为常用电子元器件的识别与检测、常用电工仪表的使用。要求通过 2 个任务的学习,最终通透地掌握本项目的理论和实践内容。

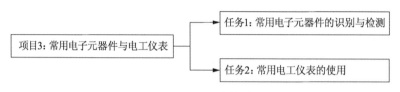

图 3.0.1　项目实施过程

项 目 目 标

1. 掌握电子元器件的参数、用途、检测方法;
2. 掌握万用表、钳形电流表、兆欧表的用途和测量方法;
3. 能够熟练使用万用表、钳形电流表、兆欧表。

*项目 3

常用电子元器件与电工仪表

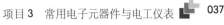

任务1 常用电子元器件的识别与检测

任 务 目 标

1. 了解电子元器件的性质、分类、用途；
2. 了解电子元器件的型号、外形结构、性能参数；
3. 掌握电子元器件的测量及质量鉴定的方法；
4. 能用目视法判断、识别常用电子元器件，会使用万用表测量电子元器件，并对其质量做出评价。

实 训 设 备 和 元 器 件

任务所需实训设备和元器件如表3.1.1所示。

表3.1.1 实训设备和元器件明细表

序号	器件名称	型号规格	数量
1	电阻器		1套/组
2	电容器		1套/组
3	电感器	根据实验室条件自定	1套/组
4	二极管		若干/组
5	三极管		若干/组
6	数字式万用表		1个/组

基 础 知 识

常用电子元器件主要有电阻器、电容器、电感器、晶体二极管、晶体三极管及晶闸管等。

一、电阻器

电阻器（简称电阻）是指用电阻材料制成的，具有一定结构形式、能在电路中起限制电流通过作用的二端电子元器件，主要用于限流和分压。

1. 电阻器的类型

电阻器有多种分类方式，按结构可分为固定电阻器、可调电阻器（电位器）和敏感电阻器。其中，阻值不能改变的称为固定电阻器，阻值可改变的称为电位器或可调电阻器。敏感电阻器有光敏电阻器、热敏电阻器、气敏电阻器等，它们均利用材料电阻率随物理量变化而变化的特性制成，多用于控制电路。按其材料和工艺分为碳膜电阻器、金属膜电阻器、有机实心电阻器、金属线绕电阻器等。常用电阻器的外形和图形符号如图 3.1.1 所示。

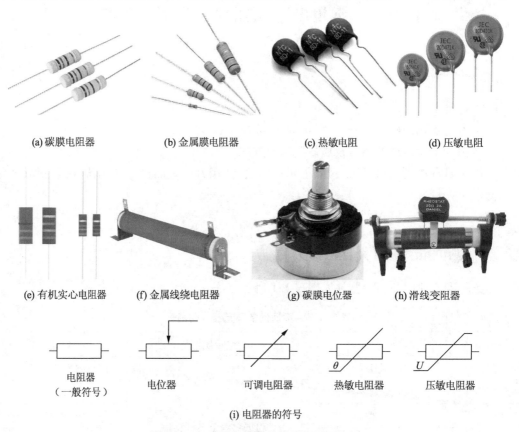

图 3.1.1　常用电阻器的外形和图形符号

2. 电阻器的主要参数

电阻器的主要参数有标称阻值、阻值误差、额定功率、最高工作温度、最高工作电压、噪声、温度特性和高频特性等。通常在选用电阻器时,只考虑标称阻值、阻值误差和额定功率三项。对有特殊要求的电阻器,需要考虑其他指标。

（1）标称阻值

电阻器上所标的阻值即标称阻值。

（2）阻值误差

阻值误差又称允许误差,其值为电阻器的实际值与标称值的差值除以标称阻值所得的百分数。普通电阻器的误差分为三个等级,即阻值误差 ≤ ±5%（Ⅰ级）,阻值误差 ≤ ±10%（Ⅱ级）,阻值误差 ≤ ±20%（Ⅲ级）。误差越小,表明电阻器的精度越高。随着制造技术的发展,电阻器的阻值误差一般控制在±5%以内。

标识电阻器的阻值和误差的方法有直标法和色标法（固定电阻器用）两种。

① 直标法

直标法是用数字将阻值和误差直接标注在电阻上的方法,如图 3.1.2 所示。

图 3.1.2　电阻器的直标法

② 色标法

色标法是用不同颜色的色环来表示电阻的阻值和误差。四色环电阻为常用电阻,其色环颜色所代表的含义如图 3.1.3(a)所示。假设第一色环为红,第二色环为黄,第三色环为绿,第四色环为银,则电阻的阻值为 $24×10^5 \Omega = 2\ 400\ k\Omega$,阻值误差为 10%。五色环电阻的精度较高,最高精度为 ±0.1%,标称阻值比较准确,如图 3.1.3(b)所示。

电阻器色环助记口诀如下:

棕 1 红 2 橙是 3,4 黄 5 绿 6 是蓝,7 紫 8 灰 9 雪白,黑色是 0 须记牢。

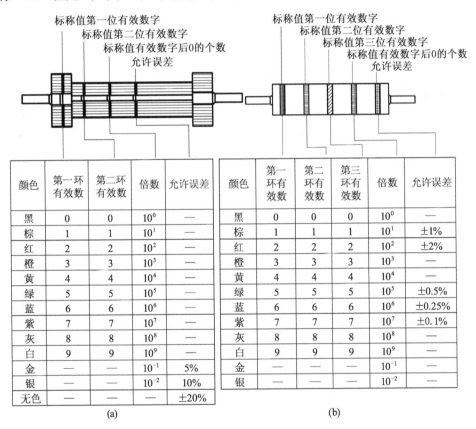

颜色	第一环有效数	第二环有效数	倍数	允许误差
黑	0	0	10^0	—
棕	1	1	10^1	—
红	2	2	10^2	—
橙	3	3	10^3	—
黄	4	4	10^4	—
绿	5	5	10^5	—
蓝	6	6	10^6	—
紫	7	7	10^7	—
灰	8	8	10^8	—
白	9	9	10^9	—
金	—	—	10^{-1}	5%
银	—	—	10^{-2}	10%
无色	—	—		±20%

(a)

颜色	第一环有效数	第二环有效数	第三环有效数	倍数	允许误差
黑	0	0	0	10^0	—
棕	1	1	1	10^1	±1%
红	2	2	2	10^2	±2%
橙	3	3	3	10^3	—
黄	4	4	4	10^4	—
绿	5	5	5	10^5	±0.5%
蓝	6	6	6	10^6	±0.25%
紫	7	7	7	10^7	±0.1%
灰	8	8	8	10^8	
白	9	9	9	10^9	
金				10^{-1}	
银				10^{-2}	

(b)

图 3.1.3　电阻器的色标法

注意: 在读数时,一定要分清色环的始端和末端,记住色环离电阻边缘较近的一端为首端,较远一端为末端。

(3) 额定功率

额定功率是指电阻器在规定的环境温度和湿度下长期连续工作,电阻器所允许消耗的最大功率。为保证安全工作,一般选额定功率大于其在电路中消耗功率的 2~3 倍。

3. 电阻器的型号命名

根据中国国家标准,电阻器的型号由五部分组成:第一部分用字母表示主称,用 R 表示电阻器,用 W 表示电位器;第二部分用字母表示材料;第三部分用字母或阿拉伯数字表示特征;第四部分用阿拉伯数字表示序号;第五部分用字母表示尺寸、性能差异。其命名方法如图 3.1.4:

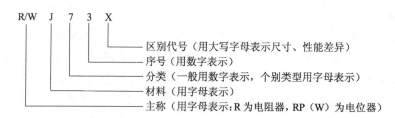

图 3.1.4　电阻器的型号

4. 电阻器的检测方法

（1）普通电阻器的检测

对于常用的碳膜、金属膜电阻器及线绕电阻器的阻值,可用普通指针式或数字式万用表的电阻挡直接测量。

（2）热敏电阻器的检测

目前应用较多的是负温度系数热敏电阻器。欲判断热敏电阻器性能的好坏,可在测量其阻值的同时,用手指捏住热敏电阻器（使其温度升高）,或利用电烙铁对其加热（不要接触到电阻器）。若其阻值随温度变化而变化,则说明其性能良好;若其阻值不随温度变化,则说明其性能不好或已损坏。

（3）电位器的检测

先测量电位器的总阻值（将两只表笔放到电位器两端的焊接片上）,然后将一只表笔接电位器的中心焊接片,将另一只表笔接其余两端片中的任意一个,慢慢将其转柄从一个极端位置旋转至另一个极端位置,其阻值应从零（或标称值）连续变化到标称值（或零）。

注意:

① 最常用的表示允许误差的颜色是金、银、棕,尤其是金环和银环,一般绝少用作电阻器色环的第一环。

② 最后两环之间的间隔比第 1 环和第 2 环之间的间隔要宽一些,据此可判定色环的排列顺序。

③ 由电阻器生产系列值来判定色环顺序。按照错误顺序所读取的电阻值,在电阻器的生产系列中是没有的。

如果使用上述方法均无法读出色环电阻器的阻值,则需要使用万用表对色环电阻器的阻值进行直接测量。

二、电容器

电容器（简称电容）是一种容纳电荷的电子元器件,主要作用是滤波、隔直、能量转换及控制等。

1. 电容器的类型

按其容量是否可调,电容器可分为固定式电容器、半可调式电容器和可调电容器三种。半可调式电容器又称微调电容器或补偿电容器,其特点是容量可在小范围内变化（几皮法至几十皮法,最高可达 100 pF）。可调电容器的电容量可在一定范围内连续变化,它们由若干片形状相同的金属片并接成一组（或几组）定片和一组（或几组）动片,动片可以通过转轴转动,以改变动片插入定片的面积,从而改变电容量。按材料介质,电容器可分为金属化纸介质电容器、钽电解电容器、云母电容器、薄膜介质电容器和瓷介质电容器等。几种常见电容器的外形与符号如图 3.1.5 所示。

(a) 瓷片电容器　(b) 电解电容器　(c) 微调电容器　(d) 钽电解电容器　(e) 密封双联电容器　(f) 云母电容器

普通电容器　　电解电容器　　可变电容器　　微调电容器

(g) 可变电容　　　　　　　　　　(h) 电容器的符号

图 3.1.5　常用电容器的外形和图形符号

2. 电容器的主要参数

电容器的主要参数有标称容量、容量误差、额定工作电压、绝缘电阻和介质损耗等。通常在选用电容时,只需考虑标称容量、容量误差、额定耐压三项。

(1) 标称容量

电容器的容量是指电容器加上电压后存储电荷的能力。标称容量是指电容器上标出的名义电容量的值(有时简称容量)。

(2) 容量误差

电容器的容量误差是指实际容量与标称容量之差除以标称容量所得的百分数。

(3) 额定耐压

电容器的额定耐压是指在规定温度范围内,电容器正常工作时能承受的最大直流电压。额定耐压值一般直接标在电容器上。

注意:电容器在使用时不允许超过其标称的额定工作电压值,若超过此值,则电容器可能损杯或被击穿,甚至爆炸。

(4) 电容器容量的标识方法

电容器容量的标识方法有如下四种。

① 直标法

直标法是在产品的表面上直接标识出产品的主要参数和技术指标的方法。如图 3.1.6(a)所示,该电容器容量为 2.5 μF±5%,耐压为交流 450 V,频率为 50/60 Hz。

电容器容量的单位是法拉(F),F 这个单位不常用,常用的单位是微法(μF)和皮法(pF)。相互间的换算关系如下:

$$1\ \text{F} = 1\ 000\ 000\ \mu\text{F} = 10^6\ \mu\text{F},\ 1\ \mu\text{F} = 1\ 000\ 000\ \text{pF} = 10^6\ \text{pF}$$

② 文字符号法

文字符号法是指将需要标识的主要参数和技术指标,用文字、数字符号的有规律组合标识在产品的表面上。采用文字符号法时,将容量的整数部分写在容量单位符号前面,小数部分放在单位符号后面。如图3.1.6(b)所示,容量为4.7 nF的电容,其标识为4n7。有时在数字前冠以R,如"R33"表示0.33 mF;有时用大于1的四位数字表示,单位为pF,如"2200"表示为2 200 pF;有时用小于1的数字表示,单位为mF,如"0.22"为0.22 mF。

③ 数字标识法

数字标识法如图3.1.6(c)所示。体积较小的电容器常用数字标识法,一般用3位整数表示,第1位、第2位为有效数字,第3位表示有效数字后面零的个数,单位为pF,但是当第3位数字是9时表示10^{-1}。例如,"104"表示容量为10×10^4 pF = 100 000 pF,而"339"表示容量为33×10^{-1} pF = 3.3 pF。

④ 色标法

电容器容量的色标法原则上与电阻器类似,颜色涂于电容器的一端或从顶端向引线侧排列。色码一般只有三种颜色,前两环为有效数字,第三环为倍率,其单位为pF,如图3.1.6(d)所示。

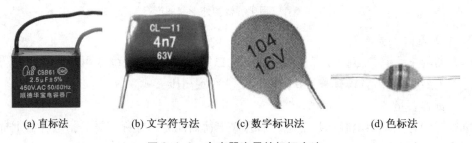

(a) 直标法　　　(b) 文字符号法　　　(c) 数字标识法　　　(d) 色标法

图3.1.6　电容器容量的标识方法

3. 电容器的型号命名与选用

(1) 电容器的型号命名

根据国家标准,电容器的型号由四部分组成:第一部分用字母表示主称;第二部分用字母表示材料;第三部分用字母或阿拉伯数字表示特征;第四部分用阿拉伯数字表示参数。例如,小型金属化纸介质电容器型号命名如图3.1.7所示:

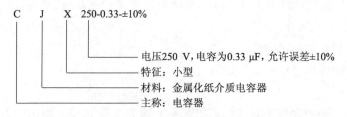

图3.1.7　电容器的型号

(2) 电容器的选用

电容器的种类繁多,性能指标各异,合理选用电容器对实际电路很重要。一般电路用瓷介质电容器;要求较高的中高频、音频电路可选用涤轮或聚苯乙烯电容器(例如,谐振回路要求介质损耗小,可选用高频瓷介质或云母电容器);电源滤波、退耦、旁路可选用铝或钽电解电容器。

4. 电容器的检测方法

电容器在使用前应进行检查,判断其是否短路、断路或漏电严重。对电容器进行性能检查和容量的测量,应根据电容器型号和容量的不同而采取不同的方法,利用万用表对电容器进行检测的内容详见本项目任务 2。

三、电感器

电感器(简称电感)是能够把电能转换为磁能而储存起来的电子元器件。电感器主要用于阻止动态电流的变化。

1. 电感器的类型

电感器分为固定电感器和可调电感器。另外,按导磁性质,可分为空芯电感器、磁芯电感器和铜芯电感器;按用途,可分为高频扼流电感器、低频扼流电感器、调谐电感器、退耦电感器、提升电感器、稳频电感器等;按结构特点,可分为单层、多层、蜂房式、磁芯式电感器等。

常见电感器的外形和电路符号如图 3.1.8 所示。

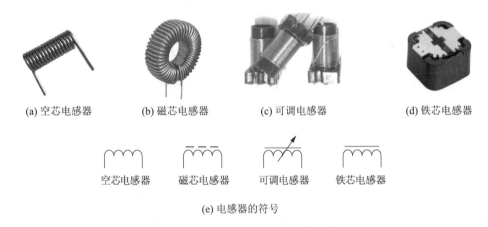

(a) 空芯电感器   (b) 磁芯电感器   (c) 可调电感器   (d) 铁芯电感器

空芯电感器   磁芯电感器   可调电感器   铁芯电感器

(e) 电感器的符号

图 3.1.8 常见电感器的外形和电路符号

2. 电感器的主要参数

电感器的主要参数有电感量、品质因数、额定电流和分布电容等。

(1) 电感量

电感量是指电感器通过变化电流时产生感应电动势的能力,其大小与磁导率 μ、线圈几何尺寸和匝数等有关。电感量的主要参数表示方法有直标法、色标法和数码法三种。直标法是指在小型固定电感器的外壳上直接用文字标出电感器的主要参数,如电感器的电感量、误差和最大直流工作电压等。色标法是用不同颜色的色环来表示电感器的参数,其颜色所代表的含义与电阻色环完全相同,单位为 μH。数码法是用三位数字来表示电感量的大小,单位为 μH,前两位数字为电感值的有效数字,第三位数字表示倍率,即乘以 10^i,i 的取值范围是 0~9。例如,"223"表示 22×10^3。小数点用 R 表示,例如,"1R8"表示 1.8 μH,"R68"表示 0.68 μH。

（2）品质因数

品质因数为电感线圈中存储能量和消耗能量的比值，通常用 $Q = \omega L / R$ 来表示，它反映电感器传输能量的效能。Q 值越大，损耗越小，传输效能越高，一般要求 Q 为 $50 \sim 300$。

（3）额定电流

额定电流主要对高频电感器和大功率调谐电感器而言。通过电感器的电流超过额定值时，电感器将发热，严重时会烧坏。

（4）分布电容

由于电感线圈每两圈（或每两层）导线间可以看成是电容器和两块金属片，导线之间的绝缘材料相当于绝缘介质，这样形成一个很小的电容，即分布电容。分布电容的存在，将使电感线圈的品质因数 Q 值下降。

3. 电感器的型号命名

根据国家标准，电感器的型号由四部分组成：第一部分用字母表示主称；第二部分用字母表示特征；第三部分用字母表示形式；第四部分用字母表示区别代号。例如，小型高频电感器的型号命名如图 3.1.9 所示。

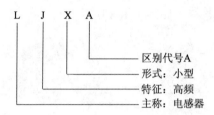

　　　　　L　J　X　A

　　　　　　　　　　　区别代号A
　　　　　　　　　　　形式：小型
　　　　　　　　　　　特征：高频
　　　　　　　　　　　主称：电感器

图 3.1.9　电感器的型号

4. 电感器的选用与检测

（1）电感器的选用

根据电路要求选择电感器的类型、电感量、误差及品质因数；根据线路工作电流选择电感器的额定电流。选用电感器时，首先应明确其使用频率范围（铁芯线圈只能用于低频，一般铁氧体线圈、空芯线圈可用于高频），再考虑电感量、误差及品质因数等。

电感线圈是磁感应元件，它对周围的电感性元件有影响，安装时一定要注意电感性元件之间的相互位置，一般应使相互靠近的电感线圈的轴线互相垂直，必要时可在电感性元件上加装屏蔽罩。

（2）电感器的检测

电感器的常见故障有断路、短路等。为了保证电路正常工作，电感器装接前必须进行检测。首先要进行外观检查，查看线圈有无松散，引脚有无折断现象。然后用万用表的欧姆挡测量线圈的直流电阻，若电阻值为无穷大，则说明线圈（或与引出线间）有断路；若电阻比正常值（技术指标）小很多，则说明有局部短路；若为零，则线圈被完全短路。电感值的测量详见本项目任务 2。

四、晶体二极管

晶体二极管（简称二极管）是一种具有单向传导电流作用的电子元器件。二极管主要用

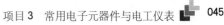

于整流、限幅、隔离、续流、稳压及开关控制等。

1. 二极管的类型

二极管种类有很多,按照所用的半导体材料,可分为锗二极管(管压降为 0.7 V)和硅二极管(管压降为 0.3 V)。常用二极管的外形和电路符号如图 3.1.10 所示。

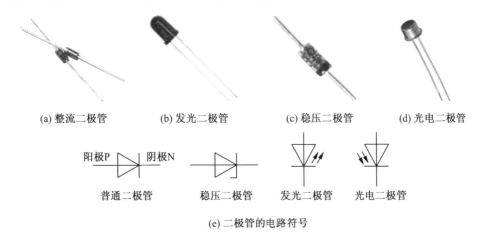

(a) 整流二极管　　　(b) 发光二极管　　　(c) 稳压二极管　　(d) 光电二极管

普通二极管　　　　稳压二极管　　　发光二极管　　光电二极管

(e) 二极管的电路符号

图 3.1.10　常用二极管的外形和电路符号

2. 二极管的型号命名法

图 3.1.11 所示为二极管型号中各数字及字母的含义。

(1) 第一位数字:2 表示二极管。

(2) 第二位字母:表示材料(A 表示锗材料,C 表示硅材料)。

(3) 第三位字母:表示二极管的类型(P 为普通管,W 为稳压管,K 为开关管,Z 为整流管,U 表示光电器件)。一般用汉语拼音首字母表示。

(4) 第四位数字:表示生产序号。

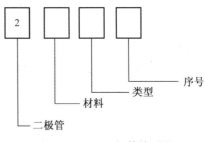

图 3.1.11　二极管的型号

例如,2AP9 表示锗材料普通二极管,2CK84 表示硅材料开关二极管。国外进口二极管如日本 2S 系列、美国的 2N 系列。

3. 二极管的检测

利用万用表来判别二极管的极性和性能的内容详见本项目任务 2。

五、晶体三极管

晶体三极管简称三极管。三极管主要用于构成放大器和功率开关。

1. 三极管的类型

三极管按材料分为锗管和硅管两种,每一种又有 NPN 和 PNP 两种结构形式,使用较多的是硅 NPN 和锗 PNP 两种三极管。常用三极管的外形和电路符号如图 3.1.12 所示。

(a) 大功率金属三极管

(b) 大功率塑封三极管

(c) 小功率金属三极管

(d) 小功率塑封三极管

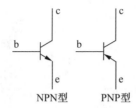

NPN型　　　PNP型

(e) 三极管的电路符号（c:集电极；b:基级；e:发射极）

图 3.1.12　常用三极管的外形和电路符号

2. 三极管的型号与命名

三极管的命名与二极管相似,如图 3.1.13 所示。第一位用数字 3 表示三极管;第二位用字母表示材料与管型(A 表示 PNP 型锗材料,B 表示 NPN 型锗材料,C 表示 PNP 型硅材料,D 表示 NPN 型硅材料);第三位用字母表示类型(如 X 表示低频小功率管,A 表示高频大功率管,G 表示高频小功率管);第四位用数字表示生产序号;第五位用字母表示区别代号。

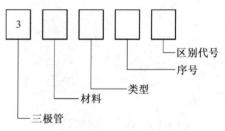

图 3.1.13　三极管的型号

3. 三极管的检测

利用万用表判别三极管的极性和性能的内容详本项目的任务 2。

任务实施：常用电子元器件的检测与识别

1. 任务说明

随着自动控制设备在工农业生产中的应用日益深广,电子元器件的识别与应用越来越重要。本任务首先要求各小组根据表 3.1.1 准备好实训设备和元器件,然后通过对常用电子元器件的识别,掌握常用电子元器件的参数、用途。

注意:任务步骤中关于测量部分的内容在本项目任务 2 中,可等到任务 2 中学习完万用表的使用之后再进行测量训练。

2. 任务步骤

(1) 电阻器的识别与测量

提示:样品要轻拿轻放,保持清洁,不要沾染油污或破损。

☞ **题目 1：识别电阻器的属性**

要求：观察电阻器，说明其属性（如类型、标称电阻值、功率等），将结果填入表 3.1.2 中。

☞ **题目 2：识别色环电阻器**

要求：观察电阻器的色环，估算电阻值，将结果填入表 3.1.2 中。

☞ **题目 3：测量电阻器**

要求：使用万用表测量电阻器的阻值，将结果填入表 3.1.2 中。

表 3.1.2 电阻器样品记录表

样品	型号	类型	标称电阻值	实测电阻值	功率
1#					
2#					

（2）电容器的识别与检测

☞ **题目 1：识别电容器的属性**

要求：观察电容器，说明其属性（如电介质种类、标称容量及容量标识方法），将结果填入表 3.1.3 中。

☞ **题目 2：检测电容器**

要求：使用万用表检测电容器，给出电容器质量好坏的结论，将结果填入表 3.1.3 中。

表 3.1.3 电容器样品记录表

样品	电介质种类	标称容量	容量标识方法	质量鉴定
1#				
2#				

（3）电感器的识别与检测

☞ **题目 1：识别电感器的属性**

要求：观察电感器，说明其属性（如导磁介质种类、标称值），将结果填入表 3.1.4 中。

☞ **题目 2：检测电感器**

要求：使用万用表测量电感器的直流电阻值，给出电感器质量好坏的结论，将结果填入表 3.1.4 中。

表 3.1.4 电感器样品记录表

样品	导磁介质种类	标称值	直流电阻值	质量鉴定
1#				
2#				

（4）二极管的识别与检测

☞ **题目1：识别二极管的属性**

要求：观察二极管，说明其属性（如型号、参数及管脚极性），将结果填入表3.1.5中。

☞ **题目2：检测二极管**

要求：用万用表测量二极管的阻值，给出二极管质量好坏的结论，将结果填入表3.1.5中。

表3.1.5　二极管样品记录表

样品	型号	参数	正向电阻	反向电阻	质量鉴定
1#					
2#					

（5）三极管的识别与检测

☞ **题目1：识别三极管的属性**

要求：观察三极管的阻值，说明其属性（如型号、参数及管脚极性），将结果填入表3.1.6中。

☞ **题目2：检测三极管**

要求：使用万用表测量三极管的阻值，给出三极管质量好坏的结论，将结果填入表3.1.6中。

表3.1.6　三极管样品记录表

样品	型号	参数	发射结正偏电阻	集电结反偏电阻	质量鉴定
1#					
2#					

（6）交直流电压的测量

☞ **题目1：测量交流电压**

要求：用指针式或数字式万用表测量单相交流插座的电压，将结果填入表3.1.7中。

☞ **题目2：测量电池电压**

要求：使用万用表测量1.5 V电池和9 V电池的电压，将结果填入表3.1.7中。

表3.1.7　交直流电压测量

样品	单相电源	9 V 电池	1.5 V 电池
测量电压值			

3. 评分标准

本任务实施评分标准如表3.1.8所示。

表3.1.8　常用电子元器件的检测与识别评分标准

序号	考核内容		评分标准	配分	得分
1	电阻器的识别与测量		① 属性及标识的识别(5分); ② 测量训练(5分); ③ 色环电阻的读值(5分)。	15	
2	电容器的识别与检测		① 属性及标识的识别(5分); ② 测量训练(2分); ③ 质量鉴定(3分)。	10	
3	电感器的识别与检测		① 属性及标识的识别(5分); ② 测量训练(2分); ③ 质量鉴定(3分)。	10	
4	二极管的识别与检测		① 属性及标识的识别(5分); ② 测量训练(5分); ③ 管脚极性判定(5分); ④ 质量鉴定(5分)。	20	
5	三极管的识别与检测		① 属性及标识的识别(5分); ② 测量训练(5分); ③ 管脚极性识别与判定(5分); ④ 管型判定(5分); ⑤ 质量鉴定(5分)。	25	
6	交直流电压测量		① 交流电压的测试(5分); ② 直流电压的测试(5分)。	10	
7	安全文明操作		① 穿拖鞋、衣冠不整,扣5分; ② 实验完成后,未进行工位卫生打扫,扣5分; ③ 工具摆放不整齐,扣5分。	10	
8	定额时间	20 min	超过定额时间,每超过5 min,总分扣10分。		
9	开始时间		结束时间	总评分	

注:除定额时间外,各项最高扣分不应超过其配分。

*任务2　常用电工仪表的使用

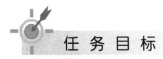

任务目标

1. 认识万用表、兆欧表、钳形电流表等电工测量仪器,了解电工测量仪器的用途;
2. 掌握万用表、兆欧表、钳形电流表等电工测量仪器的测量方法及测量注意事项,并能熟练使用电工测量仪器。

实训设备和元器件

任务所需实训设备和元器件如表 3.2.1 所示。

表 3.2.1　实训设备和元器件明细表

序号	器件名称	型号规格	数量
1	电阻器		1 套/组
2	电容器		1 套/组
3	电感器	根据实验室条件自定	1 套/组
4	二极管		若干/组
5	三极管		若干/组
6	电池	9 V、1.5 V	1 套/组
7	指针式万用表	MF-47 型	1 个/组
8	数字式万用表	VC890C+	1 个/组
9	兆欧表	ZC25—3 500 V　0~500 兆欧	1 个/组
10	钳形电流表	UYIGAD　UA100A	1 个/组
11	三相异步电机	根据实验室条件自定	1 个/组
12	单相变压器	根据实验室条件自定	1 个/组

 基 础 知 识

常用电工测量仪器主要有万用表、兆欧表、钳形电流表等。

一、万用表

万用表一般可分为指针式万用表和数字式万用表两种,可用来测量直流和交流电压、直流和交流电流、电阻、电容、二极管、三极管、通断测试等。本书主要介绍 VC890C+型数字式万用表和 MF47 型指针式万用表。

1. 数字式万用表

(1) 数字式万用表的结构

数字式万用表的结构如图 3.2.1 所示。

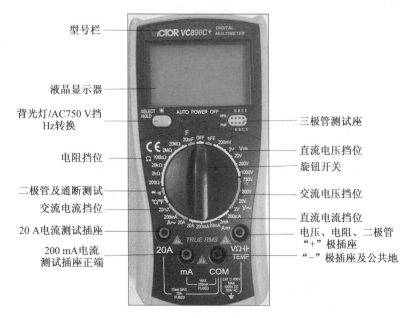

型号栏

液晶显示器

背光灯/AC750 V挡
Hz转换

电阻挡位

二极管及通断测试

交流电流挡位

20 A电流测试插座

200 mA电流
测试插座正端

三极管测试座

直流电压挡位
旋钮开关

交流电压挡位

直流电流挡位

电压、电阻、二极管
"+"极插座

"−"极插座及公共地

图3.2.1　数字万用表的外形结构

（2）数字式万用表的使用方法

VC890C+型数字式万用表的使用方法如表3.2.2所示。

表3.2.2　VC890C+型数字式万用表的使用方法

关键词	示意图	说明
测量电压		将黑表笔插入"COM"插座，红表笔插入"VΩ ┤⊢"插座；将量程开关转至相应的V⎓或V～量程上，然后将两表笔跨接在被测电路上。测量直流电压时，红表笔所接的该点电压与极性显示在屏幕上。 　　**注意**：① 如果事先对被测电压范围没有概念，应将量程开关转到最高的挡位，然后根据显示值转至相应挡位上。 　　② 如屏幕显示"OL"，表明已超过量程范围，须将量程开关转至较高挡位上。 　　③ 在AC750 V挡，触发HOLD键，可以测试AC380 V、AC220 V电频率。
测量电流		① 将黑表笔插入"COM"插座，红表笔插入"mA"插座中（最大为200 mA），或红表笔插入"20 A"插座中（最大为20 A，挡位达到20 A）。 　　② 将量程开关转至相应的A⎓或A～量程上，然后将两表笔串联接入被测电路中。测量直流电流时，被测电流值及红表笔的电流极性将同时显示在屏幕上。 　　**注意**：① 如果事先对被测电流范围没有概念，应将量程开关转到最高的挡位，然后根据显示值转至相应挡位上。 　　② 如屏幕显示"OL"，表明已超过量程范围，须将量程开关转至较高挡位上。 　　③ 在测量20 A时要注意，连续测量大电流将会使电路发热，影响测量精度甚至损坏仪表。

关键词	示意图	说明
测量电阻	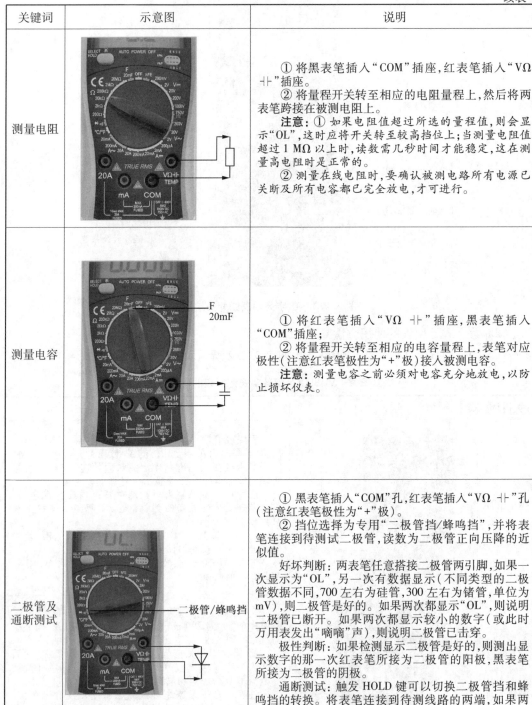	① 将黑表笔插入"COM"插座,红表笔插入"VΩ ⊣⊢"插座。 ② 将量程开关转至相应的电阻量程上,然后将两表笔跨接在被测电阻上。 **注意:** ① 如果电阻值超过所选的量程值,则会显示"OL",这时应将开关转至较高挡位上;当测量电阻值超过 1 MΩ 以上时,读数需几秒时间才能稳定,这在测量高电阻时是正常的。 ② 测量在线电阻时,要确认被测电路所有电源已关断及所有电容都已完全放电,才可进行。
测量电容		① 将红表笔插入"VΩ ⊣⊢"插座,黑表笔插入"COM"插座; ② 将量程开关转至相应的电容量程上,表笔对应极性(注意红表笔极性为"+"极)接入被测电容。 **注意:** 测量电容之前必须对电容充分地放电,以防止损坏仪表。
二极管及通断测试		① 黑表笔插入"COM"孔,红表笔插入"VΩ ⊣⊢"孔(注意红表笔极性为"+"极)。 ② 挡位选择为专用"二极管挡/蜂鸣挡",并将表笔连接到待测试二极管,读数为二极管正向压降的近似值。 好坏判断:两表笔任意搭接二极管两引脚,如果一次显示为"OL",另一次有数据显示(不同类型的二极管数据不同,700 左右为硅管,300 左右为锗管,单位为mV),则二极管是好的。如果两次都显示"OL",则说明二极管已断开。如果两次都显示较小的数字(或此时万用表发出"嘀嘀"声),则说明二极管已击穿。 极性判断:如果检测显示二极管是好的,则测出显示数字的那一次红表笔所接为二极管的阳极,黑表笔所接为二极管的阴极。 通断测试:触发 HOLD 键可以切换二极管挡和蜂鸣挡的转换。将表笔连接到待测线路的两端,如果两端之间电阻值低于 30 Ω,则内置蜂鸣器发声,依此判定线路的通断。

F
20mF

二极管/蜂鸣挡

续表

关键词	示意图	说明
三极管的测试	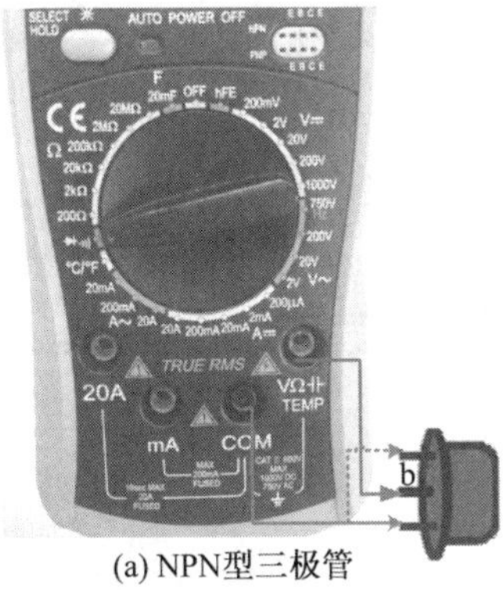 (a) NPN型三极管  (b) PNP型三极管 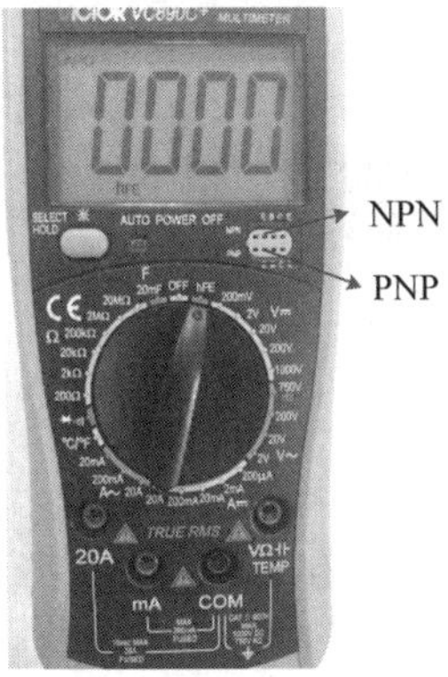 (c) 放大倍数的测试	① 管脚与类型的判别。选择数字万用表二极管挡，用红表笔接一只脚，黑表笔接另外两只脚，如果万用表均显示数据（所测为 PN 结的正向导通压降，单位为 mV），则红表笔所接为基极端，此管为 NPN 管（如图 a 所示），记下两次测量的数据并进行比较，数据较大的一次，另一表笔所接为发射极；数据小的一次，另一表笔所接为集电极。若黑表笔接一只脚，红表笔接另外两只脚，万用表均显示数据，则黑表笔所接为基极，且此管是 PNP 管（如图 b 所示），记下两次所测的数据并进行比较，数据较大的一次，另一表笔所接为发射极；数据小的一次，另一表笔所接为集电极。 ② 电流放大倍数 β 值的测量。万用表的挡位选择为"hFE"，根据类型的不同将三极管的三个引脚插入相应的孔中，此时显示的数据就是电流放大倍数 β 值（如图 c 所示）。 ③ 三极管好坏的判断。在判别基极的六次测量中只有两次测得数字显示并符合基极的判别，则三极管基本上是好的。若出现异常，则三极管已坏。如果测量的 β 太小，则说明三极管管脚插错或三极管已不能使用。

（3）使用数字式万用表的注意事项

① 36 V 以下的电压为安全电压，在测量高于 36 V 直流、25 V 交流电压时，要检查表笔是否可靠接触、是否正确连接、是否绝缘良好等，以避免电击；

② 换功能和量程时，表笔应离开测试点；

③ 选择正确的功能和量程，谨防误操作；

④ 在电池没有装好和后盖没有上紧时，不得使用此表进行测试工作；

⑤ 测量电阻时,请勿输入电压值;

⑥ 如果显示屏上出现 ▙▁▟ 符号,应更换电池;

⑦ 在更换电池或保险丝前,请将测试表笔从测试点移开,并关闭电源开关。

2. 指针式万用表

（1）指针式万用表的结构

MF47 型指针式万用表的结构如表 3.2.3 所示。

表 3.2.3　MF47 型指针式万用表的结构

关键词	示意图	说明
外部结构	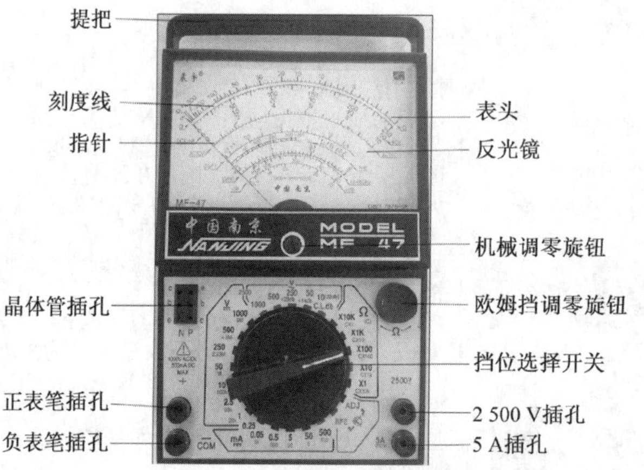 提把　表头　刻度线　指针　反光镜　机械调零旋钮　晶体管插孔　欧姆挡调零旋钮　挡位选择开关　正表笔插孔　2 500 V插孔　负表笔插孔　5 A插孔	MF47 型万用表主要由表头、挡位选择开关、欧姆挡调零旋钮、表笔插孔和晶体管插孔等组成。
标度盘	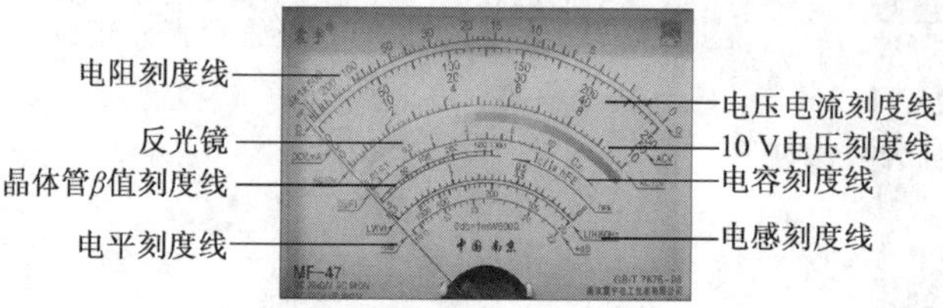 电阻刻度线　反光镜　晶体管β值刻度线　电平刻度线　电压电流刻度线　10 V电压刻度线　电容刻度线　电感刻度线	标度盘上共有 7 条刻度线,从上往下依次是电阻刻度线、电压电流刻度线、AC10 V 电压刻度线、电容刻度线、晶体管 β 值刻度线、电感刻度线和电平刻度线。在标度盘上还装有反光镜,用以消除视觉误差。
量程挡位	 直流电压量程挡位　挡位选择开关　电流量程挡位　交流电压量程挡位　电阻量程挡位　晶体管测量挡位	只需转动一下挡位选择开关旋钮即可选择各个量程挡位,使用方便。

续表

关键词	示意图	说明
插孔		面板左下角有正、负表笔插孔,习惯将红表笔插入正插孔,黑表笔插入负插孔。 面板右下角有2 500 V和5 A专用插孔,当测量>1 000 V交、直流电压时,正表笔应插入2 500 V插孔;当测量>500 mA直流电流时,正表笔应改为插入5 A插孔。 面板右上角是欧姆挡调零旋钮,用于校准欧姆挡"0 Ω"的指针位置。面板左上角是晶体管插孔,插孔左边标注为"N",检测NPN型晶体管时插入此孔;插孔右边标注为"P",检测PNP型晶体管时插入此孔。
电池仓	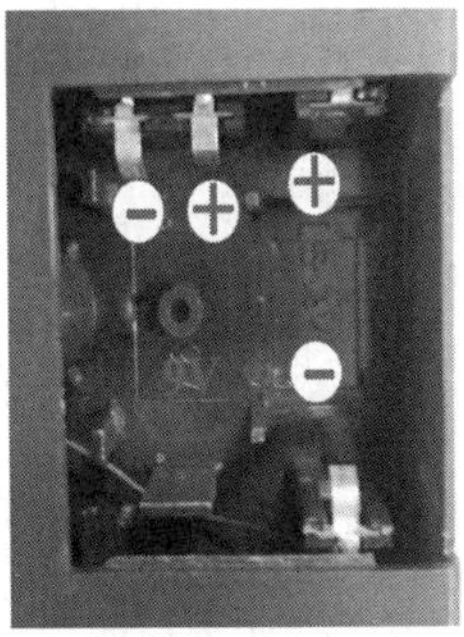	打开背面的电池盒盖,右边是低压电池仓,装入一枚1.5 V的2号电池;左边是高压电池仓,装入一枚9 V的层叠电池。

（2）指针式万用表的使用方法

MF47型指针式万用表的使用方法如表3.2.4所示。

表3.2.4　MF47型指针式万用表的使用方法

关键词	示意图	说明
机械调零		机械调零是指在使用前,将万用表水平放置,检查指针是否指在机械零位,如果指针不指在左边"0 V"刻度线,用螺丝刀调节表盖正中的调零器,让指针指示对准"0 V"刻度线。简单地说,机械调零就是让指针左边对齐零位。

关键词	示意图	说明
测量电阻		测量电阻时,将挡位选择开关置于适当的"Ω"挡。测量前,左手将两表笔短接,用右手调节面板右上角的欧姆挡调零旋钮,使表针准确指向"0 Ω"刻度线。值得注意的是,每次转换电阻挡后,均应重新调零。 　　**注意**:① 测量电路中的电阻时应先切断电源,若电路中有高电压、大容量电容,应先行放电后再进行测量。 　　② 当 $R×1$ 挡不能调至零位时,说明仪表内 2#(1.5 V)电池电力不足,需更换。当 $R×10$ k 挡不能调至零位时,说明仪表内 6F22(9 V)层叠电池电力不足,同样需要更换新电池(电池电压不足时,测量误差将增大)。
测量电感		首先准备交流 10 V/50 Hz 标准电源一只,将开关旋至 C. L. dB(10 V 交流)挡位,需测电感串接于仪表中,此时标度盘上 L(H)50 Hz 刻度值即为被测电感值。
测量电容		利用万用表的欧姆挡可以进行简单的测量,具体方法是:容量大于 100 μF 的电容器用"$R×100$"测量,容量在 $1~100$ μF 的电容用"$R×1$ k"测量,容量更小的电容器用"$R×10$ k"挡测量。旋好挡位后,用"Ω"挡校准调零。被测电容接在表棒两端,表针摆动最大指示值(标度盘上 C(μF)刻度值)即为该电容容量。 　　**电解电容器的检测** 　　① 电解电容器好坏的判定 　　先将电解电容器两端线短接放电,然后将万用表的黑表笔与电容器的正极相接,将红表笔与电容器的负极相接。按照万用表针状态进行判定。 　　电容器正常现象:表针迅速向右摆动,然后慢慢复位。 　　电容器短路现象:表针指向 0 Ω 或接近于 0 Ω,并且不能复位。 　　电容器断路现象:表针完全不动或微动,并且不能复位。 　　② 电解电容器极性的判定 　　先假定电容器某极为正极,让其与万用表的黑表笔相接,将另一个电极与万用表的红表笔相接,同时观察并记录表针向右摆动的幅度;再将电容器放电,然后把两支表笔对调重新进行上述测量。 　　哪一次测量中,表针最后停留的摆动幅度较小,说明该次对其正、负极的假定是对的。 　　**小容量无极性电容器的检测** 　　电容器正常现象:表针稍摆一个小角度后复位,把两支表笔对调重复测量,仍出现上述情况。 　　电容器短路现象:表针指向 0 Ω 或摆动幅度较大,并且不能复位。 　　电容器断路现象:表针完全不动,把两支表笔对调重复测量,表针仍然不动。

关键词	示意图	说明
测量交流 电压	(a) 测量1 000 V以下电压 2 500 V (b) 测量1 000~2 500 V电压	测量 1 000 V 以下交流电压时,挡位选择开关置于所需的交流电压挡。测量 1 000~2 500 V 的交流电压时,将挡位选择开关置于"交流 1 000 V"挡,正表笔插入"交直流 2 500 V"专用插孔。 　　**注意:** 交流电压 10 V 挡标度盘上设有专用刻度线,50 V 以上电压同直流电压刻度线。(交流电压中含有直流电压成分时,可串接一只隔直流电容再进行测量)
测量直流 电压	(a) 测量1 000 V以下电压 2 500 V (b) 测量1 000~2 500 V电压	测量 1 000 V 以下直流电压时,将挡位选择开关拨到所需的直流电压挡。测量 1 000~2 500 V 的直流电压时,将挡位选择开关置于"直流 1 000 V"挡,正表笔插入"交直流 2 500 V"专用插孔。

续表

关键词	示意图	说明
测量直流电流	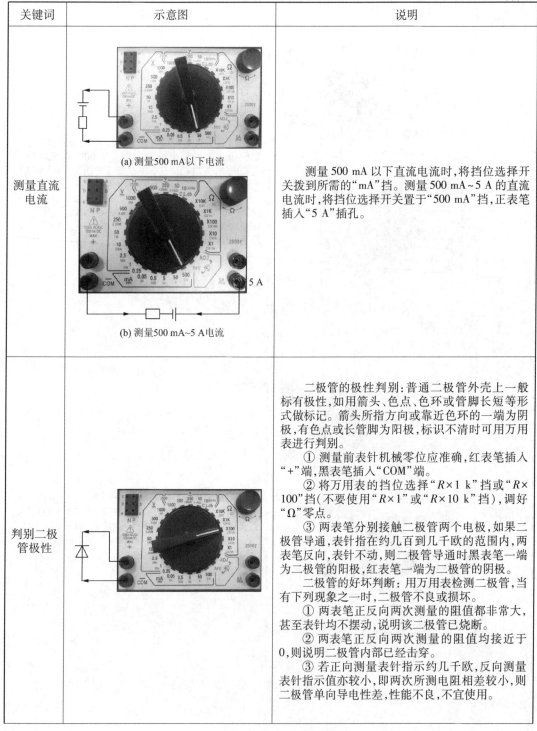（a）测量500 mA以下电流 （b）测量500 mA~5 A电流	测量 500 mA 以下直流电流时,将挡位选择开关拨到所需的"mA"挡。测量 500 mA~5 A 的直流电流时,将挡位选择开关置于"500 mA"挡,正表笔插入"5 A"插孔。
判别二极管极性		二极管的极性判别:普通二极管外壳上一般标有极性,如用箭头、色点、色环或管脚长短等形式做标记。箭头所指方向或靠近色环的一端为阴极,有色点或长管脚为阳极,标识不清时可用万用表进行判别。 ① 测量前表针机械零位应准确,红表笔插入"+"端,黑表笔插入"COM"端。 ② 将万用表的挡位选择"$R×1$ k"挡或"$R×100$"挡(不要使用"$R×1$"或"$R×10$ k"挡),调好"Ω"零点。 ③ 两表笔分别接触二极管两个电极,如果二极管导通,表针指在约几百到几千欧的范围内,两表笔反向,表针不动,则二极管导通时黑表笔一端为二极管的阳极,红表笔一端为二极管的阴极。 二极管的好坏判断:用万用表检测二极管,当有下列现象之一时,二极管不良或损坏。 ① 两表笔正反向两次测量的阻值都非常大,甚至表针均不摆动,说明该二极管已烧断。 ② 两表笔正反向两次测量的阻值均接近于0,则说明二极管内部已经击穿。 ③ 若正向测量表针指示约几千欧,反向测量表针指示值亦较小,即两次所测电阻相差较小,则二极管单向导电性差,性能不良,不宜使用。

关键词	示意图	说明
判别三极管类型与极性	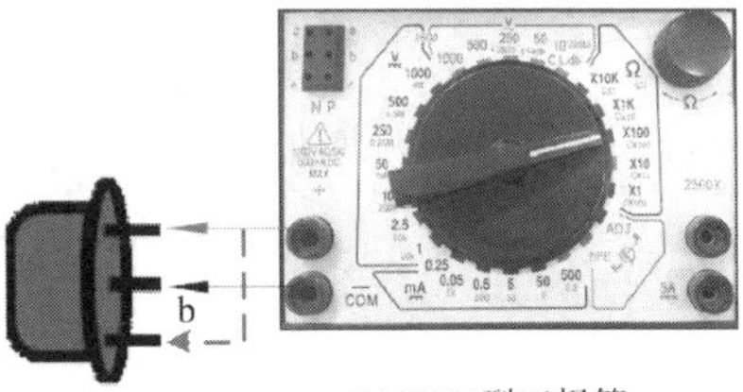 (a) NPN型三极管 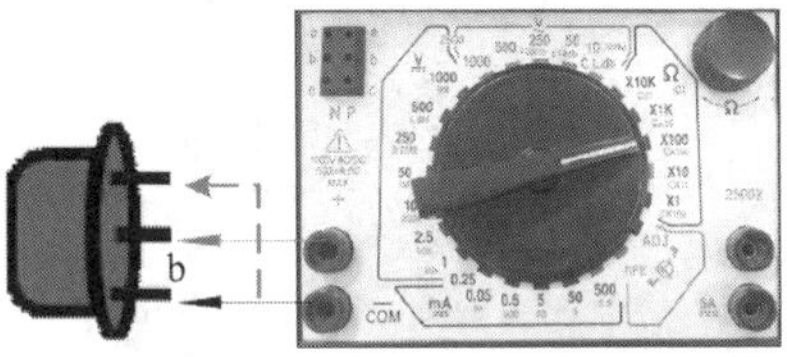 (b) PNP型三极管	**基极与类型判断** 　① 测量前表针机械零位应准确,红表笔插入"+"挡,黑表笔插入"COM"端,选择万用表的 $R\times 1\ \mathrm{k}\Omega$ 挡或者 $R\times 100\ \Omega$ 挡,调好"Ω"零点; 　② 将黑表笔固定接在一极,红表笔分别试测另两极;如果出现阻值一大一小,则将黑表笔改为固定另一极,再用红表笔测另两极,如果测的阻值仍一大一小,再将黑表笔固定在没有接过的一极,用红表笔测另两极。不论测量几次只要出现以下结果即可: 　用黑表笔接触一只管脚,红表笔分别接触另两只管脚,若表头读数都较小,则黑表笔所接为基极,且为 NPN 管;用红表笔接触一只管脚,黑表笔分别接触另两只管脚,若表头读数都较小,则红表笔所接为基极,且为 PNP 管。 **集电极与发射极的判断** 　① 知道了 PNP 型三极管基极位置后,以红表笔固定接于基级,用黑表笔测另外两极。测到哪一极时表现为阻值小,该极即为发射极,另一极为集电极。 　② 知道了 NPN 型三极管基极位置后,以黑表笔固定接于基级,用红表笔测另外两极。测到哪一极时表现为阻值小,该极即为发射极,另一极为集电极。 **三极管好坏判断** 　在找出基极的 6 次测量中,只有两次所测量的电阻值较小,则三极管基本上是好的,其他任何情况出现都说明三极管已损坏。
测量三极管直流放大倍数	 三极管插孔	转动开关挡位至 hFE 处,将晶体管 NPN 型或 PNP 型对应插入晶体管 N 或 P 插孔内,表针指示值即为该管直流放大倍数,如指针偏转指示大于 1 000 时,应首先检查是否插错管脚和晶体管是否损坏。
测量完毕	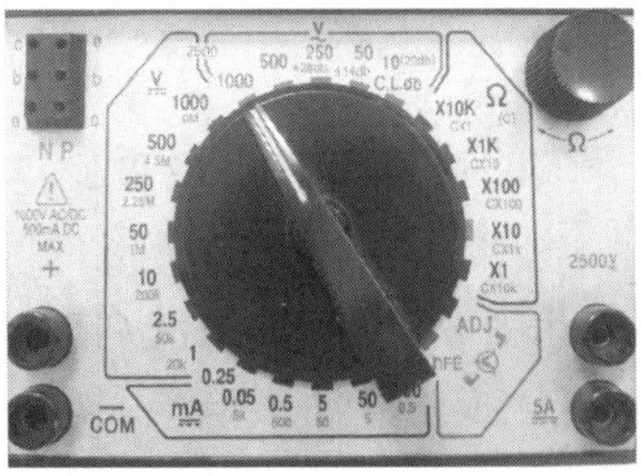	MF47 型万用表测量完毕,应将挡位转换开关拨到交流 1 000 V 挡,水平放置于凉爽干燥的环境,避免振动。长时间不用要取出电池,并用纸盒包装好后放置于安全的地方。

（3）使用指针式万用表的注意事项

① 测量电阻时指针在标度盘 1/2～2/3 处最适合读数；

② 测量高电压或大电流时，应在断电情况下变换挡位；

③ 测未知量的电压或电流时，应选择最高挡测量，再降至合适挡位测量；

④ 测量高压时，应站在干燥绝缘材料上，并单手操作；

⑤ 若误操作而烧断保险丝，应换上本厂专用熔断电流 0.5 A 的高速保险丝管，市售保险丝管有可能在下次出现故障时烧坏仪表；

⑥ 电池电压不足时，应及时更换电池，以免电阻挡测量误差增加。

二、钳形电流表

（1）钳形电流表的结构

钳形电流表是一种不需要断开电路就可测量电路中电流大小的便携式仪表，在电气设备检修时，非常方便。钳形电流表由电流互感器和电流表组合而成。电流互感器的铁芯在捏紧扳机时可以张开；当被测电流所通过的导线两端被固定时，可以不必切断导线就能使其从铁芯张开的缺口穿过，放开扳机后铁芯闭合。穿过铁芯的被测电路导线就成为电流互感器的一次线圈，当电流通过时便在二次线圈中感应出电流，使与二次线圈相连接的电流表动作，从而测出被测电路电流。胜利 DM6266 钳形电流的外形结构如图 3.2.2 所示。

该钳形电流表是一种由标准 9 V 电池驱动，LCD 显示的 3 1/2 位数字万用表。采用全功能过载保护电路，可测量直流电压、交流电压、交流电流、电阻及进行通断测试。仪表结构设计合理，采用旋转式开关，集功能选择、量程选择、电源开关于一体，携带方便，是电气测量的理想工具。

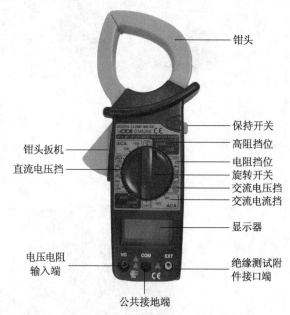

图 3.2.2　胜利 DM6266 钳形电流表的外形结构

（2）钳形电流表的使用

钳形电流表使用前应做好三步检查：

① 检查钳形电流表钳身有无损坏，如果是数字式的要检查数字是否显示正常，如果是指针式要检查指针是否指向零位。

② 检查钳形电流表钳口是否平整，有无锈迹，如果有锈迹，可用清洗剂擦拭。

③ 检查钳形电流表的钳头是否晃动，如果晃动应该换一个钳形电流表。

钳形电流表的使用方法如表 3.2.5 所示。

表 3.2.5　钳形电流表的使用方法

关键词	示意图	说明
测量交流电流	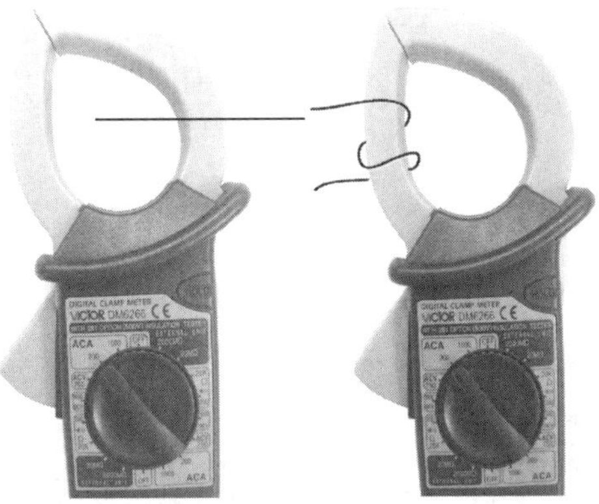 (a) 电流在5~200 A范围内　(b) 电流小于5 A	选择合适的量程挡位：估计被测电流的大小，选择合适的量程挡位，心中无数时，可先用大量程测量，即旋转开关旋至ACA1 000 A挡；如果读数小于200 A，开关旋至ACA200 A挡，以提高准确度，如图(a)所示。 **注意**：本型号钳形电表测量电流只有两个量程，最大电流为ACA1 000 A，最小电流为ACA200 A挡。 **测量和读数**：按下扳机打开钳口，将被测导线放在钳口中央，闭合钳口，将表拿平，进行读数。如果因环境条件限制，在暗处无法直接读数，可按下保持键，拿到亮处读取。 **注意**：① 如果钳住两根以上导线，测量无效； ② 当被测电流小于 5 A 时，为获得较准确的读数，可以把导线多绕几圈放进钳口进行测量，但实际电流数值应为读数除以放进钳口内的导线圈数，如图(b)所示。
测量交、直流电压	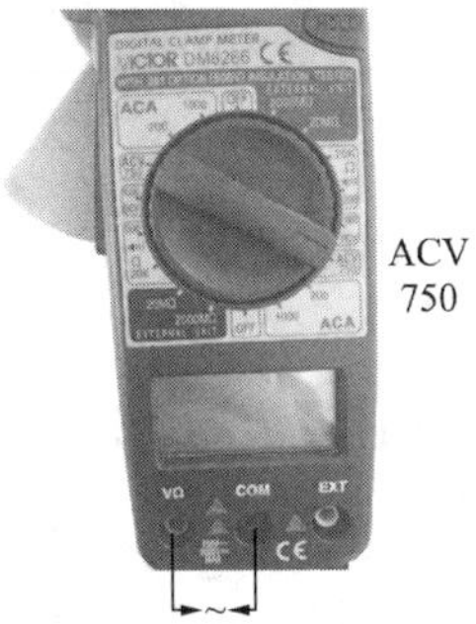 ACV 750　1 000 DCV (a) 交流电压测量 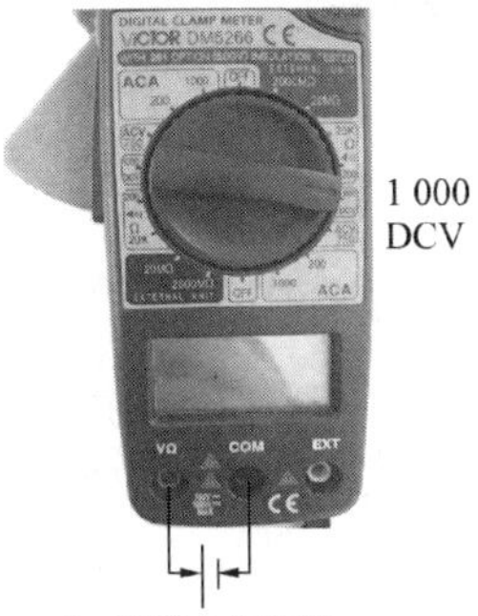　(b) 直流电压测量	测直流电压时，开关旋至 DCV 1 000 V 挡；测交流电压时，开关旋至ACV750 V 挡；保持开关处于放松状态。 红表笔接"V/Ω"端，黑表笔接"COM"端；红黑表笔并联到被测线路。
测量电阻	 20 kΩ	开关旋至适当量程的电阻挡；保持开关处于放松状态。 红表笔接"V/Ω"端，黑表笔接"COM"端。 红黑表笔分别接被测电阻的两端，测在线电阻时，线路应切断电源，与电阻所连接的电容应完全放电。

续表

关键词	示意图	说明
通断测试	 200 Ω	开关旋至 200 Ω 挡；红表笔接"V/Ω"端，黑表笔接"COM"端；如果红黑表笔间的电阻低，约（70±20）Ω，内置蜂鸣器发声。
使用完毕	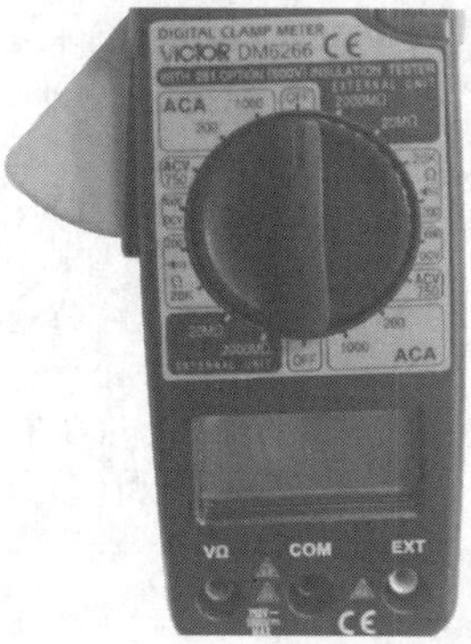	退出被测导体，将开关旋至 OFF 挡位，如果没有 OFF 挡，可以将开关旋至交流电压最高挡位上，以免下次使用时不慎损伤仪表。

（3）使用钳形电流表的注意事项

① 被测电路的电压不可超过钳形电流表的额定电压，钳形电流表不能用于测量高压电气设备的电流。

② 不能在测量过程中转动转换开关换挡。在换挡前，应先将截流导线退出钳口。

③ 某些型号的钳形电流表设置有交流电压测量功能，测量电流、电压时应分别进行，不能同时测量。

④ 由于钳形表需要在带电情况下测量，因此使用时应注意测量方法的正确性，特别是要注意人身安全和设备安全。

⑤ 只有在测试表笔从钳形电流表移开并切断电源以后，才能更换电池。

⑥ 如果显示器显示"LOBAT"字样，应及时更换电池。

三、兆欧表

兆欧表也称为绝缘电阻表，又称为摇表，主要用于测量电气设备的绝缘电阻，如电动机、电器线路的绝缘电阻，判断设备或线路有无漏电、绝缘损坏或短路等现象。因为它的计量单位是兆欧（MΩ），故取名为兆欧表，又因为用兆欧表时必须用手均匀摇动发动机手柄，所以人们常常称它为摇表。

（1）兆欧表的选用

兆欧表的输出电压有 500 V、1 000 V、2 500 V 和 5 000 V 等。一般规定，测量额定电压在 500 V 以上的电气设备的绝缘电阻时，必须选用 1 000~2 500 V 兆欧表。测量 500 V 以下电压的电气设备，则可以选用 500 V 兆欧表。

注意：测量高压设备的绝缘电阻，不能用额定电压 500 V 以下的兆欧表，否则测量结果不能反映工作电压下的绝缘电阻。

（2）兆欧表的外形结构

常用的手摇式兆欧表主要由磁电式流比计和手摇直流发电机两部分组成。兆欧表的外形结构如图 3.2.3 所示。

在兆欧表上有 3 个接线柱（L：接线路；E：接外壳或地；G：屏蔽端子），测量线路对地绝缘电阻时，E 端接地，L 端接于被测线路上；测量电动机或设备绝缘电阻时，E 端接电动机或设备外壳，L 端接被测绕组的一端；测量电动机或变压器绕组间绝缘电阻时，先拆除绕组间的连接线，将 E、L 端分别接于被测的两相绕组上；测量家用电器的绝缘电阻时，L 端接被测家用电器的插头，E 端接该电器的金属外壳。

（3）兆欧表的使用方法

兆欧表在使用前需要进行开路和短路检查，经下述检查完好才能使用。

开路检查：将 E、L 两端开路，以约 120 r/min 的转速顺时针摇动手柄，观察指针是否指到"∞"处，如图 3.2.4（a）所示。

短路检查：将 E、L 两端短接，顺时针缓慢摇动手柄，观察指针是否指到"0"处，如图 3.2.4（b）所示。

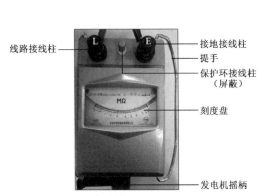

图 3.2.3　兆欧表的外形结构

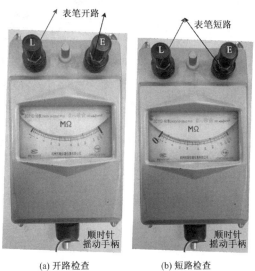

图 3.2.4　兆欧表使用前检查

兆欧表的使用方法如表 3.2.6 所示。

表 3.2.6　兆欧表的使用方法

关键词	示意图	说明
摇动手柄的方法	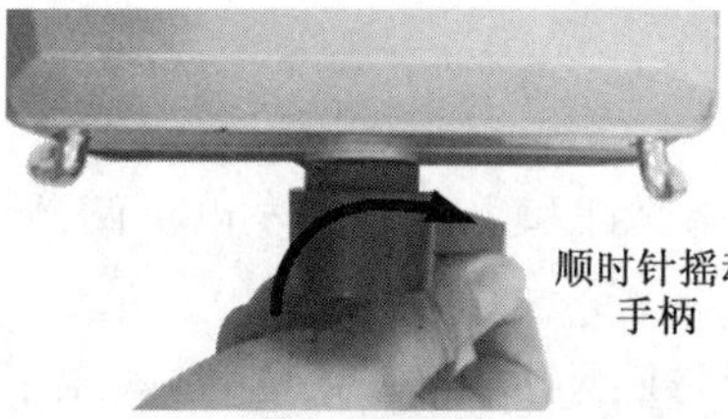 顺时针摇动手柄	由慢到快摇动手柄,直到转速达 120 r/min 左右,保持手柄转速均匀、稳定,一般转动 1 min,待指针稳定后再读数。
测量电动机绕组之间绝缘电阻值	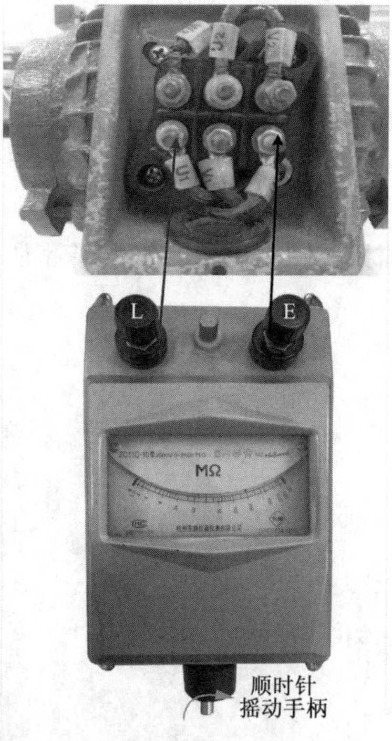 L　E顺时针摇动手柄	将 L、E 端分别接于被测的两相绕组上,由慢到快摇动手柄,直到转速达 120 r/min 左右,保持手柄转速均匀、稳定,指针稳定后的读数即为该两相绕组的绝缘电阻值。 　　**注意**:测量电机前将电动机上原有的连接片拆去,L 线和 E 线分别接在 U_1(或 U_2)、V_1(或 V_2)、W_1(或 W_2)三个端子中任意两个之间进行测量,共 3 次。 　　对于低压电动机(单相 220 V,三相 380 V),新电动机应用 1 000 V 兆欧表测量,运行过的电动机用 500 V 兆欧表测量。

续表

关键词	示意图	说明
测量电动机绕组与外壳之间的绝缘电阻	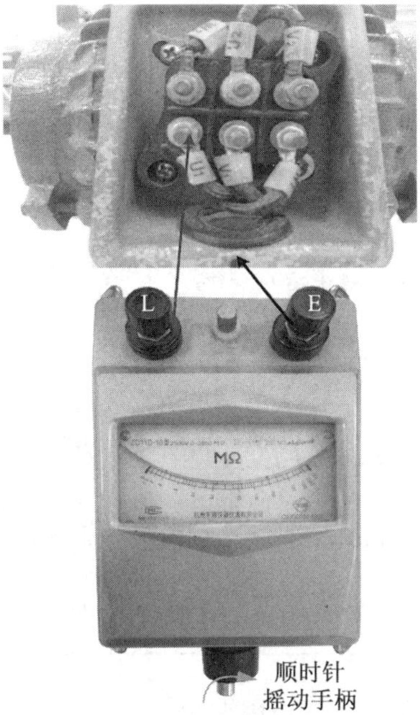 顺时针摇动手柄	测量绕组与外壳之间的绝缘电阻要测 3 次，L 线分别接在 U_1（或 U_2）、V_1（或 V_2）、W_1（或 W_2）三个端子上，E 线接外壳。 　由慢到快摇动手柄，直到转速达 120 r/min 左右，保持手柄转速均匀、稳定，指针稳定后的读数即为该相绕组与外壳的绝缘电阻值。 　**注意**：选用兆欧表的电压等级与上相同。
测量变压器的绝缘电阻	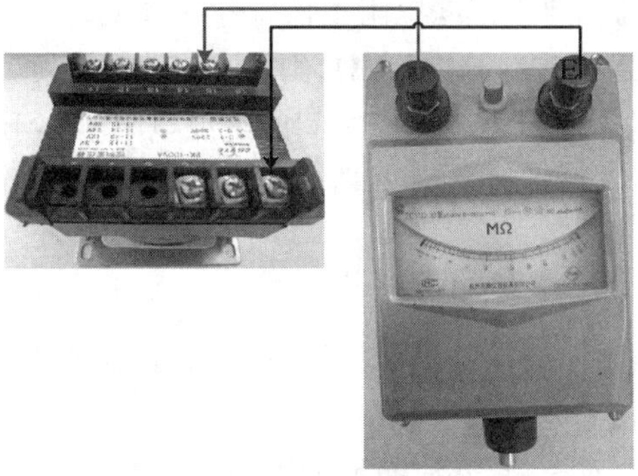 (a) 绕组之间的绝缘电阻测试 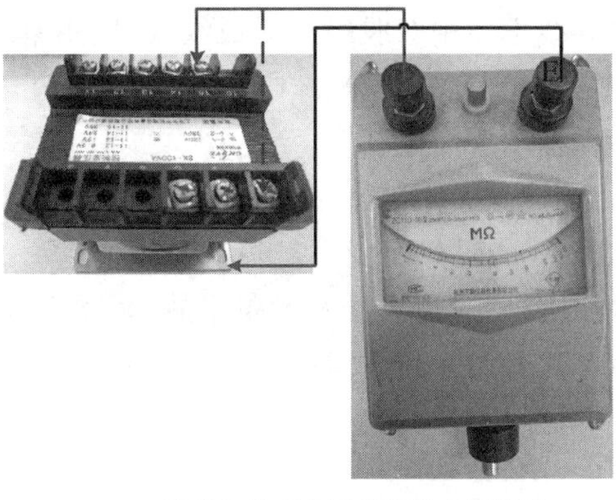 (b) 绕组与外壳之间的绝缘电阻测试	测量变压器的绝缘电阻要测 3 次，分别为绕组之间的绝缘电阻、每个绕组和外壳之间的绝缘电阻。 　① 变压器的输入绕组与输出绕组之间的绝缘电阻测试（红黑夹头可以任意接），如图（a）所示。 　② 输入绕组与外壳之间的绝缘电阻测试（红色夹头接输入绕组，黑色夹头接外壳），如图（b）所示； 　③ 输出绕组与外壳之间的绝缘电阻测试（红色夹头接输出绕组，黑色夹头接外壳），如图（b）所示。 　④ 绝缘电阻≥0.5 MΩ，说明变压器的绝缘良好。

续表

关键词	示意图	说明
测量电缆的绝缘电阻	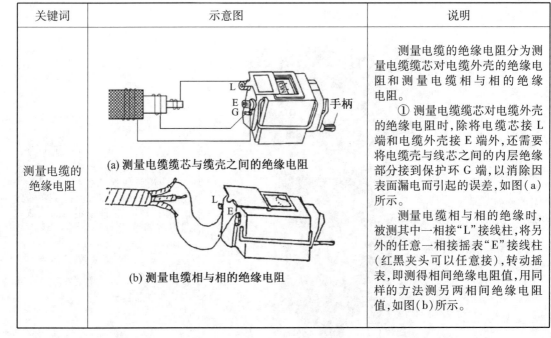 (a) 测量电缆缆芯与缆壳之间的绝缘电阻 (b) 测量电缆相与相的绝缘电阻	测量电缆的绝缘电阻分为测量电缆缆芯对电缆外壳的绝缘电阻和测量电缆相与相的绝缘电阻。 　　① 测量电缆缆芯对电缆外壳的绝缘电阻时,除将电缆芯接 L 端和电缆外壳接 E 端外,还需要将电缆壳与线芯之间的内层绝缘部分接到保护环 G 端,以消除因表面漏电而引起的误差,如图(a)所示。 　　测量电缆相与相的绝缘时,被测其中一相接"L"接线柱,将另外的任意一相接摇表"E"接线柱(红黑夹头可以任意接),转动摇表,即测得相间绝缘电阻值,用同样的方法测另两相间绝缘电阻值,如图(b)所示。

（4）常见的各类电气设备和配电线路的绝缘电阻要求

① 一般低压电力线路和照明线路,要求绝缘电阻不低于 0.5 MΩ。

② 农村每户线路绝缘电阻,晴天不宜小于 0.5 MΩ,雨天不宜小于 0.08 MΩ。

③ 手持电动工具(如手电钻)的带电零件与外壳之间的绝缘电阻不小于 2 MΩ。

④ 电动机及其他低压电气设备(包括家用电器),在常温下的绝缘电阻不应小于 0.5 MΩ。

（5）使用兆欧表的注意事项

① 禁止在雷电时或附近有高压导体的设备上测量绝缘,只有在设备不带电又不可能受其他电源感应而带电的情况下才可测量。

② 进行测量前要先切断电源,要对被测设备进行放电(需 2~3 min),以保障设备自身安全。

③ 接线柱与被测设备间连接的导线不能用双股绝缘线或绞线,应用单股线分开单独连接,以免因绞线绝缘不良引起误差;应保持设备表面清洁干燥。

④ 测量时,表面应放置平稳,手柄摇动要由慢渐快。

⑤ 通常采用均匀摇动 1 min 后的指针位置作为读数,一般为 120 r/min。测量中如发现指示为 0,则应停止转动手柄,以防表内线圈过热而烧坏。

⑥ 兆欧表本身工作时会产生高压电,为避免人身及设备事故,兆欧表未停止转动前,切勿用手去触及设备的测量部分或兆欧表接线桩;拆线时,不可直接触及引线的裸露部分,以免引起触电事故。

任务实施：电工仪表识别及电工仪表使用和测量

1. 任务说明

本任务实施涉及低压电工作业安全技术实际操作第一个考题中的电工仪表识别及电工仪表使用和测量(配分 20 分,考试时间 5 min),任务要求各小组根据表 3.2.1 准备好实训设备和元器件并能够掌握以下知识和技能:

① 仪表的识别和指认。(5 分)

② 指针万用表和数字式万用表的现场使用。(5 分)

③ 钳形电流表的现场使用。(5 分)

④ 绝缘摇表(兆欧表)的现场使用。(5 分)

2. 任务步骤

(1) 识别并指认各种仪表

☞ **题目：认识指针式万用表、数字式万用表、指针式钳形电流表、数字式钳形电流表、兆欧表,并说出其用途。**

(2) 指针式万用表的使用

☞ **题目 1：认识指针式万用表的挡位符号**

☞ **题目 2：使用万用表测量电阻**

提示: ① 拿到指针式万用表后,将万用表水平放置,检查指针是否在左侧零刻度线位置,如果不在零刻度线,须用一字螺丝刀进行机械调零。

② 在测量电阻时,每换一个挡位或一个电阻时都要进行欧姆调零。

操作步骤:

第 1 步: 在不知道阻值大小的情况下,将万用表电阻挡调至中间挡位 $R×100$ 挡,方便调节。

第 2 步: 将红表笔和黑表笔搭在一起(用一只手握住),观察指针是否在右侧零刻度线位置,如果不在,则进行欧姆调零。

第 3 步: 欧姆调零后,将红表笔和黑表笔分别搭在电阻两侧,从右往左读数,读出色环电阻阻值。

注意: 电阻刻度线在刻度盘上面第一条刻度线,指针在标度盘 $1/2 \sim 2/3$ 处最适合读数,电阻值=读数×倍率。

☞ **题目 3：用万用表测量三极管的放大倍数**

第 1 步: 将万用表挡位调至 hFE 挡。

第 2 步: 根据三极管的类型,将三极管插入指针式万用表左上角对应的孔中。

第 3 步: 读数。

☞ **题目 4：用万用表判断二极管的极性**

方法一:通过观察外观颜色,黑色的一端是阳极,灰色的一端是阴极。

方法二：用万用表电阻挡测量。

提示： 二极管具有单向导电性(正向导通,反向截止)。

操作步骤：

第1步： 将万用表电阻挡调至 $R×1$ k 挡。

第2步： 把红表笔和黑表笔搭在一起,然后观察指针是否在刻度盘右侧的零刻度上,若不在,则需旋转欧姆调零旋钮进行欧姆调零,直至指针归于刻度盘的零刻度。

第3步： 欧姆调零后,便可以将红表笔与黑表笔分别搭接在晶体二极管的两端看指针的偏转情况。

a. 如果万用表发生偏转,则红表笔所接的为二极管的阴极,黑表笔所接的为二极管的阳极。

b. 若没有发生偏转,则红表笔所接的为二极管的阳极,黑表笔所接的为二极管的阴极。

☞ **题目5：用万用表判断二极管的好坏**

在题目4方法二的基础上,继续判断二极管的好坏：

① 两次阻值都为无穷大,说明二极管内部断开。

② 两次阻值均为零,说明二极管内部短路。

③ 两次阻值几乎一样,说明二极管失去了单向导电性。

☞ **题目6：用万用表测量 1.5 V 和 9 V 的电池**

① 如果测 1.5 V 的电池,则选用 2.5 V 的挡位,看 250 的刻度线,每个刻度为 5,电池的电压为标度盘上的读数除以 100；

② 如果测 9 V 的电池,则选用 10 V 的挡位,看 10 的刻度线,每个刻度为 0.2,电池电压就是标度盘上的读数。

☞ **题目7：万用表使用完毕怎么操作**

使用完毕后将万用表调至 OFF 挡,若无 OFF 挡,则调至交流电压最大挡,以免下次使用时不慎损伤仪表。

(3) 钳形电流表的使用

☞ **题目1：认识钳形电流表上挡位的符号**

☞ **题目2：钳形电流表使用前应做什么检查**

① 检查钳形电流表钳身有无损坏,如果是数字式的要检查数字是否显示正常,如果是指针式的,要检查指针是否指向零位。

② 检查钳形电流表钳口是否平整,有无锈迹,如果有锈迹,可用清洗剂擦拭。

③ 检查钳形电流表的钳头是否晃动,如果晃动应该换一个钳形电流表。

☞ **题目3：用钳形电流表检测某一根带电电线的电流**

提示： 如果考官故意拿多根导线,自己要拿出其中一根导线测量。

操作步骤：

第1步： 不知道电流大小的情况下,需要将钳形电流表调至电流最大挡位。

第2步： 将钳形电流表拿在手中,按压钳头扳机,钳口打开,导线伸入钳口中心位置,再

松开钳头扳机使两钳口表面紧紧贴合,将表拿平,然后读数,即测得电流值。

第 3 步：如果被测电流较小,可以换低挡位,换挡位时,钳口必须退出被测导线;如果已调至最小挡位,电流还是很小,若条件允许,可将被测导线绕几圈后套进钳口进行测量,导线中的电流＝钳形电流表的读数/绕线的圈数。

第 4 步：用钳形电流表测量高处的电流,无法读数时,可以按下 HOLD 键,将数值保持住,方便读数。

☞ **题目 4：检测电机三相电流是否平衡**

在电动机运行后,将电动机的三相电源同时夹入钳形电流表的钳口中,这时,如果电流表没有数值显示,则说明三相电流平衡,若电流表有数值显示,则说明三相电流不平衡。

☞ **题目 5：钳形电流表使用完毕后怎么操作**

退出被测导线,将旋转开关调至 OFF 挡位,如果没有 OFF 挡,将旋转开关置于交流电压最高挡位上,以免下次使用时不慎损伤仪表。

（4）利用兆欧表测量电动机和变压器的绝缘性能

☞ **题目 1：摇表上的三个端子有何作用**

L(红色)：接相线或者被测导体;

E(黑色)：接大地或者绝缘外壳;

G：接屏蔽层,消除因表面漏电而引起的测量误差。

☞ **题目 2：摇表使用前做何检查**

① 开路测试：红、黑两个夹头分开,用手按住摇表本体(不要碰触夹头),顺时针按照 120 r/min 的速度摇动,观察指针有没有达到无穷大的位置。

② 短路测试：红黑两个夹头短接,轻轻摇动手柄,观察指针在不在零刻度线位置。如指针不能指到零刻度线位置,表明兆欧表有故障,应检修后再用。

☞ **题目 3：测量待测物时有何注意事项**

① 测量前必须将被测设备电源切断,并对被测设备短路放电。

② 被测物表面要清洁,减少接触电阻,确保测量结果的准确性。

③ 兆欧表使用时应放在平稳、牢固的地方。

④ L/E/G 端子必须正确接线。

☞ **题目 4：测量电机的绝缘性能**

参照表 3.2.6 中兆欧表的使用方法,测量电机的绝缘性能。需注意：

① 绕组与绕组之间的绝缘性能要测量 3 次。将 L 线和 E 线分别接在 U_1(或 U_2)、V_1(或 V_2)、W_1(或 W_2)三个端子中任意两个端子之间,以顺时针 120 r/min 的速度摇动手柄,待指针稳定后再进行读数,另外注意要匀速摇动手柄。

② 绕组与外壳之间的绝缘性能要测量 3 次。L 线分别接在 U_1(或 U_2)、V_1(或 V_2)、W_1(或 W_2)三个端子上,E 线接外壳。

③ 绝缘电阻 ≥ 0.5 MΩ,说明电机的绝缘性能良好。

☞ **题目 5：测量变压器的绝缘性能**

变压器的绝缘性能总共要测 3 次：变压器的输入绕组与输出绕组之间，红黑夹头可以任意接；输入绕组与外壳之间，红色夹头接输入绕组，黑色夹头接外壳；输出绕组与外壳之间，红色夹头接输出绕组，黑色夹头接外壳。

绝缘电阻 ≥ 0.5 MΩ，说明变压器的绝缘性能良好。

☞ **题目 6：兆欧表使用完毕后怎么操作**

① 被测设备放电：将测量时使用的地线从兆欧表上取下来与被测设备短接一下即可。

② 摇表放电：将 L、E 夹头短接放电即可。

注意：针对低压电工作业安全技术实际操作的第一个考题中（电工仪表识别及电工仪表使用和测量）的内容，学员可模拟考试现场环境，按照任务步骤中题目的顺序进行问答和实际操作。

3. 评分标准

表 3.2.7 是低压电工作业安全技术实际操作第一个考题中的电工仪表识别及电工仪表使用和测量的标准答案和评分标准。

表 3.2.7　电工仪表识别及电工仪表使用和测量标准答案和评分标准

序号	标准答案	评分标准	配分	得分
1	在陈列的仪表实物（或图片）中，识别和指认各种仪表其中的五样。	辨认识别不正确，每错误一项扣 1 分。	5	
2	万用表的现场使用：根据所要测量的物理量选用挡位量程；变换量程；测量电阻、调零、读数、使用完毕后的处理。 严禁用电阻挡、电流挡测电压，或用电阻挡电压挡测电流。指针指示在盘面 1/2～2/3 位置为宜。 ① 交直流电压测量时，能选择合适的挡位，并读出数据； ② 电阻测量时，能选择合适的挡位，并读出数据，每次切换量程，先调零再测量； ③ 测量结束，应将挡位选择开关旋到 OFF 挡或交流电压最高挡。	不会选用挡位、量程、变换量程，扣 2 分； 不知道调零、不会读数，扣 2 分； 测量结束不知道如何处理，扣 2 分。	5	
3	钳形电流表的现场使用：量程转换、导线位置、正确使用、测量完毕。 ① 直观检查钳口接触面平整、无生锈、压力适中，测量时被测导线放在钳口中央； ② 不清楚电流大小时先用最大挡，根据需要逐级下调，交流电流测量时，能选择合适的挡位，并读出数据； ③ 换挡时钳口退出被测导线，调到合适挡位时指针应指在盘面 1/2～2/3 的位置； ④ 使用完毕，挡位开关放在最大挡。	不检查性能，扣 1 分； 选用挡位错误，扣 1 分； 换挡时钳口退出被测导线，调到合适挡位时指针应指在盘面 1/2～2/3 位置，操作错误一项，扣 1 分； 使用完毕不知如何处理，扣 1 分。	5	

续表

序号	标准答案	评分标准	配分	得分
4	绝缘摇表(兆欧表)现场使用:测电缆或电动机绝缘电阻;读数。 　①性能测试:E、L 开路,摇手柄 120 r/min,指针指"∞";E、L 短路,摇手柄 120 r/min,指针指"0",为正常。 　②测电缆或电动机绝缘电阻:对电容或长电缆必须放电;电动机必须在停电的情况下进行测量;E、L、G 三个端子连接准确无误。 　③读数:以 120 r/min 速度转动手柄数十圈,等指针稳定后,正确读出绝缘电阻阻值。 　④测量完毕放电。	不会检查性能,扣1分; 　E、L、G 三个端子连接不正确,每错误一项扣1分; 　不会读数,扣1分; 　不会使用,扣3分; 　测量完毕不知如何处理,扣1分。	5	
5	总分		20	

注:各项最高扣分不应超过其配分。

拓展知识:整流电路

整流电路是利用二极管的单向导电作用,将交流电变成脉动直流电的电路。这种方法简单、经济,在电子电路中经常采用。

一、单相半波整流电路

经变压器降压后的正弦交流电 u_2,经过二极管后,由于二极管的单相导电性,在 R_L 两端获得半个脉动的直流电,如图 3.2.5 所示。

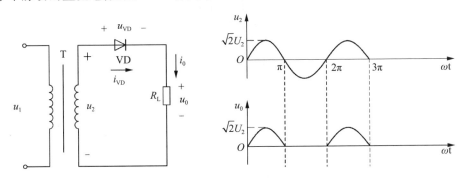

图 3.2.5 单相半波整流电路及电压波形

在 R_L 两端获得的电压平均值为

$$U_0 = \frac{\sqrt{2}\,U_2}{\pi} = 0.45 U_2 \tag{3.2.1}$$

二、单相桥式整流电路

单相桥式整流电路如图 3.2.6(a)所示,波形正半周到来时,VD_1 与 VD_3 导通,在 R_L 两端获得半个周期波形；当波形负半周到来时，VD$_2$与VD$_4$导通，在R_L两端又获得另一半周期波形，如图3.2.6(b)所示。分析可知，单相桥式整流电路输出电压平均值为

$$U_0 = 2 \times 0.45 U_2 = 0.9 U_2 \tag{3.2.2}$$

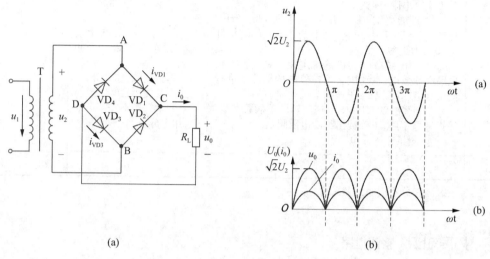

图3.2.6 单相桥式整流电路及电压波形

低压电工作业理论考试[习题3]

项目简介

本项目为直流电路的认知与实践,要求学员能够掌握电路的基本概念、电路的基本物理量、欧姆定律及其应用,熟悉电路的组成及电路的三种工作状态,熟练运用各种分析方法对电路中的参数进行求解,最终能够利用所学知识对图 4.0.1、图 4.0.2 的电路进行分析,并完成接线及参数的测试。

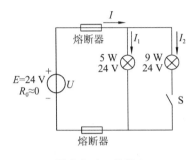

图 4.0.1　任务 1

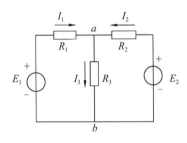

图 4.0.2　任务 2

项目具体实施过程中分解成 2 个任务(如图 4.0.3 所示),分别为认知直流电路、直流电路分析与验证。要求通过 2 个任务的学习,最终通透地掌握本项目的理论和实践内容。

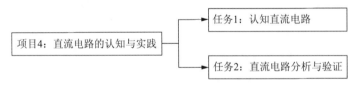

图 4.0.3　项目实施过程

项目目标

1. 懂得电路和电路模型的基本概念,熟悉电路的组成与功能;
2. 掌握电路的基本物理量;
3. 掌握电路的基本定律,熟悉电路的三种工作状态;
4. 掌握电路的分析方法;
5. 会测量直流电的参数并对测量参数进行分析。

项目**4**

直流电路的认知与实践

任务 1　认知直流电路

任 务 目 标

1. 懂得电路和电路模型的基本概念,熟悉电路的组成与功能;
2. 掌握电路中基本物理量的概念和单位,充分理解电流、电压的参考方向及关联方向的概念;
3. 理解功率 $P>0$ 和 $P<0$ 的含义并掌握功率的计算;
4. 掌握欧姆定律的内容及应用,熟悉电路的三种工作状态;
5. 会测量直流电路参数并对测量参数进行分析。

实训设备和元器件

任务所需实训设备和元器件如表 4.1.1 所示。

表 4.1.1　实训设备和元器件明细表

序号	器件名称	型号规格	数量	备注
1	电路原理实验箱及配套的单相三极电源	KHDL-1 型	1	本任务用到实验箱中的直流稳压源模块(也可根据实验条件自定)
2	数字式万用表	VC890C+	1	
3	直流白炽灯	24 V　5 W	1	可根据实验室条件自定
4	直流白炽灯	24 V　9 W	1	可根据实验室条件自定
5	开关	根据实验条件选择合适的开关	1	
6	熔断器	根据实验条件选择合适的熔断器	2	熔断器额定电压≥连接电路额定电压;熔断器额定电流≥线路中的电流。
7	导线	与实验箱配套	若干	

基 础 知 识

一、电路和电路模型

电路由电路器件(如晶体管)和电路元件(如电容、电阻等)按一定要求相互连接而成。它提供了电流流通的路径。

（1）电路的作用

① 实现电能的传输、分配与转换。例如,发电厂把热能(通过煤粉等燃烧)转换成电能,

再通过变压器、输电线送到各用户,各用户又把它们转换成光能、热能和机械能加以使用,如图 4.1.1 所示。

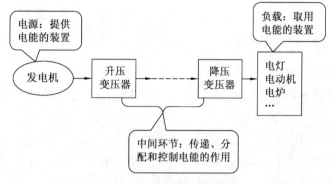

图 4.1.1　电力网系统

②　电路可以实现信号的传递和处理。例如,电视接收天线将含有声音和图像信息的高频电视信号通过高频传输线送到电视机,这些信号经过选择、变换、放大和检波等处理,恢复成原来的声音和图像信息,在扬声器中发出声音,并在显像管屏幕上呈现图像,如图 4.1.2 所示。

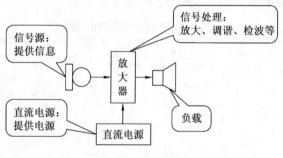

图 4.1.2　传声器电路

（2）电路的组成

由图 4.1.1 和图 4.1.2 可以看出,不管电路的结构怎样简单或复杂,电路必定由电源、负载和中间环节三大部分组成。

①　电源是将非电能转换成电能的装置。例如,电池将化学能转换成电能,它是推动电流运动的源泉。

②　负载是将电能转换成非电能的装置。例如,白炽灯将电能转换成光能和热能,它是取用电能的装置。

③　中间环节是把电源与负载连接起来的部分,具有输送、分配、控制电路通断的功能。

（3）电路的模型

实际的电路器件在工作时的电磁性质是比较复杂的,不是单一的。例如,电阻炉在通电工作时能把电能转换成热能,具有电阻的性质,但其电压和电流的存在也会产生磁场,故也具有储存磁场能量即电感的性质。在分析和计算时,如果把该器件的所有电磁性质都考虑进去,将是十分复杂的。因此,人们为了表征电路中某一部分的主要电磁性能以便进行定性、定量分析,把该部分电路抽象成一个电路模型,即用理想的电路元件来代替这部分电路。

理想电路元件是指突出该部分电路的主要电和磁的性质,而忽略次要的电或磁性质的假想元件。因此,可以用理想电路元件及它们的组合来反映实际电路元件的电磁性质。例如,电感线圈是由导线绕制而成的,它既有电感量又有电阻值,往往忽略线圈的电阻性质,而突出它的电磁性质,把它表征为一个储存磁场能量的电感元件。同样,电阻丝是用金属丝一圈一圈绕制而成,它既有电感量也有电阻值,在实际分析时往往忽略电阻丝的电感性质,而突出其主要的电阻性质,把它表征为一个消耗电能的电阻元件。

理想电路元件简称为电路元件,通常包括电阻元件、电感元件、电容元件及理想的电压源和电流源。前三种元件均不产生能量,称为无源元件,后两种元件是提供能量的,称为有源元件。几种常用的理想电路元器件的符号如表 4.1.2 所示。

表 4.1.2　常用理想电路元器件符号

名称	符号	名称	符号
理想电流源		受控电流源	
理想电压源		受控电压源	
电阻		理想二极管	
可变电阻		理想导线	
电容		理想开关	
电感		二端元件	

用理想电路元件组成的电路,称为实际电路的电路模型。图 4.1.3 所示为手电筒电路实体与电路模型。

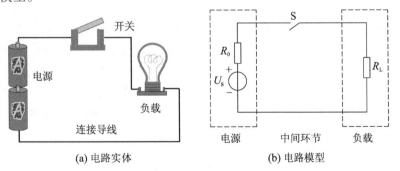

(a) 电路实体　　　　　　(b) 电路模型

图 4.1.3　手电筒电路

二、电路的基本物理量

(一) 电流

1. 概念

带电质点有规律运动的物理现象,称为电流。在电场的作用下,正电荷顺电场方向运动,负电荷逆电场方向运动。规定正电荷移动的方向为电流方向。

电流在数值上等于单位时间内通过导体某一横截面积的电荷量。设在极短的时间 dt 内通过导体某一横截面的电荷量为 dq,则通过该截面的电流为

$$i = \frac{dq}{dt} \tag{4.1.1}$$

上式中,电流 i 是随时间变化的,这种随时间变化的电流称为交流电流,用小写字母 i 表示。如果电流不随时间变化,即 $dq/dt = $ 常数,则这种电流称为稳恒电流,简称直流,直流电流用大写字母 I 表示,可写为

$$I = \frac{Q}{t} \tag{4.1.2}$$

以上可以看出,电流有两种基本形式:直流电流和交流电流。

直流电流:电流的方向不随时间变化的电流称为直流电流,而大小和方向均不随时间变化的电流叫作稳恒电流,常用字母"DC"表示。

交流电流:大小和方向随时间变化的电流称为交流电流,如果交流电流是按正弦规律变化的,则称为正弦交流电流,常用字母"AC"表示。

2. 单位

电流是客观存在的物理现象,虽然看不见摸不着,但可以通过电流的各种效应来体现它的客观存在。日常生活中的开、关灯,分别体现了电流的"存在"与"消失"。在国际单位制(SI)中,规定电流的单位是库[仑]/秒,即安[培],简称安(A),电荷的单位是库[仑](C),时间的单位是秒(s)。在电子电路中,电流都很小,常以毫安(mA)、微安(μA)作为电流的计量单位;而在电力系统中电流都较大,常以千安(kA)作为电流的计量单位。它们之间的换算关系为

$$1 \text{ kA} = 10^3 \text{ A} \qquad 1 \text{ A} = 10^3 \text{ mA} \qquad 1 \text{ mA} = 10^3 \text{ } \mu\text{A}$$

3. 方向

在分析电路时不仅要计算电流的大小,还应了解电流的方向。习惯上规定正电荷的移动方向为电流的方向(实际方向),对于比较复杂的直流电路,往往不能确定电流的实际方向;对于交流电,其电流方向是随时间变化的,更难以判断。因此,为分析方便,引入电流的参考方向这一概念,参考方向可以任意设定,在电路中用箭头表示。且规定,当电流的参考方向与实际方向一致时,电流为正值,即 $I>0$,如图 4.1.4(a)所示;当电流的参考方向与实际方向相反时,电流为负值,即 $I<0$,如图 4.1.4(b)所示。

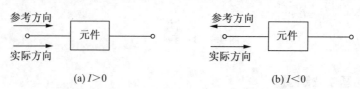

图 4.1.4 电流的参考方向与实际方向的关系

有时,还可以用双下标表示:如 I_{ab}(表示电流从 a 流向 b),I_{ba}(表示电流从 b 流向 a),即 $I_{ab} = -I_{ba}$,注意负号表示与规定的方向相反。

在分析电路时,首先要假定电流的参考方向,并以此为标准去分析计算,最后根据结果的正负值来确定电流的实际方向。

(二)电压、电位与电动势

1. 电压

(1)概念

电荷在电路中运动,必然受到电场力的作用,也就是说电场力对电荷做了功。为了衡量其做功的能力,引出了"电压"这一物理量。电场力把单位正电荷从 a 点移动到 b 点所做的功,称为 ab 两点间的电压,即

$$u = \frac{\mathrm{d}W}{\mathrm{d}q} \tag{4.1.3}$$

式中,$\mathrm{d}q$ 为由 a 点移动到 b 点的电荷量,单位为库[仑](C),$\mathrm{d}W$ 为电场力将正电荷从 a 点移动到 b 点所做的功,单位为焦[耳](J)。

直流电路中,式(4.1.3)应写为

$$U = \frac{W}{Q} \tag{4.1.4}$$

根据电压的变化情况,电压也有两种基本形式:直流电压和正弦交流电压,定义与电流相似,也同样分别用"DC"和"AC"表示。

(2)单位

电压的单位为伏[特](V)。有时还用千伏(kV)、毫伏(mV)、微伏(μV)等单位。它们之间的换算关系为

$$1 \text{ kV} = 10^3 \text{ V} \qquad 1 \text{ V} = 10^3 \text{ mV} \qquad 1 \text{ mV} = 10^3 \text{ μV}$$

(3)方向

电路中任意两点间的电压仅与这两点在电路中的相对位置有关,而与选取的计算路径无关。习惯上规定电压的实际方向由高电位指向低电位。和电流一样,电路中两点间的电压可任意选定一个参考方向,且规定当电压的参考方向与实际方向一致时电压为正值,即 $U>0$;相反时电压为负值,即 $U<0$。

电压的参考方向可用箭头表示,也可用正(+)、负(−)极性表示,如图 4.1.5 所示,还可用双下标表示,如 U_{ab} 表示 a 和 b 之间的电压参考方向由 a 指向 b。

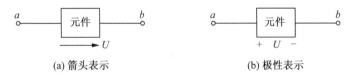

(a) 箭头表示　　　　　　　　　(b) 极性表示

图 4.1.5　电压的参考方向

(4)关联参考方向与非关联参考方向

对于任意一个元件的电流或电压的参考方向可以独立地任意指定。如果指定流过元件的电流参考方向是从标以电压正极的一端指向负极的一端,即两者的参考方向一致,则把电流和电压的这种参考方向称为关联参考方向,如图 4.1.6(a)所示;当两者不一致时,称为非关联参考方向,如图 4.1.6(b)所示。

(a) 关联参考方向　　　　　　(b) 非关联参考方向

图 4.1.6　关联与非关联参考方向

2. 电位

为了方便分析电路,常指定电路中任一点为参考点 0,用"⊥"表示。电场力把单位正电荷 q 从电路中任意一点 a 移动到参考点 0 时电场力所做的功,称为 a 点电位,记为 V_a。实际上电路中某点的电位即该点与参考点之间的电压。

为确定电路中各点的电位,必须在电路中选取一个参考点:

(1) 参考点 0 的选取是任意的,其本身的电位为零,即 $V_0 = 0$,高于参考点的电位为正,低于参考点的电位为负。

(2) 参考点选取不同,电路中各点的电位也不同。但参考点一旦选定后电路中各点的电位只能有一个数值。

(3) 只要电路中两点位置确定,不管其参考点如何变更,两点之间的电压只能有一个数值。

(4) 在研究同一电路系统时,只能选一个电位参考点。

【例 4-1】　例 4-1 图所示电路中,分别以 O 和 B 为参考点,试求电路中各点的电位。

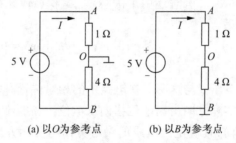

(a) 以 O 为参考点　　　(b) 以 B 为参考点

例 4-1 图

解: 电路中
$$I = \frac{5}{1+4} A = 1 \text{ A}$$

若以 O 点为参考点,则
$$V_0 = 0 \text{ V}$$
$$V_A = (1 \times 1) \text{ V} = 1 \text{ V}$$
$$V_B = -(1 \times 4) \text{ V} = -4 \text{ V}$$

[验算: $U_{AB} = V_A - V_B = [1-(-4)] \text{ V} = 5 \text{ V}$]

若以 B 点为参考点,则
$$V_B = 0 \text{ V}$$
$$V_A = [1 \times (1+4) \text{ V}] = 5 \text{ V}$$
$$V_O = (1 \times 4) \text{ V} = 4 \text{ V}$$

[验算: $U_{AB} = V_A - V_B = (5-0) \text{ V} = 5 \text{ V}$]

电位的引入,给电路分析带来了方便,在电路中往往不再画出电源而改用电位标出。图 4.1.7 所示为电路的一般画法与习惯画法示例。

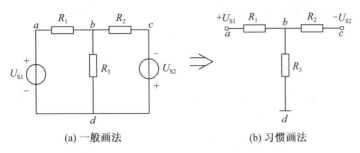

(a) 一般画法　　　　　　(b) 习惯画法

图 4.1.7　电路的一般画法与习惯画法

3. 电动势

电源的电动势 E 在数值上等于电源力把单位正电荷从电源的负极经电源内部移动到电源正极所做的功,也就是单位正电荷从电源负极到电源正极所获得的电能。

电动势的基本单位是伏[特]。习惯上规定电动势的实际方向是由电源负极(低电位)指向电源正极(高电位)。

在电路分析中,也常用电压源的电动势大小来表示端电压的大小,但是要注意,电压源端电压的实际方向和电动势的实际方向是相反的。

从电压与电动势的定义可以得出这样一个结论:电场力把单位正电荷从电源的正极移动到负极,而电源力则把单位正电荷从电源的负极移动到正极,这样,该电荷实际上在电路中完整地绕行了一周,也就是说,电路中的电流从电源的正极流出,经外电路,再经电源负极流回电源正极。

(三) 电能与电功率

1. 电能

(1) 概念

电路的主要作用之一是进行电能的传输和转换。电能是指一段时间内电场力移动正电荷所做的功,用字母 W 表示。设直流电路中某元件的电压为 U,通过导体横截面的电荷量为 q,在 t 时间内电路所消耗(发出)的电能为 $W=qU$,而 $q=It$,则

$$W=UIt \tag{4.1.5}$$

(2) 单位

电能的国际单位为焦耳(J),实际使用中常用瓦特·秒(W·S)表示。电能最常用的单位是千瓦·时(kW·h),简称度。它们的换算关系是 1 度(电)= 1 kW·h = 3.6×10⁶ J。

日常生活中,人们常说的"电表走了一个字"就是指消耗了一度的电能,即用了 1 kW·h 的电能。

2. 电功率

(1) 概念

电功率是指单位时间内电路元件上能量的变化量。我们把电路中某元件在单位时间内所吸收(或释放)的电能定义为该元件的功率,用 p 表示。它是具有大小和正负值的物理量。设在 dt 时间内电路转换的电能为 dW,则

$$p=\frac{\mathrm{d}W}{\mathrm{d}t} \tag{4.1.6}$$

在直流电路中,功率 P 的公式如下:

$$P = \frac{W}{t} \qquad\qquad (4.1.7)$$

(2)单位

功率的单位是瓦特(W)。在电子领域中,小功率是很常见的,如毫瓦(mW)、微瓦(μW);在电力工业领域,大功率单位千瓦(kW)、兆瓦(MW)更常见。

(3)电路吸收和发出功率的判断

电压与电流为关联参考方向时,$P = UI$;电压与电流为非关联参考方向时,$P = -UI$。

判断步骤如下:

① 在电路中设定元件的电压电流参考方向,选择相应的电功率公式;

② 当计算功率 $P > 0$ 时,表示该元件吸收(消耗)功率,为负载;

③ 当计算功率 $P < 0$ 时,表示该元件发出(产生)功率,为电源。

一个完整的电路,电源输出功率总是与负载吸收功率相等,则称为功率平衡。

【例 4-2】 判断图中元件是电源还是负载。

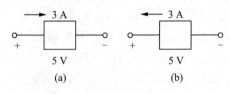

例 4-2 图

解:例 4-2(a)图中,$P = UI = 5 \times 3 = 15$ W > 0,表示该元件吸收功率,为负载;

　　例 4-2(b)图中,$P = -UI = -5 \times 3 = -15$ W < 0,表示该元件发出功率,为电源。

想一想　练一练

1. 某家庭现有一个电饭锅,其额定功率为 750 W,每天使用 2 小时,并且有 5 盏 20 W 的白炽灯,每天使用 3 小时,试计算每月(30 天)耗电多少度?

2. 某家庭有 5 只额定功率 40 W 的日光灯,1 台 1.2 kW 的空调,1 台 1.6 kW 的洗衣机。假设这些电器设备同时连续运行 3 小时,则用电_____度。

3. 如右图电路所示,测得 $I_1 = 3$ A,$U_1 = -120$ V,$U_2 = 70$ V,$U_3 = -50$ V。请回答下列问题:

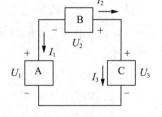

(1)求 I_2 和 I_3。

(2)指出各元件电流电压的实际方向。

(3)计算各元件的功率,并指出其是吸收还是发出功率。

(4)根据各元件功率,分析说明电路功率平衡状况。

三、欧姆定律

欧姆定律是电路的基本定律之一,用来确定电路中各部分的电压、电流之间的关系,也称为电路的 VCR(Voltage Current Relation)。

欧姆定律表明流过线性电阻的电流 I 与电阻两端的电压 U 成正比。当电阻的电压和电流采取关联参考方向时,欧姆定律可表示为

$$U = IR \qquad\qquad (4.1.8)$$

由式(4.1.8)可知,当所加电压一定时,电阻 R 越大,则电流 I 越小。显然,电阻具有对电流起阻碍作用的物理性质。

当电阻的电压和电流采取非关联参考方向时,欧姆定律可表示为

$$U = -IR \qquad\qquad (4.1.9)$$

电阻的单位是欧[姆],用符号 Ω 表示,对大电阻,则常以"千欧"($k\Omega$)"兆欧"($M\Omega$)为单位。电阻的大小与金属导体的有效长度 l、有效截面积 A 及电阻率 ρ 有关,它们之间的关系可表示为

$$R = \rho \frac{l}{A} \qquad\qquad (4.1.10)$$

电阻的倒数称为电导,用符号 G 表示,其单位是"西[门子]"(S),即

$$G = \frac{1}{R} \qquad\qquad (4.1.11)$$

如果电阻是一个常数,则与通过它的电流无关,这样的电阻称为线性电阻,线性电阻上的电压、电流的相互关系遵守欧姆定律。当流过电阻的电流或电阻两端的电压变化时,电阻的阻值也随之改变,这样的电阻称为非线性电阻。显然,非线性电阻上的电压、电流不遵守欧姆定律。以后如无特殊说明,均指线性电阻。

【例 4-3】　应用欧姆定律求图中电路的电阻 R。

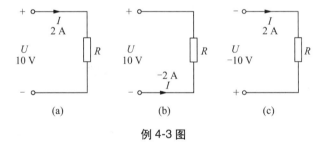

例 4-3 图

解:图(a)　$R = \dfrac{U}{I} = \dfrac{10}{2}\ \Omega = 5\ \Omega$

图(b)　$R = -\dfrac{U}{I} = -\dfrac{10}{-2}\ \Omega = 5\ \Omega$

图(c)　$R = -\dfrac{U}{I} = -\dfrac{-10}{2}\ \Omega = 5\ \Omega$

四、电路的工作状态

电路有有载工作、开路与短路三种工作状态。在不同的工作条件下,电路会处于不同的工作状态,也会有不同的特点,充分了解电路不同的工作状态和特点对正确使用各种电气设备十分重要。现以图 4.1.8 所示的简单直流电路为例来分析电路的有载工作状态、开路状

态和短路状态。在图 4.1.8 所示电路中，E、U、R_0 分别为电源的电动势、端电压和内阻，R_L 为负载电阻，开关和连接导线为中间环节。

（一）有载工作状态

将图 4.1.8 中的开关 S 合上，接通电源和负载，则电路处于有载工作状态，电路中的电流为

$$I = \frac{E}{R_L + R_0} \tag{4.1.12}$$

当 E 和 R_0 一定时，电流由负载 R_L 的大小决定，端电压为

$$U = E - IR_0 \tag{4.1.13}$$

由式（4.1.13）可知，有载时电源端电压小于电动势，两者之差为电流通过电源内阻所产生的电压降 IR_0，电流越大，则电源端电压下降得越多。表示电源端电压 U 与输出电流 I 之间关系的曲线称为电源的外特性曲线，如图 4.1.9 所示，其斜率与电源内阻 R_0 有关。电源内阻一般很小，当 $R_0 \ll R_L$ 时，$U \approx E$。

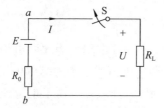

图 4.1.8　电源有载工作状态

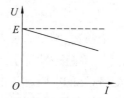

图 4.1.9　电源外特性曲线

式（4.1.13）各项乘以电流 I，则得功率平衡式为

$$UI = EI - I^2 R_0$$

即
$$P = P_E - \Delta P \tag{4.1.14}$$

式中，P_E 为电源产生的功率，$P_E = EI$；ΔP 为电源内阻消耗的功率，$\Delta P = I^2 R_0$；P 为电源输出功率（负载消耗功率），$P = UI$。

式（4.1.12）、式（4.1.13）和（4.1.14）分别表示电路处于有载工作状态时电流、电压和功率三方面的特征。通常用电设备都并联在电源的两端，并联的个数越多，电源所提供的电流越大，电源输出的功率也越大。

对于一个电源来说，负载电流不能无限地增大，否则将会由于电流过大而将电源烧坏。电源及用电设备的电压、电流及功率都有规定的最大值，称为电源、用电设备的额定值。

额定值是设计和制造部门对电气产品使用的规定，通常用 U_N、I_N、P_N 表示额定电压、额定电流和额定功率。按照额定值使用，才能保证电气设备安全可靠、经济合理，充分发挥电气设备的效用，同时不至于缩短电气设备的使用寿命。大多数电气设备的使用寿命与绝缘强度有关。当通过电气设备的电流超过额定值较多时，将会由于过热而使绝缘遭到破坏或因加速绝缘老化而缩短使用寿命；当电压超过额定值过大时，绝缘材料会被击穿。在正常工作条件下，负载电流大于额定值将出现超载情况，同样负载电流远小于额定值将出现欠载情况，使设备能力不能被充分利用，这些情况在工程上都是不允许的。只有当负载电流与额定值相近，趋于满载时，设备的运行才能获得高效率。

用电设备或元件的额定值通常标在铭牌上或使用说明书上,使用前必须仔细核对。

实际使用时,用电设备的电压、电流、功率的实际值并不一定等于额定值。对于白炽灯、电阻炉等设备,只有在额定电压下使用,其电流和功率才能达到额定值。但对于电动机、变压器等设备,在额定电压下工作时,其实际电流和功率不一定与额定值一致,有可能出现欠载或超载的情况,因为它们的实际值与设备机械负荷的大小及电负荷的大小有关,这一点在使用时必须加以注意。

(二) 开路状态

在图 4.1.8 所示电路中,将开关 S 断开,则电路不通,此时电路处于开路(空载或断路)状态,如图 4.1.10 所示。在这种状态下,电源不接负载,此时外电路对电源来说负载电阻为无穷大(∞),电流为零,电源两端的端电压(开路电压 U_{OC})等于电源的电动势 E,电源不输出电能。

电路开路时的特征可表示如下:

$$\left.\begin{aligned} I &= 0 \\ U_{OC} &= E \\ P &= 0 \end{aligned}\right\} \tag{4.1.15}$$

(三) 短路状态

在图 4.1.8 所示电路中,当电源的两端 a 和 b 由于某种事故而直接相连时,电源被短路,如图 4.1.11 所示。电源短路时,外电路的电阻可视为零,电流不再流过负载 R_L,则在电流的回路中仅有很小的电源内阻 R_0,这时的电流很大,此电流称为短路电流 I_{SC}。此时负载两端的电压为零,电源也不输出功率,电源所产生的电能全部被内阻 R_0 消耗并转换成热能,使得电源的温度迅速上升以致被烧坏。

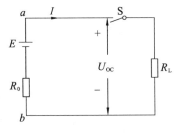

图 4.1.10 开路状态

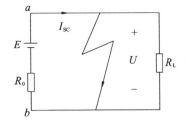

图 4.1.11 短路状态

电源短路时的特征可表示如下:

$$\left.\begin{aligned} U &= 0 \\ I_{SC} &= \frac{E}{R_0} \\ P &= 0 \\ \Delta P &= I_{SC}^2 R_0 \end{aligned}\right\} \tag{4.1.16}$$

短路也可发生在负载端或线路的任何位置。短路通常是一种严重事故,应尽力避免发生。产生短路的原因往往是绝缘损坏或接线不慎,因此经常检查电气设备和电路的绝缘情况是一项很重要的安全措施。为了防止短路事故造成严重后果,通常在电路中接入熔断器或自动断路器,以便发生短路时能迅速将故障电路自动切除。不过,有时由于某种需要,可以将电路中的某一段短路(常称为短接)或进行某种短路实验。

【例4-4】 例4-4图所示电路中,已知$E=36$ V,$R_1=2$ Ω,$R_2=4$ Ω,试在下列三种情况下,分别求出电压U_2和电流I。

① 该电路正常工作情况下;② $R_2=\infty$(即R_2断开);③ $R_2=0$(即R_2处短接)。

解: ① 电路正常工作情况下

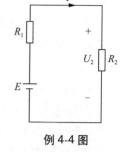

例4-4图

$$I=\frac{E}{R_1+R_2}=\frac{36}{2+4}=6 \text{ A} \qquad U_2=IR_2=6×4=24 \text{ V}$$

② $R_2=\infty$ 时,

$$I=0 \qquad U_2=E=36 \text{ V}$$

③ $R_2=0$ 时,

$$I=\frac{E}{R_1}=\frac{36}{2}=18 \text{ A} \qquad U_2=0 \text{ V}$$

想一想　练一练

1. 电路有三种工作状态,分别是＿＿＿＿＿＿＿＿＿＿和＿＿＿＿＿和有载工作状态。

2. 右图所示的电路中,当开关S断开时,$U_{ab}=$＿＿＿＿＿,当开关S闭合时,$U_{ab}=$＿＿＿＿＿。

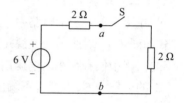

五、电阻串并联

在电路中,电阻的连接形式是多种多样的,其中最简单和最常用的是串联与并联。

(一)电阻的串联

如果电路中两个或更多个电阻一个接一个地顺序相连,并且在这些电阻中通过同一电流,则这样的连接方法称为电阻的串联。图4.1.12(a)所示为2个电阻串联的电路。

两个串联电阻可用一个等效电阻R来代替,如图4.1.12(b)所示,等效的条件是在同一电压U的作用下电流I保持不变。等效电阻等于各个串联电阻之和,即

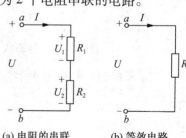

(a) 电阻的串联　　(b) 等效电路

图4.1.12　电阻串联及其等效电路

$$R=R_1+R_2 \qquad (4.1.17)$$

两个串联电阻上的电压分别为

$$\left.\begin{array}{l} U_1=R_1I=\dfrac{R_1}{R_1+R_2}U \\[3mm] U_2=R_2I=\dfrac{R_2}{R_1+R_2}U \end{array}\right\} \qquad (4.1.18)$$

可见,串联电阻上的电压分配与电阻大小成正比,电阻越大,分配到的电压也越大。

电阻串联的应用很多,比如负载的额定电压低于电源电压的情况下,通常采用一个电阻

与负载串联,使该电阻分得一部分电压。如果需要调节电路中的电流,一般也可以在电路中串联一个变阻器来进行调节。

（二）电阻的并联

如果电路中两个或更多个电阻连接在两个公共的结点之间,则这样的连接法称为电阻的并联。各个并联支路(电阻)两端为同一电压。图4.1.13(a)所示为2个电阻并联的电路。

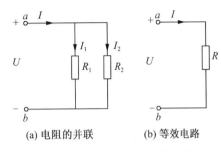

(a) 电阻的并联　　(b) 等效电路

图4.1.13　电阻并联及其等效电路

两个并联电阻也可用一个等效电阻 R 来代替,如图4.1.13(b)所示,等效电阻的倒数等于各个并联电阻的倒数之和,可表示为

$$\frac{1}{R}=\frac{1}{R_1}+\frac{1}{R_2} \tag{4.1.19}$$

即

$$R=\frac{R_1 \times R_2}{R_1+R_2} \tag{4.1.20}$$

两个并联电阻上的电流分别为

$$\left.\begin{array}{l} I_1=\dfrac{U}{R_1}=\dfrac{RI}{R_1}=\dfrac{R_2}{R_1+R_2}I \\[3mm] I_2=\dfrac{U}{R_2}=\dfrac{RI}{R_2}=\dfrac{R_1}{R_1+R_2}I \end{array}\right\} \tag{4.1.21}$$

可见,并联电阻上电流的分配与电阻成反比。当其中某个电阻较其他电阻大很多时,通过它的电流就较其他电阻上的电流小很多。此时,这个电阻的分流作用常可忽略不计。

一般负载都是并联工作的。负载并联工作时,它们处于同一电压之下,任何一个负载的工作情况基本上不受其他负载的影响。

并联的负载越多(负载增加),总电阻就越小,电路中总电流和总功率也就越大,但每个负载的电流和功率却没有变动。有时为了某种需要,可将电路中的某一段与电阻或变阻器并联,起到分流或调节电流的作用。

想一想　练一练

1. 如右图所示电路,试分别求出 R_{ab}、R_{cd} 的等效电阻。

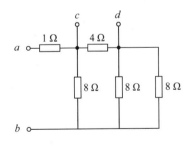

2. 一个汽车电池,当与汽车收音机连接时,提供给收音机12.5 V电压;当与一组前灯连接时,提供给前灯11.7 V电压。假定收音机的模拟电阻值为6.25 Ω,前灯的模拟电阻值为0.65 Ω,求电池的电压和内阻。

任务实施:认知直流电路

1. 任务说明

本任务要求各小组首先根据表 4.1.1 准备好实训设备和元器件,然后结合图 4.0.1 对以下问题进行分析并对相关参数进行测量:

① 试求开关 S 闭合前后电路中的电流 I_1、I_2、I 及电源的端电压 U;当 S 闭合时,I_1 是否被分掉一些?

② 如果电源的内阻 R_0 不能忽略不计,则闭合 S 时,5 W 电灯中的电流是否有所变动?

③ 计算 5 W 和 9 W 电灯在 24 V 电压下工作时的电阻,哪个电阻大?

④ 9 W 的电灯每秒消耗多少电能?

⑤ 设电源的额定功率为 125 W,端电压为 24 V,当只接上一个 24 V/5 W 的电灯时,电灯会不会被烧毁?

⑥ 电流流过电灯后,会不会变小?

⑦ 如果由于接线不慎,9 W 电灯的两线碰触(短路),当闭合 S 时,后果如何? 9 W 电灯的灯丝是否会被烧断?

2. 任务步骤

(1) 提示

① 实验前应熟悉实验环境、实验台结构,掌握实验设备及各类电工仪表的正确操作方法,严格遵守安全操作规程;

② 务必在断电状态下进行电路连接及电阻测量;

③ 电路通电测量时,应避免人体接触电路及表笔等导电部位;

④ 测量电流应将电流表串联在电路,测量电压应将电压表并联在被测电路两端;

⑤ 禁止在通电状态下测量电阻,禁止使用电流挡测量电压。

(2) 训练要求与步骤

第 1 步:学员首先结合图 4.0.1 对任务说明中的问题进行分析,并做好记录。

第 2 步:根据表 4.1.1 准备好实训设备和元器件后,按照图 4.0.1 接线,检查无误后对以下数据进行测量并记录。

① 测试开关 S 闭合前后电路中的电流 I_1、I_2、I 及电源的端电压 U,填入表 4.1.3 中。

表 4.1.3 开关 S 闭合前后电流和电压值

开关 S 闭合前			
I_1	I_2	I	U
开关 S 闭合后			
I_1	I_2	I	U

② 在断电状态下测量 5 W 和 9 W 电灯哪个的电阻大,填入表 4.1.4 中。

表 4.1.4　负载电阻的测量

电灯功率	5 W	9 W
电阻/Ω		

③ 测量流过电灯前后的电流情况,将测量值填入表 4.1.5 中。

表 4.1.5　流过负载前后的电流值(单位:A)

$I_{1前}$	$I_{1后}$	$I_{2前}$	$I_{2后}$

第 3 步:根据第 2 步中测量的数据对任务说明中的问题再次进行分析,并校验测量前的分析结果是否有误。

第 4 步:经指导教师检查评估后,关闭电源,拆下导线,做好实验室 5S 工作。

3. 评分标准

本任务实施评分标准如表 4.1.6 所示。

表 4.1.6　认知直流电路的评分标准

序号	考核内容		评分标准	配分	得分
1	电路的连接与测量		① 电压源输出电压调节时,未用万用表测量扣 5 分; ② 电路未按图示参考方向连接,每处扣 5 分; ③ 元件选用错误,每处扣 5 分; ④ 电压、电流、电阻测量错误,每处扣 5 分。	55	
2	根据已知条件,分析计算任务说明中的问题		数据分析错误,每处扣 5 分。	35	
3	安全文明操作		① 穿拖鞋、衣冠不整,扣 5 分; ② 实验完成后未进行工位卫生打扫,扣 5 分; ③ 工具摆放不整齐,扣 5 分 。	10	
4	定额时间	30 min	超过定额时间,每超过 5 min,总分扣 10 分。		
5	开始时间		结束时间		总评分

注:除定额时间外,各项最高扣分不应超过其配分。

任务2 直流电路分析与验证

任务目标

1. 掌握基尔霍夫定律、支路电流法的内容及其应用;
2. 正确及熟练地使用万用表和稳压电源,完成基尔霍夫定律的验证实验;
3. 懂得实际电源和理想电源的区别,掌握电压源和电流源间的等效变换;
4. 了解运用叠加定理、戴维宁定理对复杂电路进行计算的方法。

实训设备和元器件

任务所需实训设备和元器件如表4.2.1所示。

表4.2.1 实训设备和元器件明细表

序号	器件名称	型号规格	数量	备注
1	电路原理实验箱及配套的单相三极电源	KHDL-1型	1	本任务用到实验箱中的直流稳压源模块、基尔霍夫定律模块(也可根据实验条件自定)。
2	数字式万用表	VC890C+	1	
3	导线	与实验箱配套	若干	

基 础 知 识

一、基尔霍夫定律

由若干个电路元件按一定连接方式构成电路后,电路中各部分的电压、电流必然受到两类约束:一类是元件特性形成的约束,如线性电阻元件的电压和电流必须满足"$u = Ri$"的关系,这种关系称为元件的组成关系或电压电流关系(VCR);另一类是元件的相互连接给支路电流之间和支路电压之间带来的约束关系,有时称为"拓扑"约束,这类约束由基尔霍夫定律体现。基尔霍夫定律又分为电流定律和电压定律,它是分析电路的重要基础知识。

在学习基尔霍夫定律之前先介绍几个名词。

支路:由单个电路元件或若干个电路元件串联构成电路的一个分支,称为支路。一个支路上流经的是同一个电流,图4.2.1所示电路中共有3条支路(即$b = 3$)。

节点:电路中三条或三条以上支路的汇聚点称为节点。图4.2.1所示电路中共2个节点a和b(即$n = 2$)。

回路:电路中由支路组成的闭合路径称为回路。图4.2.1所示电路中共3个回路(即

$l=3$)。

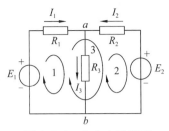

图 4.2.1 复杂电路举例

网孔：内部无支路的回路称为网孔。图 4.2.1 所示电路中共 2 个网孔（即 $m=2$）。

（一）基尔霍夫电流定律（KCL）

基尔霍夫电流定律反映了电路中任一节点与各支路电流之间的约束关系，即反映了电流的连续性。该定律可描述为：在任何时刻，流入任一节点的电流的代数和恒等于零，即

$$\sum I = 0 \qquad\qquad (4.2.1)$$

基尔霍夫电流定律还规定，流入节点的电流为"+"，流出节点的电流为"－"。对于图 4.2.1 所示电路中的点 a，可写出

$$I_1 + I_2 - I_3 = 0 \quad \text{或} \quad I_1 + I_2 = I_3 \qquad\qquad (4.2.2)$$

由式（4.2.2）可看出，对于任一节点，流入该节点的电流之和一定等于流出该节点的电流之和，即

$$\sum I_人 = \sum I_出$$

应用基尔霍夫电流定律时，应该注意到流入或流出都是针对所假设的电流参考方向而言的。该定律还可推广应用于电路中任一假设的封闭面，即通过电路中任一假设闭合面的各支路电流的代数和恒等于零。该假设封闭面称为广义节点。

【例 4-5】 如例 4-5 图所示电路，$I_1 = -2$ A，$I_2 = 3$ A，求电流 I_3。

解： 假设一闭合面如图中虚线所示，则

$$I_1 - I_2 + I_3 = 0$$

所以 $\qquad I_3 = I_2 - I_1 = [3-(-2)] = 5$ A

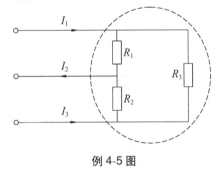

例 4-5 图

（二）基尔霍夫电压定律（KVL）

基尔霍夫电压定律反映了电路中任一回路支路电压之间的约束关系，即在任何时刻，沿任一闭合回路所有支路电压的代数和恒等于零，即

$$\sum U = 0 \qquad\qquad (4.2.3)$$

基尔霍夫电压定律还规定，在列 KVL 方程时，若支路电压的参考方向与回路的绕行方向一致，则该电压前面取"+"；若支路电压参考方向与回路绕行方向相反，则该电压前面取"－"。

图 4.2.2（a）所示为某电路中的一个回路，设其回路绕行方向为顺时针，则有

$$U_1 + U_2 - U_3 - U_4 + U_5 = 0$$

应用基尔霍夫电压定律时应注意到，回路的绕行方向是任意假定的。电路中两点间的电压大小与路径无关。图 4.2.2（a）所示电路中，如果按 abc 方向计算 ac 间电压，有 $U_{ac} = U_1 + U_2$，如果按 $aedc$ 方向计算，有 $U_{ac} = -U_5 + U_4 + U_3$，两者结果应相等，故有 $U_1 + U_2 - U_3 - U_4 + U_5 = 0$，与前面的结果完全一致。

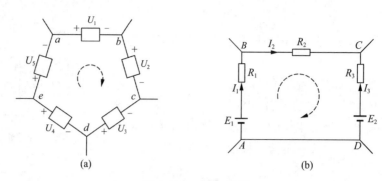

图 4.2.2　KVL 示例

KVL 不仅适用于实际回路,若加以推广,还可适用于电路中的假想电路,如图 4.2.2(a)所示电路中可以假想有 $abca$ 回路,绕行方向仍为顺时针,根据 KVL,则有

$$U_1+U_2+U_{ca}=0$$

由此可得

$$U_{ca}=-U_1-U_2$$

即

$$U_{ac}=-U_{ca}=U_1+U_2$$

图 4.2.2(b)所示是某电路的一部分,各支路电压的参考方向和回路的绕行方向如图所示(顺时针),应用基尔霍夫电压定律可得

$$U_{AB}+U_{BC}+U_{CD}=-E_1+I_1R_1+I_2R_2+E_2-I_3R_3=0$$

将上式整理后可得

$$I_1R_1+I_2R_2-I_3R_3=E_1-E_2$$

方程的右边是沿回路绕行方向闭合一周所有电动势的代数和,方程的左边是沿回路绕行方向闭合一周各电阻元件上电压降的代数和,即

$$\sum RI = \sum E$$

这是基尔霍夫电压定律的第二种表达形式,并规定电动势的参考方向与回路绕行方向一致时为"+",反之为"-";电流的参考方向与回路绕行方向一致时,在电阻上产生的电压降为"+",反之为"-"。

二、支路电流法

凡不能用电阻串并联等效变换化简的电路,一般称为复杂电路。在计算复杂电路的各种方法中,支路电流法是最基本的。它是以支路电流作为求解对象,应用基尔霍夫电流定律和电压定律分别对节点和回路列写 KCL 方程和 KVL 方程,联立方程组进行求解。列方程时,必须先在电路图上选定好未知支路电流及电压或电动势的参考方向。

如图 4.2.1 所示的复杂线性电阻电路,该电路共有 3 条支路,2 个节点,2 个网孔,3 个回路。电动势和电流的参考方向如图中所示。

根据 KCL 可对 2 个节点列写 2 个方程:

$$节点\ a:\ I_1+I_2-I_3=0 \tag{4.2.5}$$

$$节点\ b:\ I_3-I_1-I_2=0 \tag{4.2.6}$$

式(4.2.6)即为式(4.2.5),它是非独立的方程。因此,对具有 2 个节点的电路只能列写出 2-1=1 个独立的 KCL 方程,即对具有 n 个节点的电路,只能得到 $(n-1)$ 个独立方程。

为了求解 3 个支路电流,显然 1 个方程是不行的,还需补充 2 个独立方程,借助 KVL 就可建立其余所需的方程,优先通过网孔列出。

按照顺时针方向绕行可得:

$$左网孔: I_1R_1+I_3R_3-E_1=0 \tag{4.2.7}$$

$$右网孔: -I_2R_2-I_3R_3+E_2=0 \tag{4.2.8}$$

取式(4.2.5)、式(4.2.7)与式(4.2.8)联立求解,即可得出 3 个支路电流。

综上所述,对以支路电流为待求量的任何线性电路,运用 KCL 和 KVL 总能列写出足够的独立方程,从而可求出支路电流。

求解支路电流的步骤可归纳如下:

(1)在给定电路图中设定各支路电流的参考方向。

(2)选择 $(n-1)$ 个独立节点,列写 $(n-1)$ 个独立 KCL 方程。

(3)优先选网孔为独立回路,并设其绕行方向,列写出各网孔的 KVL 方程。

(4)联立求解上述独立方程,得出各支路电流。

【例 4-6】 图 4.2.1 所示的电路中,设 $E_1=12$ V,$E_2=6$ V,$R_1=510$ Ω,$R_2=510$ Ω,$R_3=1$ kΩ,试求各支路电流。

解: 应用基尔霍夫电流定律和电压定律列出式(4.2.5)、式(4.2.7)及式(4.2.8),并将已知数据代入,即得

$$\begin{cases} I_1+I_2-I_3=0 \\ 510I_1+1\,000I_3-12=0 \\ -510I_2-1\,000I_3+6=0 \end{cases}$$

解得

$$I_1 \approx 9.47 \text{ mA} \qquad I_2 \approx -2.29 \text{ mA} \qquad I_3 \approx 7.18 \text{ mA}$$

其中,I_2 为负值,说明设定的参考方向与实际方向相反。

三、电源等效变换

电源是将其他形式的能量转换为电能的装置。实际电源可以用两种不同的电路模型表示:一种是以电压的形式向电路供电,称为电压源模型;另一种是以电流的形式向电路供电,称为电流源模型。

(一)电压源

任何一个电源,如发电机、电池或各种信号源,都含有电动势 E 和内阻 R_0。在分析与计算电路时,往往把它们分开,组成的电路模型如图 4.2.3 所示,此即电压源。图中,U 是电源端电压,R 是负载电阻,I 是负载电流。

根据图 4.2.3 所示的电路,可得出

$$U=E-R_0I \tag{4.2.9}$$

由此可作出电压源的外特性曲线,如图 4.2.4 所示。当电压源开路时,$I=0$,$U=U_0=E$;

当短路时，$U=0,I=I_S=E/R_0$。内阻 R_0 越小，则直线越平。

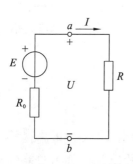

图 4.2.3　电压源电路

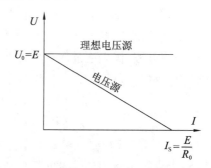

图 4.2.4　电压源和理想电压源的外特性曲线

当 $R_0=0$ 时，电压 U 恒等于电动势 E，是一定值，而其中的电流 I 则是任意的，由负载电阻 R 及电压 U 本身确定。这样的电源称为理想电压源或恒压源，其符号及电路如图 4.2.5 所示。它的外特性曲线是与横轴平行的一条直线，如图 4.2.4 所示。

理想电压源是理想的电源。如果一个电源的内阻远小于负载电阻，即 $R_0 \ll R$ 时，内阻电压降 $R_0I \ll U$，于是 $U \approx E$，基本上恒定，可以认为是理想电压源。常用的稳压电源也可认为是一个理想电压源。

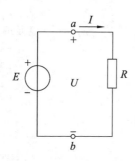

图 4.2.5　理想电压源电路

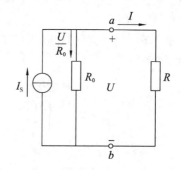

图 4.2.6　电流源电路

（二）电流源

如将式(4.2.9)两端除以 R_0，则得

$$\frac{U}{R_0}=\frac{E}{R_0}-I=I_S-I$$

即

$$I_S=\frac{U}{R_0}+I \qquad\qquad (4.2.10)$$

式中，I_S 为电源的短路电流；I 是负载电流；U/R_0 是引出的另一个电流。如用电路图表示，则如图 4.2.6 所示。

图 4.2.6 是用电流来表示电源的电路模型，此即电流源，两条支路并联，电流分别为 I_S 和 U/R_0。对负载电阻 R 来讲，其上电压 U 和通过的电流 I 未有变化。

由式(4.2.10)可作出电流源的外特性曲线，如图 4.2.7 所示。当电流源开路时，$I=0$，$U=U_0=I_SR_0$；当短路时，$U=0,I=I_s$。内阻 R_0 越大，则直线越陡。

当 $R_0=\infty$（相当于并联支路 R_0 断开）时，电流 I 恒等于 I_s，是一定值，而其两端的电压 U 则是任意的，由负载电阻 R 及电流 I_s 本身确定。这样的电源称为理想电流源或恒流源，其符号及电路如图 4.2.7 所示。它的外特性曲线是与纵轴平行的一条直线，如图 4.2.8 所示。

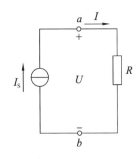

图 4.2.7　理想电流源电路

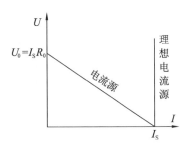

图 4.2.8　电流源和理想电流源的外特性曲线

理想电流源是理想的电源。如果一个电源的内阻远大于负载电阻，即 $R_0 \gg R$ 时，则 $I \approx I_s$，基本上恒定，可以认为是理想电流源。

（三）电压源与电流源的等效变换

电压源的外特性（图 4.2.4）和电流源（图 4.2.8）是相同的。因此，电源的两种电路模型（图 4.2.3 和图 4.2.6），即电压源和电流源，相互间是等效的，可以等效变换。变换后，输出的电压和电流要保持不变。如图 4.2.9 所示电路中，在 U、I 均保持不变的情况下，等效变换的条件为

$$I_s = \frac{E}{R_0} \text{或} E = I_s R_0 \tag{4.2.11}$$

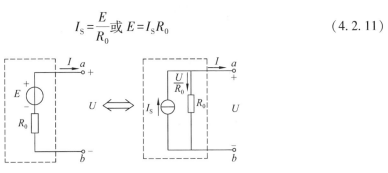

图 4.2.9　电压源与电流源的等效变换

即 R_0 保持不变，但接法改变。特别要指出的是，电压源与电流源在等效变换时 E 与 I_s 的方向必须保持一致，即电流源流出电流的一端与电压源的正极性端相对应。

此外还应注意以下几点：

（1）电压源与电流源的等效关系只是对相同的外部电路而言，其内部并不等效。例如在图 4.2.3 中，当电压源开路时，$I=0$，电源内阻 R_0 上不损耗功率；但在图 4.2.6 中，当电流源开路时，电源内部仍有电流，内阻 R_0 上有功率损耗。当电压源和电流源短路时也是这样，电压源内部有损耗，而电流源无损耗。

（2）理想电压源和理想电流源之间不能相互等效变换。因为对理想电压源（$R_0=0$）来讲，其短路电流 $I_s = E/R_0 = \infty$ 无意义；同样，对理想电流源（$R_0 = \infty$）来讲，其开路电压 $U_0 = I_s R = \infty$，也是无意义的。

（3）任何与理想电压源并联的两端元件不影响电压的大小,在分析电路时可以舍去（断开）;任何与理想电流源串联的两端元件不影响电流的大小,在分析时同样也可以舍去（短接）;但在计算由电源提供的总电流、总电压和总功率时,两端元件不能舍去,如图 4.2.10 所示。

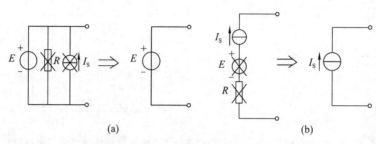

图 4.2.10　等效变换

【例 4-7】　图 4.0.2 所示的电路中,已知 $E_1 = 12$ V,$E_2 = 6$ V,$R_1 = 510$ Ω,$R_2 = 510$ Ω,$R_3 = 1$ kΩ,运用电源等效变换求电流 I_3。

解:例 4-7 图（a）可变换为图（b）,最后化简为图（c）所示的电路,由此可得

$$I_3 = \frac{255}{255 + 1\ 000} \times \frac{18}{510} \text{ A} \approx 7.17 \text{ mA}$$

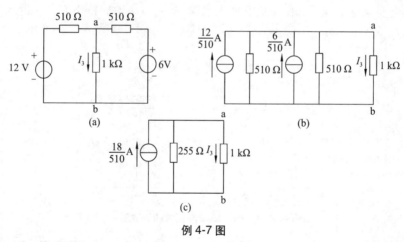

例 4-7 图

任务实施:基尔霍夫定律的验证

1. 任务说明

图 4.0.2 为"基尔霍夫定律验证"的电路图,"基尔霍夫定律"的电路板与直流稳压电源模块如图 4.2.11 所示,要求应用基尔霍夫电流、电压定律分析实验电路,根据表 4.2.1 准备好实训设备和元器件,并按照实验电路接线并完成通电调试,测量电路中各支路的电流和电压参数,从而验证基尔霍夫 KCL、KVL 定律的正确性。

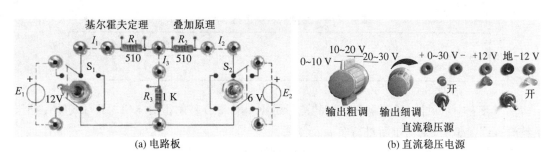

图 4.2.11 "基尔霍夫定律验证"的电路板与电源模块

2. 任务步骤

第 1 步:熟悉实训环境及实验设备器材。

注意:模块中 S_1,S_2 是双掷开关,S_1 投向左端,需要外接 12 V 的电源,投向右端说明电源 E_1 的两个端子短接;S_2 投向右端,需要外接 6 V 的电源,投向左端说明电源 E_2 的两个端子短接。

第 2 步:使用万用表测量并记录 R_1、R_2、R_3 的电阻实际值,填入表 4.2.2 中。

第 3 步:将稳压电源的输出电压调节为 6 V(作为电源 E_2),并用万用表进行测量,填入表 4.2.2 中。

第 4 步:将数字万用表调为直流电压挡,红表笔接在电路板的"+12 V",黑表笔接电路板的"地"(作为电源 E_1),测量其电压值,填入表 4.2.2 中。

表 4.2.2 电源电压和各类电阻实际值

R_1/Ω	R_2/Ω	R_3/Ω	E_1/V	E_2/V

第 5 步:应用 KCL、KVL 定律,初步分析计算电路中各支路的电流、电压值,填入表 4.2.3 中。

根据电路图 4.0.2 中标注的电流和电压参考方向,列出节点 a 的 KCL 电流方程:_____ _____ ;列出电压回路的 KVL 电压方程(标出回路绕行方向):_____ _____ 。

表 4.2.3 根据各元件实际值计算的各类电压、电流值

U_1/V	U_2/V	U_3/V	I_1/A	I_2/A	I_3/A

第 6 步:在断电状态下,按照实验电路进行连线,仔细检查线路,经指导教师检查确认后方可通电,测量记录电路中各类电流和电压实际值,填入表 4.2.4 中。

表 4.2.4　测量的各类电压、电流值

U_1/V	U_2/V	U_3/V	I_1/A	I_2/A	I_3/A

第 7 步：小组讨论,验证电路参数的测量数据是否符合基尔霍夫 KCL 、KVL 定律(如果不符合或误差偏大,则需重新进行实验及测量)。

第 8 步：实验结束后关闭设备总电源,整理器材,做好实验室 5S 工作。

第 9 步：小组实验总结。

3. 评分标准

本任务实施评分标准如表 4.2.5 所示。

表 4.2.5　基尔霍夫定律验证的评分标准

序号	考核项目		评分标准	配分	得分
1	电阻的测量		数据测量错误,每处扣 3 分。	9	
2	电路的连接		① 电压源输出电压调节时,未用万用表测量,扣 5 分; ② 电路未按图示参考方向连接,每处扣 2 分; ③ 元件选用错误,每处扣 3 分。	21	
3	电压、电流的测量		电压、电流数据测量错误,每处扣 5 分。	30	
4	根据测量的电阻和电源电压值,计算各类电压、电流值		数据计算错误,每处扣 5 分。	30	
5	安全文明操作		① 穿拖鞋、衣冠不整,扣 5 分; ② 实验完成后,未进行工位卫生打扫,扣 5 分; ③ 工具摆放不整齐,扣 5 分。	10	
6	定额时间	40 min	超过定额时间,每超过 5 min,总分扣 10 分。		
7	开始时间		结束时间	总评分	

注：除定额时间外,各项最高扣分不应超过其配分。

拓展知识：叠加定理和戴维宁定理

一、叠加定理

叠加定理是线性电路普遍适用的基本定理,反映了线性电路所具有的基本性质。其内容可表述为：对于线性电路,任何一条支路所产生的电压或电流等于电路中各个电源单独作用时在该支路上所产生的电压或电流的代数和,如图 4.2.12 所示。

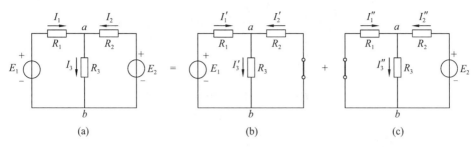

图 4.2.12　叠加定理

即

$$I_1 = I_1' + I_1'' \qquad I_2 = I_2' + I_2'' \qquad I_3 = I_3' + I_3''$$

在应用叠加定理时必须注意:

(1)保持电路结构及元件参数不变。当一个电源单独作用时,其他电源应视为零值,即电压源短路,电流源开路,但均应保留其内阻。

(2)叠加定理只适合于线性电路。

(3)叠加时,必须要认清各个电源单独作用时在各条支路所产生的电压、电流的分量是否与各条支路上原电压、电流的参考方向一致,一致时各分量取正,反之取负,最后叠加时应为代数和。

(4)叠加定理只能用来分析电路中的电压和电流,不能用来计算电路中的功率,因为功率与电压或电流之间不是线性关系。

【例 4-8】　图 4.2.12(a)所示的电路中,已知 $E_1 = 12$ V,$E_2 = 6$ V,$R_1 = 510$ Ω,$R_2 = 510$ Ω,$R_3 = 1$ kΩ,运用叠加定理求各支路电流。

解: 当 E_1 单独作用时如图 4.2.12(b)所示,可知

$$R = R_1 + \frac{R_2 R_3}{R_2 + R_3} = 510 + \frac{510 \times 1\ 000}{510 + 1\ 000} \approx 847.75\ \Omega$$

$$I_1' = \frac{E_1}{R} = \frac{12}{847.75}\ A \approx 14.16\ mA$$

$$I_2' = -\frac{R_3}{R_2 + R_3} \times I_1' = -\frac{1\ 000}{510 + 1\ 000} \times 14.16\ mA \approx -9.38\ mA$$

$$I_3' = \frac{R_2}{R_2 + R_3} \times I_1' = \frac{510}{510 + 1\ 000} \times 14.16\ mA \approx 4.78\ mA$$

当 E_2 单独作用时如图 4.2.12(c)所示,可知

$$R = R_2 + \frac{R_1 R_3}{R_1 + R_3} = 510 + \frac{510 \times 1\ 000}{510 + 1\ 000} \approx 847.75\ \Omega$$

$$I_2'' = \frac{E_2}{R} = \frac{6}{847.75}\ A = 7.08\ mA$$

$$I_1'' = -\frac{R_3}{R_1 + R_3} \times I_2'' = -\frac{1\ 000}{510 + 1\ 000} \times 7.08\ mA \approx -4.69\ mA$$

$$I_3'' = \frac{R_1}{R_1+R_3} \times I_2'' = \frac{510}{510+1\ 000} \times 7.08\ \text{mA} \approx 2.39\ \text{mA}$$

叠加后得

$$I_1 = I_1' + I_1'' = 14.16 - 4.69 = 9.47\ \text{mA}$$

$$I_2 = I_2' + I_2'' = -9.38 + 7.08 = -2.3\ \text{mA}$$

$$I_3 = I_3' + I_3'' = 4.78 + 2.39 = 7.17\ \text{mA}$$

【例 4-9】　根据例 4-9 图所示电路,求电路中的电流 I_L。

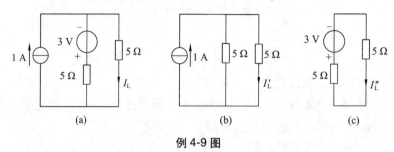

例 4-9 图

解: 例 4-9 图(a)所示电路中有两个电源,当电流源单独作用时,电压源视为短路,如例 4-9 图(b)所示,由此可知

$$I_L' = \frac{5}{5+5} \times 1 = 0.5\ \text{A}$$

当电压源单独作用时,电流源视为开路,如例 4-9 图(c)所示,由此可知

$$I_L'' = -\frac{3}{5+5} = -0.3\ \text{A}$$

叠加后得

$$I_L = I_L' + I_L'' = 0.5 - 0.3 = 0.2\ \text{A}$$

二、戴维宁定理

在分析电路时,往往只需要求解其中某一条支路上的电流与电压。如果使用支路电流法及叠加定理来分析,会引出一些不必要的电流或电压,计算工作量增大。若能把电路中这条待求支路以外的其余部分用一个简单的有源二端网络替代,那这条支路的电流和电压就很容易求解了。

任何具有两个端点与外电路相连接的网络,不管其内部结构如何,都称为二端网络。根据二端网络内部是否含有电源又分为有源二端网络和无源二端网络。图 4.2.13(a)所示为无源二端网络,图 4.2.13(b)所示为有源二端网络。

所谓有源二端网络,就是具有两个出线端且含有电源的部分电路。不论有源二端网络的简繁程度如何,它对所要计算的这个支路而言,相当于一个电源,如图 4.2.14(a)所示。因此,任何一个线性有源二端网络,对其外部电路而言,都可用一个电动势为 E 的理想电压源和内阻 R_0 串联的电源来等效替代,如图 4.2.14(b)所示。等效电源的电动势 E 就是有源二端网络的开路电压 U_0,即将负载断开后 a,b 两端之间的电压,等效电源的内阻 R_0 等于有源二端网络中所有电源均除去(将各个理想电压源短路,即其电动势为零;将各个理想电流源开路,即其电流为零)后得到的无源网络a,b两端之间的等效电阻,这就是戴维宁定理。

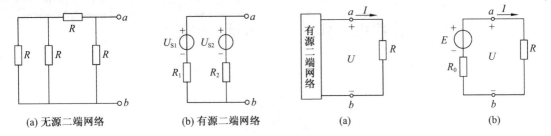

(a) 无源二端网络　　　　(b) 有源二端网络

图 4.2.13　二端网络　　　　　　　　图 4.2.14　等效电源

图 4.2.14(b)所示的等效电路是一个最简单的电路,其中电流可由下式计算:

$$I = \frac{E}{R_0 + R} \qquad\qquad (4.2.12)$$

【例 4-10】　图 4.0.2 所示的电路中,已知 $E_1 = 12$ V, $E_2 = 6$ V, $R_1 = 510$ Ω, $R_2 = 510$ Ω, $R_3 = 1$ kΩ,运用戴维宁定理求通过 R_3 的电流 I_3。

解:(1)把待求支路 R_3 断开,转换成例 4-10 图(a)所示的线性有源二端网络,计算开路电压 U_0。

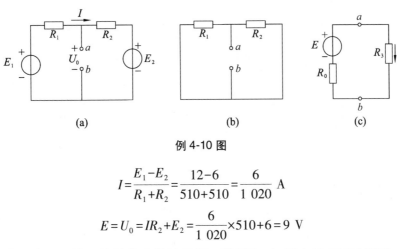

(a)　　　　　　　　(b)　　　　　　　　(c)

例 4-10 图

$$I = \frac{E_1 - E_2}{R_1 + R_2} = \frac{12 - 6}{510 + 510} = \frac{6}{1\,020}\ \text{A}$$

$$E = U_0 = IR_2 + E_2 = \frac{6}{1\,020} \times 510 + 6 = 9\ \text{V}$$

(2)把线性有源二端网络转化为线性无源二端网络,如例 4-10 图(b)所示,计算 R_0。

$$R_0 = R_{ab} = \frac{R_1 R_2}{R_1 + R_2} = 255\ \text{Ω}$$

(3)组成戴维宁等效电路,求通过 R_3 的电流 I_3,如例 4-10 图(c)所示。

$$I_3 = \frac{E}{R_0 + R_3} = \frac{9}{255 + 1\,000}\ \text{A} \approx 7.17\ \text{mA}$$

低压电工作业理论考试［习题4］

项目简介

本项目为单相交流电路的认知与实践,项目要求学员完成图 5.0.1 所示电路的接线与调试,并能够熟练使用相关仪表测量电流、电压、功率和功率因数等参数,最终能够利用所学理论知识对测量的参数进行分析。

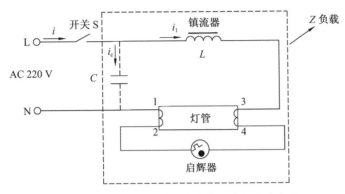

图 5.0.1　具有无功功率补偿的日光灯实验电路

项目具体实施过程中分解成 2 个任务(如图 5.0.2 所示),分别为日光灯电路的连接与测试、具有无功功率补偿的日光灯电路的连接与测试。要求通过 2 个任务的学习,最终通透地掌握本项目的理论和实践内容。

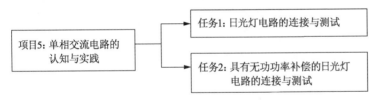

图 5.0.2　项目实施过程

项目目标

1. 掌握正弦交流电的三要素及表示方法;
2. 掌握单一参数的交流特性及 RLC 元件串联的分析方法;
3. 理解有功功率、无功功率、视在功率的含义及提高功率因数的方法;
4. 会测量交流电的参数并对测量参数进行分析。

任务 1　日光灯电路的连接与测试

任 务 目 标

1. 熟悉正弦交流电的三要素及表示方法；

2. 掌握 R、L 的交流电路特性及 RL 串联电路的分析方法；

3. 掌握 RL 串联电路功率和功率因数的计算；

4. 掌握日光灯电路组成及其工作原理,学会日光灯电路的接线,以及常见故障排除方法；

5. 会测量交流电路参数并对测量参数进行分析。

实训设备和元器件

任务所需实训设备和元器件如表 5.1.1 所示。

表 5.1.1　实训设备和元器件明细表

序号	器件名称	型号规格	数量	备注
1	交流电路实验箱及配套的三相四极电源	THA-JD1 型	1	15 W 日光灯灯管、与 15 W 灯管配套的镇流器和启辉器
2	数字式万用表	VC890C+	1	
3	导线	与实验箱配套	若干	

基 础 知 识

一、正弦交流电的基本概念

在现代工农业生产及日常生活中,除了必须使用直流电的特殊情况外,绝大多数场合使用的是交流电。交流电之所以应用如此广泛,是因为它具有以下优点：

（1）交流电可以利用变压器方便地改变电压,以便传输、分配和使用。

（2）交流电动机比相同功率的直流电动机结构简单、成本低,使用维护方便。

（3）可以应用整流装置,将交流电转换成所需的直流电。

直流电和交流电的根本区别是,直流电的方向不随时间的变化而变化,交流电的方向则随着时间的变化而变化。直流电与交流电的区别,如图 5.1.1 和图 5.1.2 所示。

$$
电流
\begin{cases}
直流电（电流方向不变）
\begin{cases}
稳恒直流电流：电路中电流的大小和方向均不变化\\
脉动直流电流：电路中电流的大小变化，但方向不变
\end{cases}\\
交流电（电流方向变化）
\begin{cases}
正弦交流电流：电路中电流的大小和方向按正弦规律变化\\
非正弦交流电流：电路中电流的大小和方向按非正弦规律变化
\end{cases}
\end{cases}
$$

图 5.1.1　直流电与交流电的区别

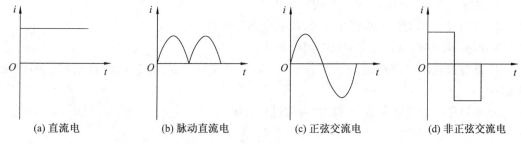

(a) 直流电　　(b) 脉动直流电　　(c) 正弦交流电　　(d) 非正弦交流电

图 5.1.2　电流的波形

二、正弦交流电的三要素

图 5.1.3 所示为正弦交流电的电流 i 的一般变化曲线，该曲线可表示为

$$i = I_m \sin(\omega t + \varphi_0) \tag{5.1.1}$$

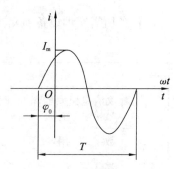

图 5.1.3　正弦交流电变化曲线

式中，i 表示交流电流的瞬时大小，称瞬时值；I_m 表示瞬时值中的最大值，称为幅值；ω 表示正弦电流的角频率；φ_0 表示正弦电流的初相位。I_m、ω、φ_0 合称为正弦量的三要素，它们分别表示正弦交流电变化的幅度、快慢和初始状态。

（一）最大值和有效值

（1）最大值：用来表征交流电变化范围的物理量，表示一个周期能达到的最大瞬时值（又称峰值、幅值）。交流电任一时刻的数值称为瞬时值，分别用小写字母 e、u、i 来表示交流电动势、交流电压、交流电流的瞬时值，最大值用大写字母加下标 m 表示，如 E_m、U_m、I_m。

（2）有效值：因交流电大小是随时间变化的，所以研究交流电功率时采用最大值就不太准确。为了清楚表述交流电在实际应用中的作用，需引入一个既准确反映交流电大小，又便于计算和测量的物理量，即有效值。有效值是根据交流电热效应来确定的，如图 5.1.4 所示，让交流电和直流电分别通过阻值相等的两个电阻 R，如果在相同时间内，两个电流产生的热量相等，就把该直流电的数值定义为此交流电的有效值。

有效值用大写字母表示，如 E、U、I。电工仪表测量的交流电数值，以及通常说的交流电数值都是指有效值。经计算，正弦交流电有效值和最大值之间的关系为

$$有效值 = \frac{1}{\sqrt{2}}最大值 \tag{5.1.2}$$

即　　　$E = \dfrac{1}{\sqrt{2}} E_m = 0.707 E_m$，$U = \dfrac{1}{\sqrt{2}} U_m = 0.707 U_m$，$I = \dfrac{1}{\sqrt{2}} I_m = 0.707 I_m$

(a) 直流电加热　　　　　　　　　　　　　　(b) 交流电加热

图 5.1.4　交流电的有效值

（二）周期与频率

（1）周期：交流电每重复变化一次所需的时间，用 T 表示，单位为 s。

（2）频率：交流电在 1 s 内重复变化的次数，用 f 表示，单位为 Hz（赫兹）。

由 T、f 的定义可知，两者互为倒数，即

$$\begin{cases} T = \dfrac{1}{f} \\ f = \dfrac{1}{T} \end{cases} \tag{5.1.3}$$

例如，我国电力标准频率为 50 Hz（俗称工频），周期为 0.02 s。

（3）角频率：因为交流发电机每旋转一周，正弦交流电重复变化一次，因此正弦交流电变化一周，可用 360°（2π）来测量。正弦交流电每秒内变化的电角度称为角频率，用 ω 来表示，单位是弧度每秒（rad/s）。由定义有

$$\omega = 2\pi f = \frac{2\pi}{T} \tag{5.1.4}$$

例如，我国电力标准中，$\omega = 2\pi f = 100\pi = 314$ rad/s。

（三）相位与相位差

（1）相位：对于一个正弦量，如 $i = I_m \sin(\omega t + \varphi_i)$，其中 $\omega t + \varphi_i$ 决定了交流电在某一瞬间的大小、方向和变化趋势，称为正弦量的相位。

（2）初相：交流电在 $t = 0$ 时的相位称为初相位，简称初相，如 φ_u，φ_i，φ_e，可用 φ_0 表示。正弦起点在计时起点左侧，初相为正，右侧为负，其取值范围规定为 $\varphi_0 = (-\pi, \pi]$。

（3）相位差：两个同频率的正弦量相位的差值称为相位差。如 $u = U_m \sin(\omega t + \varphi_u)$，$i = I_m \sin(\omega t + \varphi_i)$，则电压与电流的相位差 $\Delta\varphi = (\omega t + \varphi_u) - (\omega t + \varphi_i) = \varphi_u - \varphi_i$。不同频率的交流电之间没有相位差的概念。相位差体现了两个正弦量的变化步调。

① $\Delta\varphi = \varphi_u - \varphi_i > 0$，表示 u 超前 i；

② $\Delta\varphi = \varphi_u - \varphi_i < 0$，表示 u 滞后 i；

③ $\Delta\varphi = \varphi_u - \varphi_i = 0$，表示 u 与 i 同相；

④ $\Delta\varphi = \varphi_u - \varphi_i = \pi$，表示 u 与 i 反相；

⑤ $\Delta\varphi = \varphi_u - \varphi_i = \pm\dfrac{\pi}{2}$，表示 u 与 i 正交。

图5.1.5(a)、(b)、(c)、(d)所示分别对应①、③、④、⑤四种情况的相位关系。

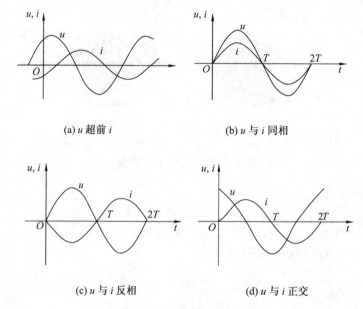

(a) u 超前 i　　　　　　　(b) u 与 i 同相

(c) u 与 i 反相　　　　　　(d) u 与 i 正交

图5.1.5　正弦量的相位关系

三、正弦量的表示方法

（一）解析式表示法

用正弦函数式表示正弦量周期性变化规律的方法称为解析式表示法，简称解析法。正弦交流电的电流、电压和电动势的解析式分别表示为

$$i = I_m \sin(\omega t + \varphi_i)\ ; \ u = U_m \sin(\omega t + \varphi_u)\ ; \ e = E_m \sin(\omega t + \varphi_e) \tag{5.1.5}$$

由于解析式确定了正弦量每一瞬间的状态，故也称作瞬时值表达式。

（二）波形图表示法

用正弦函数曲线表示正弦量周期性变化规律的方法称为波形图表示法，简称波形图或图像法。一般地，横坐标表示时间（或电角度），纵坐标表示正弦量（电流、电压或电动势），如图5.1.3所示。

（三）相量表示法

所谓相量表示法，就是利用复数和正弦量之间一一对应的关系，用复数表示同频率正弦量的方法。

正弦量常用复数极坐标形式的相量表示（也可用其他形式表示，如加减法运算时常表示为代数形式）。一个复数有模和幅角两个特征，复数的模表示正弦量的有效值，幅角表示正弦量的初相，而对应的相量则用大写字母并在其上加点表示。如 $i = \sqrt{2}\sin(\omega t + \varphi_i) \rightarrow \dot{I} = I \angle \varphi_i$。采用相量法表示正弦量，其目的是为了将正弦交流电路分析时的三角函数运算转变为较为简捷的复数运算。

（四）相量图表示法

复数可以用复平面上的矢量表示，同样相量也可以用复平面的相量来表示。用有向线段长度表示正弦量的有效值或最大值(一般情况下表示有效值),用有向线段与横轴正方向的夹角表示正弦量的初相位,这种在复平面上表示正弦量的方法,称为相量图表示法,这种图形叫作相量图。图 5.1.6 所示为电流和电压的相量图。

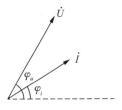

图 5.1.6 电流和电压的相量图

在相量图上能形象地看出各个正弦量之间的大小及相位关系,同时对于正弦量的加减运算,就可以用相量合成的方法(如平行四边形或三角形的方法),使运算变得直观和简单。

四、电阻及电感元件的分析与计算

(一)纯电阻电路

只含有电阻元件的交流电路称为纯电阻电路,如图 5.1.7 中的白炽灯、电烙铁、电阻炉等组成的交流电路都可看成纯电阻电路。在这些电路中,当外加电压一定时,影响电流大小的主要因素是电阻。

(a) 白炽灯　　　　(b) 电烙铁　　　　(c) 电阻炉

图 5.1.7　纯电阻电路中的电阻元件示例

电阻元件的伏安特性与功率表达式如表 5.1.2 所示。

表 5.1.2　电阻元件的伏安特性与功率

u 与 i 的瞬时值关系	相量关系	阻抗	有效值关系	相位关系	有功功率
$u = iR$	$\dot{U} = \dot{i}R$	电阻 R	$U = IR$ $I = \dfrac{U}{R}$	电压电流同相位	$P = UI = I^2R = \dfrac{U^2}{R}$ P 表示有功功率,也称平均功率,单位为瓦(W),电阻为耗能元件。

【例 5-1】 已知白炽灯的额定参数为 220 V/100 W,其两端所加电压 $u = 311\sin 314t$ V。试求:

(1) 白炽灯的工作电阻;(2) 电流的有效值及解析式。

解:(1)因为白炽灯的额定电压和额定功率分别为 220 V 和 100 W,所以

$$R = \frac{U^2}{P} = \frac{220^2}{100} = 484 \ \Omega$$

（2）由 $u = 311\sin 314t$ V，可知电压有效值为

$$U = \frac{U_m}{\sqrt{2}} = \frac{311}{\sqrt{2}} \approx 220 \text{ V}$$

则

$$I = \frac{U}{R} = \frac{220}{484} \approx 0.455 \text{ A}$$

解析式为

$$i = \frac{u}{R} = \frac{311\sin 314t}{484} \approx 0.643\sin 314t \text{ A}$$

（二）纯电感电路

电感对交流电有阻碍作用。由交流电源与电感线圈（电阻近似为零）组成的电路，称为纯电感电路。电感元件的伏安特性和功率表达式如表 5.1.3 所示。

表 5.1.3   电感元件的伏安特性和功率

u 与 i 的瞬时值关系	相量关系	感抗	有效值关系	相位关系	无功功率
$u = L\dfrac{di}{dt}$ $\dot{U} = jX_L\dot{I}$		感抗 $X_L = \omega L = 2\pi fL$ 在直流电中，$f = 0$，所以 $X_L = 0$，电感在直流电路中相当于短路。	$U = X_L I$ $I = \dfrac{U}{X_L}$	电压超前电流 $90°$	$Q = UI = I^2 X_L = \dfrac{U^2}{X_L}$ Q 为无功功率，单位 var（乏），它表明电感和电源交换能量规模的大小，纯电感的有功功率为零

【例 5-2】   有一个电感 $L = 0.7$ H，电阻可以忽略的线圈接在交流电源上，已知：$u = 220\sqrt{2}\sin(314t + 30°)$。试求：（1）线圈的感抗；（2）流过线圈的电流瞬时值；（3）电路的无功功率；（4）电压和电流的相量图。

解：（1）$X_L = \omega L = 314 \times 0.7 \approx 220 \ \Omega$

（2）$I = \dfrac{U}{X_L} = \dfrac{220}{220} = 1$ A

在纯电感电路中，电流滞后电压 $90°$，且 $\varphi_u = 30°$，所以电流初相位为

$$\varphi_i = \varphi_u - 90° = -60°$$

得

$$i = \sqrt{2}\sin(314t - 60°) \text{ A}$$

（3）$Q = UI = 220 \times 1 = 220$ var

（4）电压和电流的相量关系如例 5-2 图所示。

例 5-2   电压和电流相量图

（三）电阻与电感串联电路的分析与计算

由电阻和电感组成的串联电路称为 RL 串联电路。例如，交流电路中线圈电阻不能忽略时就构成了 RL 串联电路。此时，将含有电阻的线圈组成的交流电路等效为纯电阻和纯电感的串联。

1. 电压和电流的关系

RL 串联电路及相量图如图 5.1.8 所示，图中各元件的电压和电流为关联参考方向。串

联电路中,各元件流过的电流相同,即 $i=i_R=i_L$,根据基尔霍夫电压定律,在任何瞬时,电源电压等于各元件上的电压之和,即

$$u=u_R+u_L \tag{5.1.6}$$

这里,u、u_R、u_L 频率相同,因此,可以用相量来表示,即

$$\dot U = \dot U_R + \dot U_L \tag{5.1.7}$$

选取电路中的电流为参考量,设 $i=I_m\sin\omega t$,即电流初相位为零。由前述纯电阻、纯电感电路可知,流过电阻的电流与其电压同相位,流过电感的电流滞后其电压 90°,据此可画出图 5.1.8(c)。由图 5.1.8(c)可以看出,$\dot U$、$\dot U_R$、$\dot U_L$ 构成了一个电压三角形,各电压有效值之间存在的关系为

$$U=\sqrt{U_R^2+U_L^2} \tag{5.1.8}$$

$$\varphi = \arctan \frac{U_L}{U_R} \tag{5.1.9}$$

即电路总电压超前总电流的角度为 φ,且 $0°<\varphi<90°$。通常将总电压超前总电流的电路称为感性电路,或称该电路中的负载是感性负载。

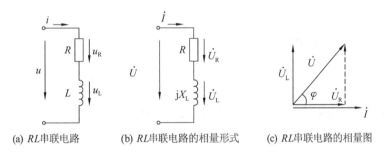

(a) RL 串联电路 (b) RL 串联电路的相量形式 (c) RL 串联电路的相量图

图 5.1.8　电阻与电感串联的电路及相量图

将纯电阻和纯电感的相量关系式代入公式(5.1.7),可得

$$\dot U = R\dot I + jX_L\dot I = (R+jX_L)\dot I \tag{5.1.10}$$

设 $Z=R+jX_L$,则 $\dot U = Z\dot I$,Z 为复阻抗,单位为欧姆(Ω),复阻抗的模 $|Z|$ 称为阻抗,根据 $Z=R+jX_L$,求得阻抗

$$|Z|=\sqrt{R^2+X_L^2} \tag{5.1.11}$$

由此可得,电压有效值和电流有效值之间的关系为

$$U=|Z|I \tag{5.1.12}$$

2. 功率和功率因数

因电阻是耗能元件,电感是储能元件,所以在 RL 串联电路中,既有有功功率 P,又有无功功率 Q。

(1)有功功率

图 5.1.8 电路中的有功功率可以表示为

$$P=U_RI=I^2R \tag{5.1.13}$$

也可表示为

$$P = UI\cos\varphi \qquad\qquad (5.1.14)$$

式(5.1.14)表明有功功率的大小不仅与电压、电流有效值的乘积有关,还取决于两者之间的相位差角的余弦 $\cos\varphi$。电压与电流的相位差角 φ 称为功率因数角,$\cos\varphi$ 称为功率因数。

（2）无功功率

该电路的无功功率可以表示为

$$Q = U_L I = I^2 X_L = \frac{U_L^2}{X_L} \qquad\qquad (5.1.15)$$

也可表示为

$$Q = UI\sin\varphi \qquad\qquad (5.1.16)$$

式(5.1.16)说明,在串联电路中,无功功率决定于有效值 U、I 的乘积和 $\sin\varphi$ 的大小。

（3）视在功率

电源供给的总功率用电压有效值和电流有效值的乘积来表示,称为视在功率,用 S 表示,单位为伏安(V·A)或千伏安(kV·A),即

$$S = UI \qquad\qquad (5.1.17)$$

任务实施：日光灯电路的连接与测试

1. 任务说明

根据表5.1.1准备好实训设备和元器件,各小组按照图5.1.9所示的日光灯运行实验电路进行接线及调试,观察日光灯启动状态,测量电流、电压等参数,完成实训报告。

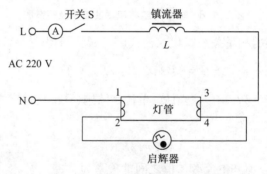

图5.1.9　日光灯运行实验电路图

2. 工作原理

接通开关S,电源电压立即通过镇流器和灯管灯丝加到启辉器的两极。220 V 的电压立即使启辉器的惰性气体电离,产生辉光放电。辉光放电的热量使双金属片受热膨胀,两极接触。电流通过镇流器、启辉器和两端灯丝构成通路,灯丝很快被电流加热,发射出大量电子。这时,由于启辉器两极闭合,两极间电压为零,辉光放电消失,管内温度降低,双金属片自动复位,两极断开。在两极断开的瞬间,电路电流突然被切断,镇流器产生很大的自感电动势,

与电源电压叠加后作用于灯管两端。灯丝受热时发射出来的大量电子,在灯管两端高电压作用下,以极大的速度由低电势端向高电势端运动。电子在加速运动的过程中,碰撞管内氩气分子,使之迅速分离。氩气电离生热,热量使水银产生蒸汽,随之水银蒸汽也被电离,并发出强烈的紫外线。在紫外线的激发下,管壁内的荧光粉发出近乎白色的可见光。

3. 任务步骤

第 1 步: 记录灯管及镇流器的额定技术参数,观察日光灯运行电路主要由哪几部分组成。

第 2 步: 按照图 5.1.9 所示的日光灯运行实验电路图进行连线。

第 3 步: 通电前检查。

(1) 将数字式万用表调至蜂鸣挡,两只表笔分别放到灯座 1、2 两个引脚处,出现蜂鸣声;两只表笔分别放到灯座 3、4 两个引脚处,同样出现蜂鸣声,说明灯管和灯座接触良好。

(2) 闭合开关 S,将数字式万用表调至 200 Ω 电阻挡,将万用表的一只表笔放到 L 端,另一只表笔放到 3 号端子,若万用表显示几十欧的阻值,则说明 L 端到 3 号端子间的电路连接正常。

(3) 将数字式万用表调至蜂鸣挡,万用表的一只表笔放到 N 端,另一只表笔放到 1 号端子,若出现蜂鸣声,则说明 N 端到 1 号端子之间的电路连接正常。

第 4 步: 通电检验。

接通开关,观察日光灯的启动及工作情况,正常情况下应该看到日光灯管在闪烁数次后被点亮。若日光灯不能正常发光,则按照表 5.1.4 所示进行故障分析与维修。

表 5.1.4　日光灯线路常见故障与维修

故障现象	故障分析与检修
日光灯不能发光	(1) 一般造成这种现象的原因是灯座接触不良,使电路处于断路状态,可用手将两端灯脚推紧。 (2) 如果还不能正常发光,应检查启辉器。检查可采用比较法:将该日光灯的启辉器装入能正常发光的日光灯中,重新接通电源,观察能否点亮日光灯,如果能亮,证明该启辉器正常,反之应更换启辉器。 (3) 如果启辉器是好的,应检查日光灯管。将日光灯管拆下,用万用表电阻挡分别测量灯管两端的灯丝引脚,正常阻值为十几欧姆,如果测出电阻为无穷大,说明灯丝已烧断,应更换灯管。下表为常用规格灯管的冷态电阻值。 **常用规格灯管的冷态电阻** 灯管功率/W：6~8，15~40；冷态电阻/Ω：15~18，3.5~5
日光灯灯管闪烁一下即熄灭,然后再也无法启动	出现这种现象往往是镇流器内部线圈短路。可用万用表电阻挡测量,两只表笔放在镇流器接线的两端进行测量确定。如测出的电阻基本为零或无穷大,应更换镇流器。下表为镇流器冷态时的电阻值。 **镇流器的冷态电阻** 镇流器规格/W：6~8，15~20，30~40；冷态电阻/Ω：80~100，28~32，24~28

常用规格灯管的冷态电阻

灯管功率/W	6~8	15~40
冷态电阻/Ω	15~18	3.5~5

镇流器的冷态电阻

镇流器规格/W	6~8	15~20	30~40
冷态电阻/Ω	80~100	28~32	24~28

续表

故障现象	故障分析与检修
灯管一直闪烁	(1) 造成这种现象的主要原因是启辉器损坏,启辉器中电容器短路或双金属片无法断开,应更换启辉器。 (2) 由于线路中存在接触不良现象,如灯座接触不良造成电路时断时通,此时应检查线路的各个接点,方法是用万用表按原理图逐点测量,找出故障点,重新连接该接点。 (3) 如果本地区电压不稳定,应用万用表测量日光灯电源电压,方法是将万用表置于交流电压 750 V 挡进行测量,要解决电压问题,采用交流稳压电源即可,但应考虑电路所带的负载的功率。
日光灯在工作时有杂声	造成这种现象是由于镇流器铁芯松动,应更换镇流器,更换时应注意镇流器的功率与日光灯功率相匹配。

第 5 步:测量参数。

选择相应的仪表,测量电源电压、镇流器电压、灯管电压及电路电流,填入表 5.1.5 中。测量电流应将电流表串联在电路中,测量电压应将电压表并联在被测元件的两端。

表 5.1.5   测量各类电压和电流值

电源电压 U	灯管两端电压 U_R	镇流器两端电压 U_L	电路中电流 I

思考:试分析以上三组电压数据之间的关系,并画出相量图。(说明:日光灯正常发光时,该电路为灯管和镇流器串联接到交流电压上,灯管相当于纯电阻,可近似把镇流器看作纯电感。)

第 6 步:在日光灯亮的状态下,取下启辉器,观察记录日光灯的运行状态。

第 7 步:经指导教师检查评估实验结果后,关闭电源,做好实训台和实训室 5S 工作。

第 8 步:小组实验总结。

4. 评分标准

本任务实施评分标准如表 5.1.6 所示。

表 5.1.6   日光灯电路的连接与测试评分标准

序号	考核项目	评分标准	配分	得分
1	记录灯管与镇流器的技术参数,以及日光灯电路的组成部分。	数据错误,每处扣 2 分。	10	
2	电路的连接	① 电源接线错误,扣 5 分; ② 电路元件接错或漏接,每处扣 4 分。	20	
3	通电前检查	① 会但不熟悉,扣 2 分; ② 掌握部分,扣 5 分; ③ 基本不会,扣 15 分。	15	

续表

序号	考核项目		评分标准	配分	得分
4	通电测试		① 第一次测试不成功，扣 5 分； ② 第二次测试不成功，扣 10 分； ③ 第三次测试不成功，扣 15 分。	15	
5	参数测试与分析		① 交流电压、电流的测试，数据记录错误，每处扣 5 分； ② 根据测量参数分析三组电压的关系，分析错误，扣 10 分。	30	
6	安全文明操作		① 穿拖鞋、衣冠不整，扣 5 分； ② 实验完成后，未进行工位卫生打扫，扣 5 分； ③ 工具摆放不整齐，扣 5 分。	10	
7	定额时间	40 min	超过定额时间，每超过 5 min，总分扣 10 分。		
8	开始时间		结束时间	总评分	

注：除定额时间外，各项最高扣分不应超过其配分。

任务 2　具有无功功率补偿的日光灯电路的连接与测试

任务目标

1. 掌握电容 C 的交流电路特性；
2. 掌握交流电路功率和功率因数的计算与测量；
3. 掌握功率因数补偿方法。

实训设备和元器件

任务所需实训设备和元器件如表 5.2.1 所示。

表 5.2.1　实训设备和元器件明细表

序号	器件名称	型号规格	数量	备注
1	交流电路实验箱及配套的三相四极电源	THA-JD1 型	1	15 W 日光灯灯管、与 15 W 灯管配套的镇流器和启辉器、4.7 μF/500 V 的电容器
2	数字式万用表	VC890C+	1	
3	单三相智能功率和功率因数表，配套的单相电源	DSPC-2 型	1	两组表可任选一只
4	导线	与实验箱配套	若干	

基 础 知 识

一、电容元件的交流电路

电容器简称电容,是构成电路的基本元件之一,在电子产品和电气设备中应用广泛。常用电容器的外形和符号已在项目 3 中进行了介绍。

电容器能储存电荷,也能将储存的电荷释放。外加电压使电容器储存电荷的过程称为充电,电容器向外释放电荷的过程称为放电。

当把一个电容器接在交变电源上时,外加电压的大小和方向不断周期性地变化,当外加电压从负最大值到正最大值变化时,电容器充电;当外加电压从正最大值到负最大值变化时,电容器放电。这样,只要有交变电压加在电容器上,电容器始终在不断充电、放电,电容电路中就始终有交变电流流过。

将介质损耗很小、极板间绝缘电阻很大的电容接入交流电源组成的电路,称为纯电容电路。电容元件的伏安特性和功率表达式如表 5.2.2 所示。

表 5.2.2 电容元件的伏安特性和功率

u 与 i 的瞬时值关系	相量关系	容抗	有效值关系	相位关系	无功功率
$i = C \dfrac{du}{dt}$	$\dot{U} = -jX_C \dot{I}$	容抗 $X_C = \dfrac{1}{\omega C} = \dfrac{1}{2\pi f C}$ 在直流电中 $f = 0$,所以 $X_C = \infty$,电容在直流电路中相当于开路。	$U = X_C I$ $I = \dfrac{U}{X_C}$	电流超前电压 90°	$Q = UI = I^2 X_C = \dfrac{U^2}{X_C}$ Q 为无功功率,单位为 var(乏),它表明电容和电源交换能量规模的大小;纯电容的有功功率为零。

【例 5-3】 已知某纯电容电路两端的电压 $u = 220\sqrt{2}\sin(314t + 30°)$ V,电容 $C = 15.9\ \mu F$。试求:

(1)电流的瞬时值表达式;(2)无功功率;(3)电流和电压的相量图。

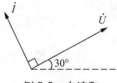

例 5-3 电流和电压相量图

解:(1) $X_C = \dfrac{1}{\omega C} = \dfrac{1}{314 \times 15.9 \times 10^{-6}} \approx 200\ \Omega$,则

$$I = \frac{U}{X_C} = \frac{220}{200} = 1.1\ A$$

因纯电容电路中,电流超前电压 90°,且 $\varphi_u = 30°$,得电流初相位为

$$\varphi_i = \varphi_u + 90° = 120°$$

电流的瞬时值表达式为

$$i = 1.1\sqrt{2}\sin(314t + 120°)\ A$$

（2）无功功率　　　　　　　　$Q = UI = 220 \times 1.1 = 242 \text{ var}$

（3）电流和电压的相量图如例 5-3 图所示。

二、功率因数的提高

（一）提高功率因数的意义

在正弦交流电路中，负载消耗的功率为

$$P = UI\cos \varphi \tag{5.2.1}$$

即负载消耗的功率不仅与电压、电流的乘积有关，而且要考虑电压与电流间的相位差 φ。上式中的功率因数 $\cos \varphi$ 取决于负载的性质和参数。例如，白炽灯、电阻炉等电阻负载的 $\cos \varphi = 1$，而异步电动机、变压器、日光灯、接触器等感性负载的 $\cos \varphi < 1$，电流在相位上滞后于电压。一般情况下，供电线路的功率因数总是小于 1 的。由于 $\cos \varphi < 1$，电路出现了无功功率 $Q = UI\sin \varphi$，引起电源与负载之间的能量交换。当 $\cos \varphi$ 较低时，Q 较大，会给电源和线路带来以下问题。

第一，功率因数过低，电源设备的容量不能充分利用。

交流电源（发电机或变压器）的容量通常用视在功率 $S = UI$ 表示，它代表电源所能输出的最大有功功率。但电源究竟向负载提供多大的有功功率，不决定于电源本身，而取决于负载的大小和性质。例如，供电线路上不接入负载时，电源就不输出功率；若接的是一组电阻性负载（如白炽灯、电炉等），这时 $\cos \varphi = 1$，电源就只需输出负载所需的有功功率；如果接的是一组感性负载，这时 $0 < \cos \varphi < 1$，电源不仅要输出有功功率，还要负担负载所需要的无功功率。

由此可见，同样的电源设备，同样的输电线，负载的功率因数越低，电源设备输出的最大有功功率就越小，无功功率就越大，电源设备的容量就越不能充分利用。

第二，功率因数过低，将增加电力网中输电线路上有功功率的损耗和电能损耗。

当电源电压 U 和负载所需要的有功功率 P 一定时，电源供给负载的电流（即输电线路上的电流）为

$$I = \frac{P}{U\cos \varphi} \tag{5.2.2}$$

显然，功率因数越低，线路上的无功功率越大，因而流过线路的电流越大，线路上损耗的电功率也越大。

综上所述，在电力系统中，功率因数的高低是关系到发电设备能否充分利用，输电效率能否提高的重要问题。为此，我国有关部门规定工厂企业单位的负载总功率因数不得低于 0.9，但工厂中用得最多的异步电动机的功率因数 $\cos \varphi = 0.3 \sim 0.85$，日光灯的功率因数 $\cos \varphi = 0.4 \sim 0.6$，这些都不符合要求，可见功率因数不高的主要原因是电感性负载的存在。

（二）提高功率因数的方法

（1）提高各用电设备的功率因数

采取措施降低各用电设备所需要的无功功率，可以使用电设备本身的功率因数有所提高。例如，正确选用异步电动机的容量，因为它在轻载及空载运行时功率因数很低，满载时功率因数较高，所以选用电动机的容量不要过大，以尽量减少轻载运行的情况。

（2）在感性负载上并联适当规格的电容器，以提高整个电路的功率因数

功率因数不高的根本原因是由于电感性负载的存在。如前所述，感抗的存在引起了无功功率，在有功功率一定时，无功功率的增大必然引起视在功率的增大，从而降低功率因数。因此，如何来减少电源所负担的无功功率是提高整个电路功率因素的关键。电感元件和电容元件在电路中都具有吸收能量和释放能量的作用，但是它们吸收和释放能量的时间正好彼此错开，相互之间可以交换无功功率。因此，感性负载接入电容就可以分担电源的一部分无功功率，这样就减轻了电源的负担，使电源能输出更多的有功功率。

提高功率因数的原则是不影响负载的正常工作，即不能影响负载本身的电压、电流和功率。接入电容器，并不是改变负载本身的功率因数，而是改变线路电压和电流之间的相位差，以此来提高供电线路的功率因数。能满足这一要求的具体方法是将大小合适的电容与感性负载并联，进行无功功率的补偿，如图 5.2.1 所示。其原理可以用图 5.2.2 所示的提高功率因数的相量图加以说明。

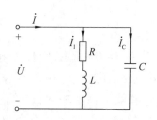 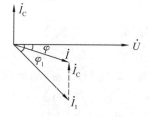

图 5.2.1　并联电容器提高功率因数　　　图 5.2.2　提高功率因数的相量图

图 5.2.2 中，选电压 $\dot{U}$ 为参考相量，$\dot{i}_1$ 代表负载电流，它滞后于电压的角度是 φ_1。在并联电容之前，线路上的电流就是负载电流 $\dot{i}_1$，这时的功率因数是 $\cos \varphi_1$。如果把电容器与负载并联，由于增加了一个超前于电压 90° 的电流 $\dot{i}_C$，所以线路上的电流已不是 $\dot{i}_1$，而是 $\dot{i}_1$ 与 $\dot{i}_C$ 的相量和 $\dot{i}$，即

$$\dot{i} = \dot{i}_1 + \dot{i}_C \tag{5.2.3}$$

这时 $\dot{i}$ 滞后于电压 $\dot{U}$ 的角度是 φ。这里 $\varphi < \varphi_1$，所以 $\cos \varphi > \cos \varphi_1$。只要电容选得适当，即可达到提高功率因数的目的。

上述分析说明，用并联电容器来提高功率因数，并没有改变负载本身的电压、电流和功率因数，而是用电容器去补偿负载所需要的无功功率，减少电路上的无功电流，以改善供电系统的功率因数。

 任务实施：具有无功功率补偿的日光灯电路的连接与测试

1. 任务说明

根据表 5.2.1 准备好实训设备和元器件，各小组按照图 5.0.1 所示的具有无功功率补偿的日光灯实验电路进行接线及调试，测量电路中的电流、电压、功率和功率因数等参数，并对测量参数进行分析。

2. 具有无功功率补偿的日光灯电路的工作原理

在任务 1 中,图 5.1.9 所示的日光灯运行实验电路可以等效为电阻和电感的串联,所以日光灯电路属于感性负载。在不影响负载本身的电压、电流和功率的前提下,可以在感性负载上并联适当规格的电容器,通过改变线路总电压和总电流之间的相位差,来提高整个电路的功率因数。

3. DSPC-2 型智能功率和功率因数表测量单相负载的功率

功率表用于直流电路或交流电路中测量电功率,可分为模拟式和数字式功率表。

(1) DSPC-2 型智能功率和功率因数表的主要技术指标

① 功能:可测量单相交流负载的功率或三相交流负载的总功率;可显示电路的功率因数及负载性质、频率;可记录、贮存和查询 15 组数据等。

② 测量精度:0.5 级。

③ 测量范围:电压 15~450 V、电流 30 mA~5 A。

(2) DSPC-2 型智能功率和功率因数表的接线

使用功率表测量功率时,需连接四个接线柱:① 电流线圈 I^*、I:串联接入电路,测电流;② 电压线圈 U^*、U:并联接于电路,测电压。通常,带有 * 标记端应短接在一起,否则可能损坏功率表。图 5.2.3 中的"Z 负载"和图 5.0.1 中的"Z 负载"相对应。

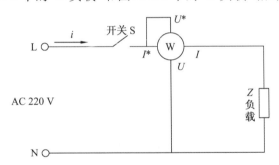

图 5.2.3 单相交流电路功率测量接线图

(3) DSPC-2 型智能功率和功率因数表的使用方法

1) 按照图 5.0.1 接好电路(单相时,两组表可任选一只)。

2) 接通电源,或按"复位"键后,直接进入功率测量状态。

3) 在实际测量过程中,面板上的按键只用到"功能""确认""复位"三个键。

① "功能"键:是仪表测试和显示功能的选择键。若连续按动该键,则 5 只 LED 数码管将显示 5 种不同的功能指示符号,功能符分述如表 5.2.3 所示。

表 5.2.3 功能符分述

功能符	P	COS	F	SAVE	DISP
含义	有功功率	功率因数及负载性质	被测信号频率	数据记录	数据查询

② "确认"键:在选定上述 5 个功能之一后,按下"确认"键,该组显示器将切换显示该

功能下的测试结果数据。

③"复位"键：在任何状态下，只要按下此键，系统便恢复到功率测量转态。

4）使用注意事项

在测量过程中，外来的干扰信号难免会干扰主机的运行，若出现死机，请按"复位"键。

4. 任务步骤

第 1 步：按照图 5.0.1 所示的具有无功功率补偿的日光灯实验电路进行电路连接。

第 2 步：通电前检查和通电检验可参考任务 1 中的相关内容。

第 3 步：参数的测量与分析。

提示：务必在断电状态下进行电路的连接。

（1）并联电容前的测量

① 电流、电压的测量。并联电容前，图 5.0.1 所示的实验电路和任务 1 中的图 5.1.9 一致，电源电压、镇流器电压、灯管电压及电路中电流 I 的测量已在任务 1 中完成。

② 功率和功率因数的测量。断开开关 S，按照图 5.2.3 所示的实验电路接好功率表（必须是电流线圈串联于电路、电压线圈并联于电路两端），合上开关 S 后记录功率、功率因数的读数，填入表 5.2.4 中。

表 5.2.4　并联电容前参数测量与分析

电源电压 U	灯管两端电压 U_R	镇流器两端电压 U_L	电路中总电流 I	功率 P	功率因数 $\cos \varphi_1$

将测量的电源电压、电路中的总电流、功率因数值代入功率的计算公式 $P = UI\cos \varphi$，验证计算结果是否和测量的结果一致。

（2）并联电容后的测量

① 电流、电压的测量。断开开关 S，按照图 5.0.1 接上电容器（并联 4.7 μF/500 V 的电容器），合上开关 S，选择相应的仪表测量电源电压、镇流器电压、灯管电压、电路总电流 I、流过电容器的电流 I_C、流过灯管和镇流器的电流 I_1，将测量数据填入表 5.2.5 中。

② 功率和功率因数的测量。断开开关 S，按照图 5.2.3 的实验电路接好功率表，合上开关 S 后记录功率、功率因数的读数，填入表 5.2.5 中。

表 5.2.5　并联电容后参数测量与分析

电源电压 U	灯管两端电压 U_R	镇流器两端电压 U_L	电路中总电流 I	电容器电流 I_C	灯管和镇流器电流 I_1	功率 P	功率因数 $\cos \varphi_2$

思考：a. 对比并联电容前与并联电容后所测量的各类电压和电流值，并进行分析。

b. 对比并联电容前与并联电容后所测量的功率和功率因数有无变化，灯管的亮度有无变化，并进行分析。

c. 根据并联电容前与并联电容后所测量的电压、电流、功率因数等参数，画出相量图。

d. 将并联电容的测量结果代入功率的计算公式 $P = UI\cos \varphi$，验证计算结果是否和测量的结果一致。

③ 应用并联电容法,将功率因数提高到 0.9,计算所需电容量,并将此电容量的电容器并接到线路中,观察能否实现上述要求。并联电容的选择如表 5.2.6 所示。

表 5.2.6 并联电容的选择

并联电容前的功率因数	并联电容后的功率因数	并联电容值
$\lambda_1 = \cos \varphi_1$	$\lambda_2 = \cos \varphi_2$	$C = \dfrac{P}{\omega U^2}(\tan \varphi_1 - \tan \varphi_2)$ 式中,ω 为角频率,U 为电源总电压,P 为有功功率

第 4 步: 经指导教师检查评估实验结果后,关闭电源,做好实训台和实训室 5S 工作。

第 5 步: 小组实验总结。

5. 评分标准

本任务实施评分标准如表 5.2.7 所示。

表 5.2.7 具有无功功率补偿的日光灯电路的连接与测试评分标准

序号	考核项目		评分标准	配分	得分
1	电路的连接		① 电源接线错误,扣 5 分; ② 电路元件接错或漏接,每处扣 2 分。	20	
2	通电前检查		① 会但不熟悉,扣 2 分; ② 掌握部分,扣 5 分; ③ 基本不会,扣 15 分。	15	
3	通电测试		① 第一次测试不成功,扣 5 分; ② 第二次测试不成功,扣 10 分; ③ 第三次测试不成功,扣 15 分。	15	
4	参数测量与分析		① 交流电压、电流、功率、功率因数的测量,数据记录错误,每处扣 2 分; ② 并联电容前后对比分析,分析错误,每处扣 5 分。	40	
5	安全文明操作		① 穿拖鞋、衣冠不整,扣 5 分; ② 实验完成后,未进行工位卫生打扫,扣 5 分; ③ 工具摆放不整齐,扣 5 分。	10	
6	定额时间	60 min	超过定额时间,每超过 5 min,总分扣 10 分。		
7	开始时间		结束时间		总评分

注:除定额时间外,各项最高扣分不应超过其配分。

拓展知识：日光灯节能电路

一、电阻、电感、电容串联的交流电路

（一）电压与电流的关系

RLC 串联电路如图 5.2.4(a)所示，各元件的电压和电流为关联参考方向。假设电路的电流为 $i = I_m \sin\omega t$，则由 KVL 得

$$u = u_R + u_L + u_C \tag{5.2.4}$$

相量形式电路如图 5.2.4(b)所示，可表示为

$$\dot{U} = \dot{U}_R + \dot{U}_L + \dot{U}_C \tag{5.2.5}$$

设 $U_L > U_C$，其对应的相量图如图 5.2.4(c)所示。图中选 $\dot{I}$ 为参考相量（初相位为零），画在水平位置，由于 $\dot{U}_L$ 与 $\dot{U}_C$ 反相，所以，（$\dot{U}_L + \dot{U}_C$）的值实际上是 U_L 与 U_C 的有效值之差。由相量图可知，$\dot{U}_R$、（$\dot{U}_L + \dot{U}_C$）和 $\dot{U}$ 三个相量组成了一个直角三角形，称为电压三角形。各电压有效值之间存在的关系为

$$U = \sqrt{U_R^2 + (U_L - U_C)^2}$$
$$\varphi = \arctan \frac{U_L - U_C}{U_R} \tag{5.2.6}$$

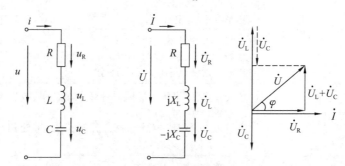

(a) RLC 串联电路　　(b) RLC 串联电路的相量形式　　(c) RLC 串联的相量图

图 5.2.4　RLC 串联电路及相量图

（二）复阻抗

将纯电阻、纯电感、纯电容的相量式代入式(5.2.5)，可得

$$\dot{U} = R\dot{I} + jX_L\dot{I} - jX_C\dot{I} = (R + jX_L - jX_C)\dot{I} = [R + j(X_L - X_C)]\dot{I} = (R + jX)\dot{I} \tag{5.2.7}$$

设 $Z = R + jX$，则 $\dot{U} = Z\dot{I}$，Z 为复阻抗，单位为欧姆（Ω）。

复阻抗定义式为

$$Z = \frac{\dot{U}}{\dot{I}} = \frac{U \angle \varphi_u}{I \angle \varphi_i} = \frac{U}{I}(\angle \varphi_u - \angle \varphi_i) = |Z| \angle \varphi \tag{5.2.8}$$

式中,$|Z|$为复阻抗的模,等于电压与电流有效值的比值;φ 称为复阻抗 Z 的幅角,或者称作阻抗角,是端口电压和电流的相位差,也可表示为

$$Z = \sqrt{R^2+X^2} \angle \arctan \frac{X}{R} \tag{5.2.9}$$

（三）电路的性质

根据以上分析,不难得出以下几点结论:

（1）如果 $X_L > X_C$,即 $U_L > U_C$,则 $\varphi > 0$,电压 $\dot{U}$ 超前电流 $\dot{I}$ 角度 φ,电路呈感性,如图 5.2.5(a)所示。

（2）如果 $X_L < X_C$,即 $U_L < U_C$,则 $\varphi < 0$,电压 $\dot{U}$ 滞后电流 $\dot{I}$ 角度 φ,电路呈容性,如图 5.2.5(b)所示。

（3）如果 $X_L = X_C$,即 $U_L = U_C$,则 $\varphi = 0$,电压 $\dot{U}$ 与电流 $\dot{I}$ 同相位,这种情况称为谐振,显然谐振时,电路呈阻性,如图 5.2.5(c)所示。

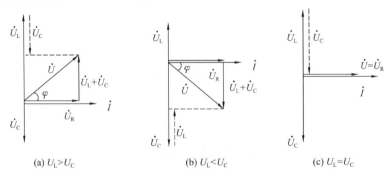

(a) $U_L > U_C$　　　　(b) $U_L < U_C$　　　　(c) $U_L = U_C$

图 5.2.5　RLC 串联电路的电压、电流相量图

二、日光灯节电电路

工作原理:通常日光灯的总耗电量包括日光灯发光消耗的电能和镇流器消耗的电能两部分。日光灯中通过的电流 I_w 大于灯管发光效率最高时的电流 I_0,因为电流较大易于启动,如果串联的电容选择得合适,使电路中的电流降低一些,恰好使 $I_0 = I_w$,虽然灯管电流减小了,发光效率却最大。电流减小后,镇流器上的功率也要减小。

日光灯串联电容后,可以提高电路的功率因数,降低无功功率,所以日光灯串联电容电路可以节电,电路如图 5.2.6 所示。

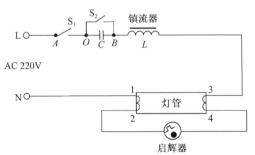

图 5.2.6　日光灯节电电路

图 5.2.6 中的 A、O 和 O、B 是两个开关触点,操作顺序如下:

① A、O 和 O、B 两组触点都接通,电容被短路,日光灯正常启动;

② A、O 接通,O、B 断开,电容串联在电路中,形成节电电路;

③ A、O 断开,O、B 接通,此时因电路被切断,灯灭,同时由于 O、B 接通,电容放电,为下一次接通电路做好准备。

一般 40 W 日光灯串入 2 μF 电容最省电,不同功率的日光灯串接电容后的节电情况如表 5.2.8 所示,功率越大的日光灯管,串电容使用后,节电越多。

表 5.2.8   不同功率日光灯串联电容后的节电情况

日光灯功率/W	使用方式	电源电压/V	工作电流/mA	光通量/lm	实际耗电/W	节电数/W
40	不串电容	220	415	2 260	49.6	
	串 2 μF 电容	220	225	1 240	24.4	25.2
50	不串电容	220	370	1 440	35.8	
	串 1.5 μF 电容	220	120	616	14.4	21.4
20	不串电容	220	408	820	29.6	
	串 1.5 μF 电容	220	130	382	12.0	17.6

低压电工作业理论考试[习题 5]

项目简介

本项目是室内照明系统的安装与调试,涉及低压电工作业安全技术实际操作考试的第二个题目(照明线路安装,配分30分,考试时间30 min),要求学员分组在木工板上模拟安装一套室内照明配电系统,并完成配电系统的接线与调试,原理图如图6.0.1所示。其功能包括"电源进户线、电能计量(电度表)、日光灯照明、两地双控照明灯及单相三极插座"等。

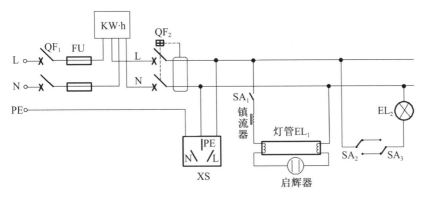

图6.0.1 室内照明配电系统原理图

项目具体实施过程中分解成2个任务(如图6.0.2所示),分别为两地双控照明灯的安装与调试、室内照明配电系统的安装与调试。要求通过2个任务的学习,最终通透地掌握本项目的理论和实践内容。

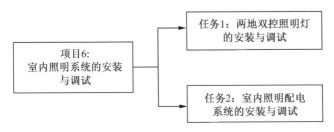

图6.0.2 项目实施过程

项目目标

1. 掌握熔断器、断路器的符号、功能、安装接线与选择;
2. 掌握照明开关、灯具、单相三眼插座、单相电能表的安装与接线;
3. 能够正确地进行导线选择;
4. 能够识读室内照明配电系统的电气图;
5. 掌握室内照明配电系统的安装接线及故障检测。

*项目6

室内照明系统的安装与调试

任务 1　两地双控照明灯的安装与调试

 任 务 目 标

1. 掌握熔断器的功能符号、工作原理、选择安装与使用；
2. 掌握照明灯具、开关的安装与接线及导线的选择；
3. 能够识读两地双控照明灯的电气图；
4. 掌握两地双控照明灯的安装接线及故障检测。

 实 训 设 备 和 元 器 件

任务所需实训设备和元器件如表 6.1.1 所示。

表 6.1.1　实训设备和元器件明细表

序号	器件名称	型号规格	数量	备注
1	安装木板	1200 mm×850 mm	1 个	
2	一开双控开关	86 型	2 个	
3	开关明盒	86 型	2 个	
4	熔断器	RT18-32(2 极)	1 个	
5	灯泡及配套底座	220 V,15 W	1 套	型号规格也可根据实
6	塑料线槽	30 mm×40 mm	3 m	验室条件自定
7	PE 接地排		1 个	
8	塑铜线	1 mm^2	若干	
9	木螺钉	4×30	若干	
10	万用表	VC890C+	1 个	

 基 础 知 识

一、熔断器

熔断器是一种利用物质过热熔化的性质制作的保护电器,在使用时,熔断器串接在所保护的电路中。当电路发生严重过载或短路时,将有超过限定值的电流通过熔断器而将熔断器的熔体熔断并切断电路,从而达到保护的目的。熔断器在电路中的符号如图 6.1.1 所示。

图 6.1.1　熔断器符号

（一）熔断器的结构与工作原理

熔断器主要由熔体(俗称保险丝)、安装熔体的熔管和熔座(熔断器的底座)组成。其中,熔体是主要部分,它既是感受元件,又是执行元件。熔断器熔体中的电流为熔体的额定电流时,熔体长期不熔断;当电路发生严重过载时,熔体在较短的时间内熔断;当电路发生短路时,熔体能在瞬间熔断。熔体的这个特性称为反时限保护特性,即电流为额定值时长期不熔断,过载电流或短路电流越大,熔断时间越短。电流与熔断时间的关系曲线称为安秒特性,如图6.1.2所示。

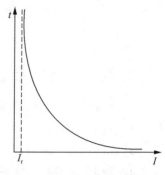

图6.1.2　熔断器的安秒特性

图6.1.2中的电流 I_r 为最小熔断电流。当通过熔体的电流等于或大于 I_r 时,熔体熔断;当通过的电流小于 I_r 时,熔体不能熔断。根据对熔断器的要求,熔体在额定电流 I_N 时绝对不应熔断,即 $I_r > I_N$。

（二）熔断器的种类及应用

熔断器的主要技术参数有额定电压、额定电流、熔体额定电流和极限分断能力等。由于熔断器对过载反应不灵敏,所以不宜用于过载保护,主要用于短路保护。常用的熔断器有瓷插式、螺旋式、有填料封闭管式、无填料封闭管式几种类型。熔断器的型号如图6.1.3所示。

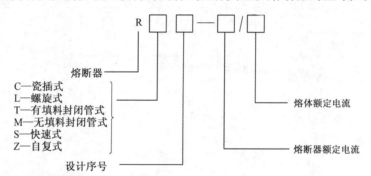

图6.1.3　熔断器的型号

常见熔断器的种类、外形结构及应用如表6.1.2所示。

表6.1.2　常见熔断器的种类、外形结构及应用

熔断器		
种类	外形结构	应用
RC插入式熔断器		RC插入式熔断器主要用于电压在380 V以下,电流在5~200 A的电路中,如照明电路和小容量的电动机电路。 这种熔断器用于额定电流在30 A以下的电路时,熔丝一般采用铅锡丝;用在电流为30~100 A的电路时,熔丝一般采用铜丝;用在电流达到100 A以上的电路时,一般用变截面的铜片做熔丝。

续表

种类	外形结构	应用
RL 螺旋式熔断器		这种熔断器在使用时,要在内部安装熔管。安装熔管时,先将熔断器的瓷帽旋下,再将熔管放入内部,然后旋好瓷帽。熔管上、下方为金属盖,有的熔管上方的金属盖中央有一个红色的熔断指示器,熔管内部装有石英砂和熔丝,当熔丝熔断时,指示器颜色会发生变化,以指示内部熔丝已断。指示器的颜色变化可以通过熔断器瓷帽上的玻璃窗口观察到。 　　RL 螺旋式熔断器具有体积小、分断能力较强、工作安全可靠、安装方便等优点,通常用在工厂 200 A 以下的配电箱、控制箱和机床电动机的控制电路中。
RM 无填料封闭式熔断器		RM 无填料封闭式熔断器具有保护性好、分断能力强、熔体更换方便和安全可靠的优点,主要用在交流电压 380 V 以下、直流电压440 V 以下,以及电流 600 A 以下的电力电路中。
RS 快速熔断器		RS 快速熔断器主要用于硅整流器件、晶闸管器件等半导体器件及其配套设备的短路和过载保护,它的熔体一般采用银制成,具有熔断迅速、能灭弧等优点。
RT 有填料封闭管式熔断器		RT 有填料封闭管式熔断器又称为石英熔断器,它常用于变压器和电动机等电气设备的过载和短路保护。

（三）熔断器的选择

1. 熔断器额定电压的选择

所选熔断器的额定电压应不低于线路的额定电压。

2. 熔体额定电流的选择

熔断器用于不同负载,其熔体的额定电流的选择方法不同。

3. 熔断器额定电流的选择

当熔体额定电流确定后,根据熔断器的额定电流大于或等于熔体额定电流来确定熔断器的额定电流。

① 当用于保护照明或电热设备及一般控制电路的熔断器时,所选的熔体额定电流应等于或稍大于负载的额定电流。

② 当用于保护电动机的熔断器时,应按电动机的启动电流倍数考虑,避开电动机启动电流的影响,一般选熔体额定电流为电动机额定电流的 1.5~2.5 倍;对于不经常启动或启

动时间不长的电动机,选较小倍数;对于频繁启动的电动机选较大倍数。对于给多台电动机供电的主干线母线处的熔断器,其所选熔体额定电流可按下式计算:

$$I_{FN} \geq (1.5 \sim 2.5)I_{Nm} + \sum I_N \qquad (6.1.1)$$

式中,I_{FN} 为所选熔体额定电流;I_{Nm} 为多台电动机中容量最大的额定电流;$\sum I_N$ 为其余各台电动机的额定电流之和。

(四)熔断器的安装与使用

(1)熔断器应完整无损,安装低压熔断器时应保证熔体与绝缘底座之间的接触良好,不允许有机械损伤,并具有额定电流、额定电压值标志。

(2)不能用多根小规格熔体并联代替一根大规格熔体;各级熔体应相互配合,并做到下一级熔体规格比上一级规格小。

(3)更换熔体时,必须切断电源。尤其不允许带负荷操作,以免发生电弧灼伤。

(4)熔断器兼做隔离器件使用时,应安装在控制开关的电源进线端;若仅做短路保护用,应装在控制开关的出线端。

(5)安装熔断器除了保证适当的电气距离外,还应保证安装位置间有足够的间距,以便于拆卸、更换熔体。

二、照明灯具的安装与接线

在日常生活和工作中,电光源起着极其重要的作用。良好的照明能丰富人们的生活,提高学习、工作的效率,减少眼疾和事故。常用光源有白炽灯、荧光灯等。

(一)照明灯具安装要求

(1)安装前,灯具及其配件应齐全,并应无机械损伤、变形、油漆剥落、灯罩破裂等缺陷。

(2)根据灯具的安装场所及用途,引向每个灯具的导线线芯最小截面应符合有关规程规范的规定。

(3)在砖石结构中安装电气照明装置时,应用预埋吊钩、螺栓、螺钉、膨胀螺栓、尼龙塞或塑料塞固定;严禁使用木楔。当设计无规定时,上述固定件的承载能力应与照明装置的重量相匹配。

(4)在变电站内,高压、低压配电设备及母线的正上方,不应安装灯具。

(二)常用照明灯具的接线

1. 螺口灯头接线

相线应接在中心触点的端子上,零线应接在螺纹的端子上。螺口灯头的基本结构如图 6.1.4 所示。

2. 荧光灯的接线

荧光灯的常见接线已在项目 5 的任务 1 中介绍,接线图如图 5.1.9 所示。

玻璃泡
灯丝
螺纹端子
中心触点

图 6.1.4　螺口灯头的基本结构

三、开关的安装与接线

开关是用来控制灯具等电器电源通断的器件。在照明电路中,常用的电源开关有拉线开关和平开关,现在家装一般用平开关。常用开关按功能可分为单控开关(又称单联开关)和双控开关(又称双联开关)。单控开关是最常用的一种开关,即一个开关控制一组线路。双控开关是两个开关控制一组线路,可以实现楼上楼下同时控制。

（一）开关安装的技术要求

（1）照明开关一般安装在门边便于操作的地方,开关位置与灯具相对应。所有开关翘板接通或断开的上下位置应一致。

（2）翘板开关距地面高度一般为 1.2~1.4 m,距门框 150~200 mm。

（3）拉线开关距地面高度一般为 2.2~2.8 m,距门框 150~200 mm。

（4）暗装开关的盖板应端正、严密并与墙面平。

（5）明装敷设的开关应安装在不小于 15 mm 厚的木台上。

（6）多尘潮湿场所(如浴室)应选用防水瓷质拉线开关或加装保护箱。

（二）开关的安装方式

开关的安装方式有明装和暗装。暗装开关一般要配合土建施工过程预埋开关盒,待土建施工结束后再安装开关。明装开关一般在土建完工后安装。

平开关主要由面板、翘板和触点 3 部分组成。平开关暗装的安装方法：在墙面准备安装开关的地方,凿制出一个略大于开关接线暗盒的墙孔预埋(嵌入)接线暗盒,并用砂灰或水泥把接线盒固定在孔内。注意：选用接线暗盒应与所用开关暗盒尺寸相符;埋入的接线暗盒应事先敲去相应的敲落孔,以便穿导线,卸下开关面板后,把两根导线头分别插入开关底板的 2 个接线孔,并用木螺钉将开关底板固定在开关接线暗盒上,然后再盖上开关面板。

（三）开关的接线与选择

1. 单控开关

单控开关控制一盏灯的线路是照明电路中最基本的线路。单控开关有两个接线端子,不同品牌的开关标识不同,图 6.1.5 为德力西品牌的开关,接线端子为 L1 和 L,当开关扳向如图 6.1.5(a)所示的位置时,L 与 L1 断开,当开关扳向与图 6.1.5(a)相反的位置时,L 与 L1 接通。单控开关接线示意图如图 6.1.6 所示。

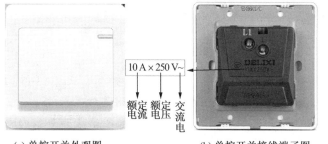

(a) 单控开关外观图　　　(b) 单控开关接线端子图

10 A × 250 V~
额定电流　额定电压　交流电

火线L
零线N

图 6.1.5　单控开关外观与接线端子图　　　图 6.1.6　单控开关接线示意图

2. 双控开关

双控开关在建筑行业的家居装修照明中脱颖而出,越来越受到人们的喜爱。有时为了方便,需要在两地控制一盏照明灯。例如,楼梯上使用的照明灯,要求在楼上、楼下都能控制其亮、灭。它需要多用一根连线,采用两只双控开关即可以完成。双联开关有 3 个接线端,不同品牌的开关标识不同,图 6.1.7 为德力西品牌的开关,L 为公共端,L1 和 L2 为开关的接线端,当开关扳向如图 6.1.7(a) 所示的位置时,L 与 L2 接通;当开关扳向与图 6.1.7(a) 相反的位置时,L 与 L1 接通。

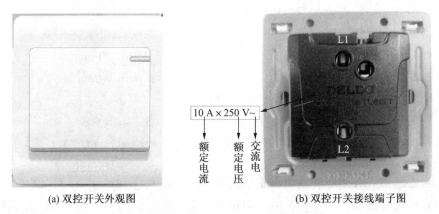

(a) 双控开关外观图   (b) 双控开关接线端子图

图 6.1.7　双控开关外形与接线端子图

双控开关接线示意图如图 6.1.8 所示。

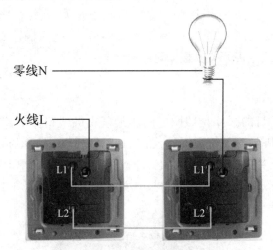

图 6.1.8　双控开关接线示意图

注意: 在接线之前,一定要先查看双控开关的公共端,一般情况下,标有 L 或者 COM 的端子为公共端,如果不是以上两种情况,可以用万用表打至蜂鸣挡进行测量,方法如下:

方法一:将万用表的两只表笔放在双控开关的任意两个端子上,如果不管开关扳向哪一侧,万用表都不发出蜂鸣声,则第三个端子就为公共端。

方法二:将万用表的两只表笔放在双控开关的任意两个端子上,如果当开关扳向一侧时万用表发出蜂鸣声,那么就将万用表的一只表笔移动到第三个端子,若开关扳向相反方向时也发出蜂鸣声,则说明固定不动的那只表笔为公共端。

四、导线的选择

1. 按电源电压选择

通常使用的电源有单相 220 V 和三相 380 V。不论是 220 V 供电电源,还是 380 V 供电电源,导线均应采用耐压 500 V 的绝缘导线;而 250 V 的聚氯乙烯塑料绝缘软导线,只能作为吊灯用导线,不能用于布线。

2. 根据不同的用途选择

导线型号的含义如图 6.1.9 所示,根据不同的用途可以选择不同型号的导线。

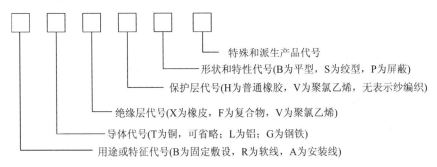

特殊和派生产品代号
形状和特性代号(B为平型,S为绞型,P为屏蔽)
保护层代号(H为普通橡胶,V为聚氯乙烯,无表示纱编织)
绝缘层代号(X为橡皮,F为复合物,V为聚氯乙烯)
导体代号(T为铜,可省略;L为铝;G为钢铁)
用途或特征代号(B为固定敷设,R为软线,A为安装线)

图 6.1.9　导线型号的含义

常用导线的型号、名称及主要性能如表 6.1.3 所示。

表 6.1.3　常用导线的型号、名称及主要性能

类别	型号	名称	主要用途
橡皮绝缘导线 (简称橡皮导线)	BLX	铝芯橡皮绝缘导线	固定敷设用,由于生产工艺复杂,耗费大量橡胶和棉纱,现已逐步被淘汰。
	BX	铜芯橡皮绝缘导线	
	BLXF	铝芯氯丁橡皮绝缘导线	固定敷设用,由于有良好的耐气候、抗老化性能和不延燃性,并有一定的耐油、耐腐蚀性能,尤其适用于户外。
	BXF	铜芯氯丁橡皮绝缘导线	
	BXR	铜芯橡皮软线	室内安装,要求导线较柔软的场合用。
聚氯乙烯绝缘导线 (简称塑料导线)	BLV	铝芯聚氯乙烯绝缘导线	固定敷设用,可取代 BLX 和 BX。
	BV	铜芯聚氯乙烯绝缘导线	
	BLVV	铝芯聚氯乙烯绝缘聚氯乙烯护套导线	固定敷设用,且可直接埋地敷设。
	BVV	铜芯聚氯乙烯绝缘聚氯乙烯护套导线	
	BLV-105	铝芯耐热 105 ℃聚氯乙烯绝缘导线	固定敷设,用于高温场合。
	BVR	铜芯聚氯乙烯绝缘软线	室内安装,要求导线较柔软的场合用。

续表

类别	型号	名称	主要用途
聚氯乙烯绝缘软线（塑料软线）	RV	铜芯聚氯乙烯绝缘软线	供各种低压交流移动电器接线用。
	RVV	铜芯聚氯乙烯绝缘聚氯乙烯护套软线	
	RV-105	铜芯耐热 105 ℃聚氯乙烯绝缘软线	同 RV,但用于高温场所。

导线示例如图 6.1.10 所示。

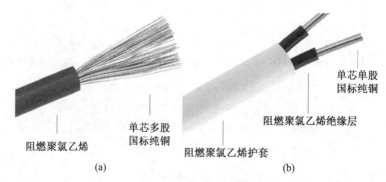

图 6.1.10　导线示例

3. 导线颜色的选择

敷设导线时,相线 L、零线 N 和保护零线 PE 应采用不同颜色的导线。导线颜色的相关规定如表 6.1.4 所示。

表 6.1.4　导线颜色的相关规定

类别	颜色标志	线别	备注
用途导线	黄色 绿色 红色 浅蓝色	相线 L_1 相 相线 L_2 相 相线 L_3 相 零线（中性线）	U 相 V 相 W 相
保护接地（接零）中性线（保护零线）	绿/黄双色	保护接地（接零）中性线（保护接零）	颜色组合 3∶7
二芯线（供单相电源用）	红色 浅蓝色	相线 零线	
三芯线（供单相电源用）	红色 浅蓝色（或白色） 绿/黄色（或黑色）	相线 零线 保护零线	
三芯线（供三相电源用）	黄、绿、红色	相线	无零线
四芯线（供三相四线制用）	红、绿、红色 浅蓝色	相线 零线	

在装修装饰中,如果住户自己布线,因条件限制,往往不能按规定要求选择导线颜色,这时可以遵照以下要求使用导线:相线可使用黄色、绿色和红色中的任一颜色,但不允许使用黑色、白色或绿/黄双色的导线;零线可使用黑色导线,没有黑色导线时,也可用白色导线但不允许使用红色导线;保护零线应使用绿/黄双色的导线,如无此种颜色导线,也可用黑色的导线,但这时零线应使用浅蓝色或白色的导线,以便两者有明显的区别。保护零线不允许使用除绿/黄双色线和黑色线以外的其他颜色的导线。

4. 导线截面的选择

导线的截面积可以通过导线线芯的直径来计算,计算公式为

$$S = \frac{\pi}{4}d^2 \qquad (6.1.2)$$

式中,S 为导线的线芯截面积,mm^2;d 为导线线芯的直径,mm。

如果导线的线芯为多股时,则计算公式为

$$S = 0.785nd^2 \qquad (6.1.3)$$

式中,n 为导线线芯的股数。若 1 股线芯的直径为 1.13 mm,可表示为 1/1.13,则线芯的截面积为 1 mm^2;若 7 股线芯的直径为 1.13 mm,可表示为 7/1.13,则线芯的截面积为 7 mm^2。

导线的截面积越大,允许通过的安全电流就越大。在同样的使用条件下,铜导线可以比铝导线小一号。在实际操作中,主要根据导线的安全载流量来选择导线的截面。在选择导线时,还要考虑导线的机械强度。有些负荷小的设备,虽然选择很小的截面就能满足允许电流的要求,但还必须查看是否满足导线机械强度所允许的最小截面要求,如果这项要求不能满足,就要按导线机械强度所允许的最小截面重新选择。

铜芯导线的截面选择如表 6.1.5 所示。

表 6.1.5 铜芯导线截面的选择

导线截面/mm^2	最大电流/A	电器设备功率/W	备注
1.0	6	1 200	照明
1.5	10	2 000	照明
2.0	12.5	2 500	照明
2.5	15	3 000	普通插座、电冰箱等
4	25	7 000	热水器、空调等大功率电器
6	35	10 740	单独设置的大功率电器插座
9	54	12 000	进线
10	60	13 500	进线

随着人们生活水平的提高,厨房的家用电器日益增多,建议厨房间单独设置一路 4 mm^2 铜芯线。

任务实施：两地双控照明灯的安装与调试

1. 任务说明

本任务是对两地双控照明灯线路进行安装与调试,要求学员理解两地双控照明线路的工作原理,根据两地双控照明灯线路的原理图(如图 6.1.12 所示)选配各种材料,能合理选择线路中所需要的导线、开关、熔断器等器件,最终在长 1 200 mm、宽 850 mm 的木板上完成安装接线与调试。

2. 工作原理

在实际应用楼梯或楼道照明灯时,需要在楼梯的上、下两个位置能控制同一盏灯。上楼梯时,能用楼下的开关开灯,上楼后,能用楼上的开关关灯,这就是两地控制一盏灯(如图 6.1.11 所示)。同样,在卧室的床头与门边也可分别安装一个开关,对室内照明灯进行两地控制,电气原理图如图 6.1.12 所示。图 6.1.12 中当开关 SA_1 和 SA_2 的触头同时达到 L1 端或同时达到 L2 端时,白炽灯亮;如果开关 SA_1 和 SA_2 的触头一个达到 L1 端,另一个达到端 L2 时,白炽灯灭。

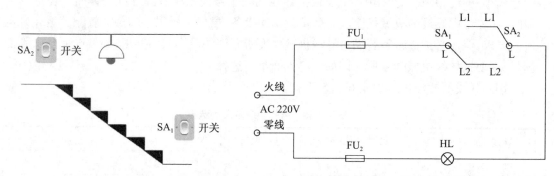

图 6.1.11　两地控制一盏灯(SA_1、SA_2 为开关)　　图 6.1.12　用两只双联开关在两地控制一盏灯电路

3. 任务步骤

第 1 步:电器元件与导线的选择。

(1)熔断器的选择。本任务中,白炽灯属于纯电阻性负载,所选白炽灯的额定电压为 220 V,功率为 15 W,其电流可按公式 $I = P/U$ 计算,即白炽灯电流为 $I = 15$ W$/220$ V≈ 0.068 A。所选的熔体额定电流应等于或稍大于 0.068 A。

(2)开关的选择。开关的额定电压一般为 250 V,额定电流为 10 A 或者 16 A。可以根据流过负载电流的大小来选择开关,但要保证电路中的电流不能超过开关的额定电流,电源电压不能高于开关的额定电压。本项目选择德力西品牌的双控开关,额定电压为 250 V,额定电流为 10 A。

(3)导线的选择。本项目选择铜芯聚氯乙烯绝缘导线,导线截面积为 1 mm^2。

第 2 步:在安装板上画线定位。

根据电气照明布置图确定进线电源、熔断器、PE 接线排、开关、灯座的位置。在安装板上画线并做好记号。本任务可选用 1 200 mm×850 mm 实训安装板,画线定位的尺寸参考图 6.1.13。

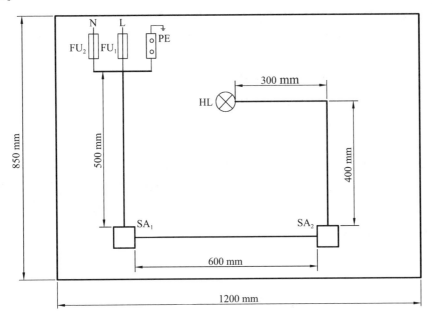

图 6.1.13 安装板上画线定位

第 3 步:在安装板上固定各元器件。

用木螺钉将熔断器、灯座、开关等固定在安装板相应位置上。

第 4 步:布线。

根据各段线槽的长度布线,将导线截面积为 1 mm² 的铜芯聚氯乙烯绝缘导线放入塑料线槽内,在线槽两端适当留出与各电器连接的余量,布线完成后即可盖上线槽盖。

第 5 步:电气线路的接线。

根据用两只双联开关在两地控制一盏灯的电路图(图 6.1.12)进行接线。

第 6 步:通电前的线路检测。

任何线路接线完成后,必须做一次通电前的检查,以防接线错误而引起线路短路等故障,造成不必要的事故。

(1)万用表调至 2 kΩ 电阻挡检查电路是否存在短路。检测前,不引入电源,将两表棒分别置于熔断器的进线端进行检测。同时拨动各个开关,观察万用表的数值,万用表的读数要么无穷大,要么为白炽灯的冷态电阻(一般为几百欧姆),从而判断线路是否有短路现象。

(2)如果开关无论处于断开或是闭合位置,万用表的读数始终为无穷大,则说明存在开路现象。

检测方法:

① 将万用表打到蜂鸣挡,将开关打到同一侧,一只表笔放到火线 L 上固定不动,另一只表笔顺着图 6.1.12 的走向依次经过 FU₁、SA₁、SA₂ 向下移动,一直移到白炽灯的右端,如果出现蜂鸣声,则说明刚跨过的该段线路通路,如果没有出现蜂鸣,则说明刚跨过的该段电路

断路。

② 一只表笔放到零线上固定不动,另一只表笔顺着图 6.1.12 的走向经过 FU$_2$ 移到白炽灯的左端,如果出现蜂鸣声,则说明刚跨过的该段线路通路,如果没有出现蜂鸣声,则说明刚跨过的该段线路断路。

③ 将万用表打到 2 kΩ 的电阻挡,万用表的表笔放到白炽灯的接线端子两端,如果万用表上显示几百欧姆的阻值,说明白炽灯无故障,且和底座接触良好。如果表上显示无穷大,则应检查白炽灯钨丝有没有烧断。如果钨丝没有烧断,则应检查灯座。灯座故障一般发生在中心舌头偏低的位置,可能与白炽灯的灯头电接点接触不良,可用小的螺钉旋具将中心舌头往上拨动一下。

第 7 步: 通电试验。

接上 220 V 交流电源,分别拨动两个双控开关控制白炽灯亮、灭,观察是否起到二控一的效果。如果照明灯不亮,则将万用表置于交流电压 750 V 挡,两表笔置于熔断器的进线端,查看有无电压。

第 8 步: 小组实验总结。

4. 评分标准

本任务实施评分标准如表 6.1.6 所示。

表 6.1.6 两地双控照明灯的安装与调试评分标准

序号	考核项目	评分标准	配分	得分
1	电器元件与导线的选择	选择错误,每处扣 2 分。	10	
2	器件安装	① 不按布置图安装,扣 20 分; ② 元器件安装不牢固,每处扣 5 分; ③ 元器件安装不整齐、不均匀对称,不合理每只扣 5 分; ④ 损坏元器件,扣 20 分。	20	
3	布线	① 不按电路图接线,扣 20 分; ② 接线处未做绝缘处理或绝缘处理不符合要求,每处扣 5 分; ③ 导线乱线敷设,扣 20 分。	30	
4	通电前检查	① 不会沿着火线测到图 6.1.12 中的白炽灯右端,扣 5 分; ② 不会沿着零线测到图 6.1.12 中的白炽灯左端,扣 2 分; ③ 不会测量白炽灯的好坏,扣 3 分。	10	
5	故障分析与排除	① 会但不熟悉,扣 2 分; ② 掌握部分,扣 5 分; ③ 基本不会,扣 10 分。	10	
6	通电测试	① 第一次测试不成功,扣 5 分; ② 第二次测试不成功,扣 10 分。	10	

续表

序号	考核项目		评分标准	配分	得分
7	安全文明操作		① 穿拖鞋、衣冠不整,扣 5 分; ② 实验完成后未进行工位卫生打扫,扣 5 分; ③ 工具摆放不整齐,扣 5 分。	10	
8	定额时间	60 min	超过定额时间,每超过 5min,总分扣 10 分。		
9	开始时间		结束时间	总评分	

注:除定额时间外,各项最高扣分不应超过其配分。

*任务 2 室内照明配电系统的安装与调试

任 务 目 标

1. 了解断路器的结构和工作原理,掌握断路器的符号、功能、选择和安装;
2. 掌握插座的安装;
3. 掌握电能表的安装,能够识别电能表的参数,并能正确选择合适的电能表;
4. 能够识读室内照明配电系统的电气图;
5. 掌握室内照明配电系统的安装及故障检测。

实训设备和元器件

任务所需实训设备和元器件如表 6.2.1 所示。

表 6.2.1 实训设备和元器件明细表

序号	器件名称	型号规格	数量	备注
1	安装木板	1 200 mm×850 mm	1 个	
2	低压断路器	DZ47S　C10、AC400 V	1 个	
3	单相电度表	DD862-2　220 V、3(6) A	1 个	
4	漏电断路器	DZL18-32F/1　AC220 V、20 A	1 个	
5	熔断器	RT18-32	1 个	
6	单相五孔插座	86 型　AC250 V、10 A	1 个	型号规格也可根据实验室条件自定
7	一开单控开关	86 型 AC250 V、10 A	1 个	
8	一开双控开关	86 型 AC250 V、10 A	2 个	
9	开关明盒	86 型	4 个	
10	灯泡及配套底座	220 V、15 W	1 套	
11	日光灯(含灯座、镇流器、启辉器、灯管)	220 V、20 W	1 套	

续表

序号	器件名称	型号规格	数量	备注
12	塑铜线	1.5 mm^2	若干	型号规格也可根据实验室条件自定
13	木螺钉		若干	
14	万用表	VC890C+	1 个	
15	PE 接地排		1	
16	接线端子排		若干	

基 础 知 识

一、低压断路器

低压断路器又称自动空气开关,它集控制和多种保护功能于一体,当电路中发生严重过电流、过载、短路、断相、漏电等故障时,能自动切断线路,起到保护作用。

低压断路器种类很多,按结构形式分,主要有 DW10、DW15、DW16 系列的万能式断路器(又称框架式断路器)和 DZ5、DZ10、DZ12、DZ15、DZ20、DZ47 系列的塑料外壳式断路器;按用途分,有配电用断路器、电动机保护用断路器、照明用断路器和漏电保护断路器等;按主电路极数分,有单极、两极、三极、四极断路器。常用的断路器如图 6.2.1 所示。

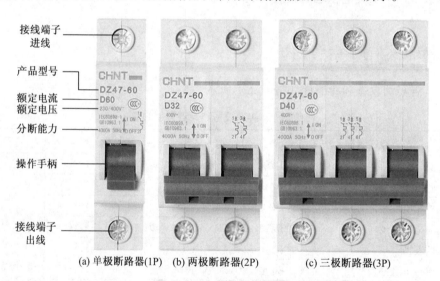

(a) 单极断路器(1P)　(b) 两极断路器(2P)　(c) 三极断路器(3P)

图 6.2.1　常用的断路器

注意:若额定电流标注 C □,则该断路器主要用于配电控制和照明保护;若额定电流标注 D □,则该断路器主要用于电机保护。

1. 结构和工作原理

虽然低压断路器的形式、种类很多,但结构和工作原理基本相同,主要由触点系统、灭弧系统、各种脱扣器(包括电磁式过电流脱扣器、失压(欠压)脱扣器、热脱扣器和分励脱扣器）、操作机构和自由脱口机构等几部分组成。低压断路器的工作原理和符号如图 6.2.2 所示。

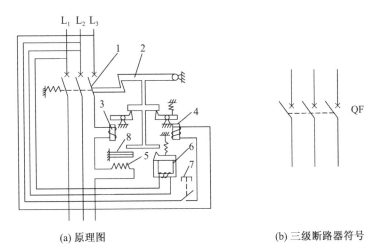

(a) 原理图　　　　　　　　　　(b) 三级断路器符号

1—主触点；2—自由脱扣器的搭扣；3—过电流脱扣器；4—分励脱扣器；
5—热脱扣器的热元件；6—欠压脱扣器；7—分断按钮；8—双金属片

图 6.2.2　低压断路器的工作原理图及符号

断路器主触点 1 串联在三相主电路中，过电流脱扣器 3 的线圈和热脱扣器的热元件 5 与主电路串联，欠压脱扣器 6 和分励脱扣器 4（用于远距离控制）的线圈和电路并联。

主触点可由操作机构手动或电动合闸，当开关操作手柄合闸后，主触点 1 和自由脱扣器的搭扣 2 保持在合闸状态。

当电路发生短路或严重过载时，过电流脱扣器 3 的线圈所产生的吸力增加，将衔铁吸合，并撞击杠杆，使自由脱扣机构动作，从而带动主触点断开主电路。当电路过载时，热脱扣器（过载脱扣器）的热元件 5 发热使双金属片 8 向上弯曲，推动自由脱扣机构动作。过电流脱扣器和热脱扣器互相配合，热脱扣器起主电路的过载保护功能，过电流脱扣器起短路和严重过载保护功能。

欠电压脱扣器 6 的动作过程和过电流脱扣器相反。当线路电路正常时，欠压脱扣器的衔铁被吸合，断路器的主触点能够吸合；当线路电压消失或下降到某一数值时，欠电压脱扣器的衔铁释放，使自由脱扣机构动作，断开主电路。

分励脱扣器 4 用于远距离控制，实现远方控制断路器切断电源。在正常工作时，其线圈是断电的，当需要远距离控制时，按下分断按钮，使线圈通电，衔铁会带动自由脱扣机构动作，使主触点断开。

2. 低压断路器的选择

在选择低压断路器时应注意以下几点：

（1）低压断路器应满足安装条件、保护性能及操作方式的要求。

（2）低压断路器的额定电压应等于或大于保护线路的额定电压。

（3）低压断路器的额定电流应等于或大于线路计算负载电流。

（4）低压断路器的额定短路通断能力应不小于线路中的最大短路电流。

（5）热脱扣器的整定电流应等于所控负载额定电流。

（6）电磁脱扣器的瞬时脱扣整定电流应大于负载电路正常工作时的峰值电流。

对单台电动机来说，瞬时脱扣整定电流 I_Z 可按下式计算：

$$I_Z \geqslant K \times I_{ST} \tag{6.2.1}$$

式中，K 为安全系数，可取 $1.5 \sim 1.7$；I_{ST} 为电动机的启动电流。

对多台电动机来说，瞬时脱扣整定电流可按下式计算：

$$I_Z \geqslant K(I_{STmax} + \sum I_N) \tag{6.2.2}$$

式中，K 取 $1.5 \sim 1.7$；I_{STmax} 为最大容量的一台电动机的启动电流；$\sum I_N$ 为其余电动机额定电流的总和。

（7）低压断路器欠压脱扣器的额定电压等于线路额定电压。

（8）在选择断路器时，所选断路器的额定电流与铜导线的标称截面积对应关系如表 6.2.2 所示。

表 6.2.2　断路器额定电流与铜导线标称截面积对应关系

额定电流 I_N/A	1~6	10	16、20	25	32	40、50	63
铜导线标称截面积/mm²	1	1.5	2.5	4	6	10	16

3. 低压断路器的安装与使用

低压断路器的安装与使用要注意以下几点：

（1）低压断路器应垂直安装，电源线应接在上端，负载接在下端。

（2）低压断路器用作电源总开关或电动机的控制开关时，在电源进线侧必须加装刀开关或熔断器等，以形成明显的断开点。

（3）低压断路器使用前应将脱扣器工作面上的防锈油脂擦净，以免影响其正常工作。同时应定期检修，清除断路器上的积尘，并给操作机构添加润滑剂。

（4）各脱扣器的动作值调整好后，不允许随意变动，并应定期检查各脱扣器的动作值是否满足要求。

（5）断路器的触头使用一定次数或分断短路电流后，应及时检查触头系统，如果触头表面有毛刺、颗粒等，应及时维修或更换。

二、漏电保护装置

漏电保护装置，即漏电保护器（如图 6.2.3 所示），是当电路或用电设备漏电电流大于装置的整定值时，能自动断开电路或发出报警信号的装置。漏电保护器常与断路器组装在一起，使其同时具有短路、过载、欠压、失压和漏电等多种保护功能。

漏电保护器按其动作类型可分为电压型和电流型。其中电压型因性能差，已被淘汰。电流型漏电保护器可分为单相双极式、三相三极式和三相四极式 3 类。对于居民住宅及其他单相电路，应用最广泛的是单相双极电流型漏电保护器，三相三极式漏电保护器应用于三相动力电路，三相四极式漏电保护器应用于动力、照明混用的三相电路。

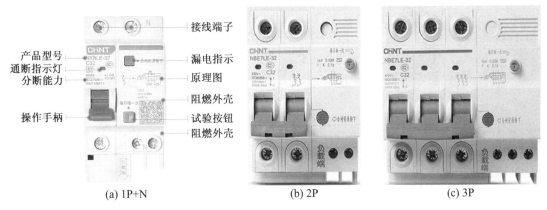

| (a) 1P+N | (b) 2P | (c) 3P |

图 6.2.3　漏电保护器

注：1P+N，也叫单极，接一根火线、一根零线，只对火线起保护作用；

2P，也称双极或两极，接一根火线、一根零线，对零线、火线都具有保护作用；

3P，也称三极，接三根火线，仅适用于无零线的负载；

3P+N，也成三相四线，接三根火线、一根零线，适用于三相不平衡负载；

4P，也称四极，接三根火线、一根零线，适用于三相平衡负载。

1. 漏电保护器的工作原理

单相电流型漏电保护器电路原理如图 6.2.4 所示。正常运行（不漏电）时，流过相线和零线的电流相等，两者合成电流为零，漏电电流检测元件（零序电流互感器）无漏电信号输出，脱扣器线圈无电流而不跳闸；当发生人碰触相线触电或相线漏电时，线路对地产生漏电电流，流过相线的电流大于零线电流，两者合成电流不为零，互感器感应出漏电信号，经放大器输出驱动电流，脱扣线圈因有电流而跳闸，起到人身触电或漏电的保护作用。

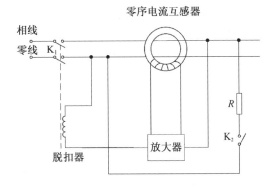

图 6.2.4　单相双极式漏电保护器的原理图

三相漏电保护器的工作原理与单相双极型基本相同，其电路原理如图 6.2.5 所示。工作零线与三根相线一同穿过漏电电流检测的互感器铁芯。工作零线不可重复接地，保护接地线作为漏电电流的主要回路，应与电气设备的保护接地线相连接。保护接地线不能经过漏电保护器，末端必须重复接地。

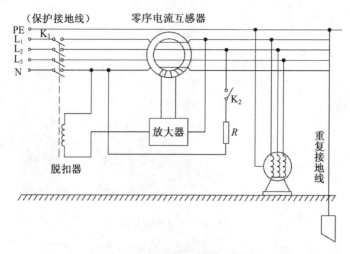

图 6.2.5　三相四极式漏电保护器的原理图

2. 漏电保护器的安装与使用

漏电保护器在安装与使用时要注意以下几点：

（1）电源进线必须接在漏电保护器的正上方，即外壳上标注的"电源"或"进线"的一端；出线接在下方，即外壳上标注的"负载"或"出线"的一端。漏电保护负载侧的中性线不得与其他线路共用。

（2）安装漏电保护器后，不准拆除原有的闸刀开关、熔断器，以便今后的设备维护；也不得将漏电保护器当作闸刀使用。漏电保护器一般安装在熔断器下方，应垂直安装，固定牢靠。

（3）安装时，必须严格区分中性线和保护线，三相四线式或四极式漏电保护器的中性线应接入漏电保护器。经过漏电保护器的中性线不得作为保护线，不得重复接地或接设备外露的导电部分，保护线不得接入漏电保护器。

（4）漏电保护器在安装后，在带负荷状态分、合3次，不应出现误动作；再按压试验按钮3次，应能自动跳闸（注意按压时间不要太长，以免烧坏漏电保护器）。

（5）运行中，每月应按压试验按钮检查一次，观察动作性能，确保运行正常。在雷雨季节，应增加试验次数。

（6）漏电保护开关动作后，经检查未发现事故原因时，允许试合闸一次，如果再次动作，应查明原因，找出故障，必要时对其进行动作特性试验，不得连续强行送电，除经检查确认为漏电保护开关本身发生故障外。严禁私自撤除漏电保护开关强行送电。

3. 常见故障及处理方法

漏电保护器常见故障处理方法如表6.2.3所示。

表 6.2.3　常见故障及处理方法

故障现象	原因分析	排除方法
不能合闸	负载端有短路现象	排除故障
	操作机构出现故障	更换产品
	断路器的额定电流与负载电流不匹配	更换产品规格
温度偏高	接线螺钉未压紧导线或出现松动	拧紧接线螺钉
	选用的导线截面积偏小	更换导线规格
短路时未分闸	选用的断路器与负载的工作条件不匹配	更换产品规格
不通电	导线剥头太短	重新剥线
	接线螺钉未压紧导线或出现松动	拧紧接线螺钉

三、插座的安装与接线

插座在安装和使用时,应先安装插座的底座,然后将导线分别接入插座的接线桩内进行接线,插座接线完成后,将插座盖固定在插座底座上。

根据电源电压的不同,电源插座可分为三相电源插座和单相电源插座,单相电源插座又有三孔、两孔和五孔插座之分。单相三眼插座的接线原则为"左零右相上接地",特别要注意的是接地线的颜色(根据规定,接地线必须是黄/绿双色线)。根据安装形式的不同,电源插座又可分为明装式和暗装式两种。图 6.2.6 所示的是单相、三相插座的外形图。图 6.2.7 是单相、三相插座的接线端子图。

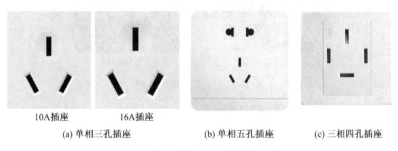

(a) 单相三孔插座　　　　(b) 单相五孔插座　　　(c) 三相四孔插座

10A插座　　　16A插座

图 6.2.6　单相、三相插座外形图

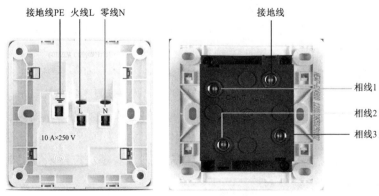

(a) 单相三孔插座接线端子　　　(b) 三相四孔插座接线端子

图 6.2.7　单相、三相插座的接线端子图

注意：

① 单相电源插座额定电压一般为 250 V，额定电流为 10 A 或 16 A。10 A 插座的额定功率为 2 500 W，用于家用普通电器，如电视、冰箱等。16 A 插座的额定功率为 4 000 W，用于大功率电器，如空调、热水器等。16 A 插座适用于 16 A 插头，10 A 的插座适用于 10 A 的插头，16 A 插座的插口要大于 10 A 插座的插口。

② 三相电源插座的额定电压一般为 440 V，额定电流为 16 A 或 25 A。16 A 插座的额定功率为 7 040 W，25 A 插座的额定功率为 11 000 W。三相电源适用于电焊机、点焊机，大功率 5 匹空调（三相 380 V 空调）等。

四、电能表

电能表又称为电度表，是用来计量设备消耗电能的仪表，具有累计功能，常用的有单相有功电能表和三相有功电能表，外形如图 6.2.8 所示，有功电能表的单位是千瓦时，符号 kW·h。

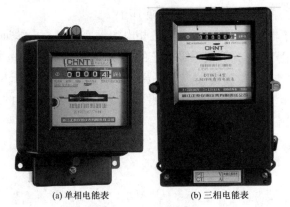

(a) 单相电能表　　(b) 三相电能表

图 6.2.8　电能表的外形

按照相数来分，电能表可分为单相电能表和三相电能表。目前家庭用户使用的电能表基本上是单相电能表，工业动力用户使用的电能表通常是三相电能表。

（一）电能表的安装规范

（1）电能表和配电装置通常应装在一起。装电能表的木板表面及四周边缘必须涂漆防潮，木板应为实木板，不应采用木台，允许和配电板共用一块通板，木板必须坚实干燥，不应有裂纹，拼接处要紧密平整。

（2）电能表板要安装在干燥、无振动和无腐蚀性气体的场所。表板的下沿离地一般不低于 1.3 m，但大容量表板的下沿离地允许放低到 1~1.2 m，但不得低于 1 m。

（3）为了有利于线路的走向简洁而不凌乱，并保证配电装置的操作安全，电能表必须装在配电装置的左方或下方，切不可装在右方或上方。同时为了保证抄表方便，应把电能表（中心尺寸）安装在离地 1.4~1.8 m 的位置。若需并列安装多块电能表，则两表间的中心距离不得小于 200 mm。

（4）单相计量用电时，通常装一块单相电能表；两相计量用电时，应装一块三相四线电能表；三相计量用电时，也应装一块三相四线电能表；除成套配电设备外，一般不允许采用三相三线电能表。

（5）任何一相的计算负荷电流超过 100 A 时，都应安装电流互感器（由供电部门供给）；当最大计算负荷电流超过现有电能表的额定电流时，也应安装电流互感器。

（6）电能表的表身应装得平直，不可出现纵向或横向的倾斜，电能表的垂直偏差不应大于 1.5%，否则会影响电能表的准确性。

（7）电能表总线必须采用铜芯塑料硬线，配线合理、美观，其截面积不得小于 1.5 mm²，中间不允许有接头，总熔断器盒至电能表之间的长度不宜超过 10 m。

（8）电能表总线必须明线敷设。采用线管安装时，线管也必须明装；在装入电能表时，一般以"左进右出"原则接线。

（二）电能表的接线

不同品牌不同类型的电度表，接线可能不一样。在电能表的内部外壳印有接线示意图，在接线之前要仔细查看。

1. 直接式单相电能表的接线

单相直接式有功电能表是用以计量单相电器消耗电能的仪表，单相电能表可以分为感应式和电子式电能表两种。目前，家庭使用的多数是感应式单相电能表。直接式电能表是将电源线直接串入电能表中，负荷电流流经电表，常用额定电流有 2.5 A、5 A、10 A、15 A、20 A 几种规格。单相电能表的规格有多种，常用的有 DD862、DD90、DDS、DDSF 等。

以德力西 DD862 型直接式单相电能表为例，该电能表共有 5 个接线桩，从左到右按 1、2、3、4、5 编号，如图 6.2.9（a）所示。其中 1、4 接线桩为单相电源的进线桩，3、5 接线桩为出线桩。单相电能表的实物接线示意图如图 6.2.9（b）所示。

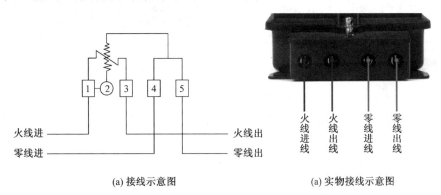

(a) 接线示意图　　　　　　　　　(a) 实物接线示意图

图 6.2.9　单相电能表接线

注意：当单相负荷电流过大，没有适当的直接式有功电能表可满足其要求时，应当采用经电流互感器接线的计量方式。

2. 直接式三相四线电能表的接线

三相有功电能表主要应用在企事业单位的用电系统中进行电能计量，根据负荷的大小有直接式接线和经电流互感器接线两种。根据用电系统的不同，三相电能表又有 DS 型和 DT 型两种，DS 型适用于三相三线对称或不对称负载作有功电量的计量，DT 型可对三相四线对称或不对称负载作有功电量的计量。

以正泰 DT862-4 型三相四线有功电能表为例，图 6.2.10（a）中的 DT862-4 型三相四线电能表共有 10 个接线桩,从左到右按 1 到 10 编号。其中,1、4、7 接线桩为电源相线的进线桩,用来连接从总熔断器盒接线桩引出来的 3 根相线;3、6、9 接线桩为电源相线的出线桩,分别接总开关的 3 个进线桩;10 接线桩为电源零线的进线桩和出线桩;2、5、8 接线桩为空接线桩。图 6.2.10(b)中的 DT862-4 型三相四线电能表共有 11 个接线桩,从左到右按 1 到 11 编号。其中,1、4、7 接线桩为电源相线的进线桩;3、6、9 接线桩为电源相线的出线桩;10 接线桩为电源零线的进线桩,11 接线桩为电源零线的出线桩;2、5、8 接线桩为空接线桩。

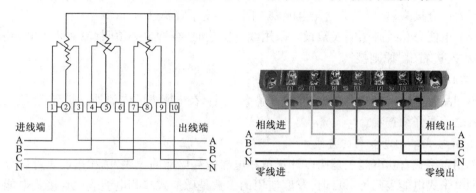

(a) 零线进线和出线公用一个端子

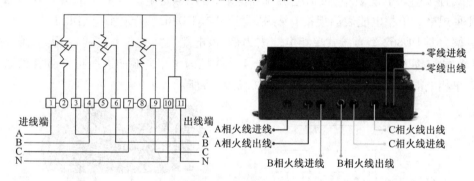

(b) 零线进线和出线分开

图 6.2.10　DT862-4 型三相四线电能表的接线图

3. 直接式三相三线电能表的接线

正泰 DS862-4 型直接式三相三线电能表共有 8 个接线桩,从左到右按 1 至 8 编号。其中,1、4、6 接线桩为电源相线的进线桩;3、5、8 接线桩为电源相线的出线装;2、7 接线桩为空接线桩。正泰 DS862-4 型直接式三相三线电能表的接线如图 6.2.11 所示。

注意:三相有功电能表经电流互感器接线主要应用于对企事业单位用电很大的系统进行电能计量,需根据负荷的大小配选合适的电流互感器。

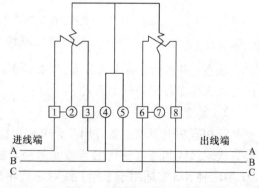

图 6.2.11　正泰 DS862-4 型直接式
三相三线电能表的接线

（三）电能表的参数

电能表表盘上主要标有产品品牌、产品名称、产品型号、参比频率、等级、电压规格、电流规格、显示总位数等参数，具体如图 6.2.12 所示。图 6.2.12（a）为德力西 DD862 型单相电能表，其电压规格为 220 V，电流规格为 5（20）A，参比频率为 50 Hz。图 6.2.12（b）为德力西 DT862 型三相四线有功电能表，其电压规格为 3×220 V/380 V，电流规格为 3×30（100）A，参比频率为 50 Hz。

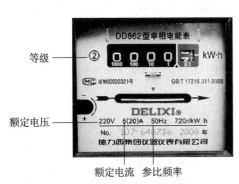

(a) 德力西DD862型单相电能表　　(b) 德力西DT862型三相四线有功电能表

图 6.2.12　电能表表盘上参数

（四）直接式电能表的选用原则

（1）电能表的额定电压应与电源电压相适应。

（2）电能表的额定电流应等于或略大于负荷电流。

有些电能表实际使用电流可达额定电流的两倍（俗称二倍表）或可达额定电流的四倍（俗称四倍表）。例如，表盘上标示"10（20）A"就是二倍表，虽然它的额定电流为 10 A，但是可以长期使用到 20 A；表盘上标示"5（20）A"，就是四倍表，虽然它的额定电流为 5 A，但是可长期使用到 20 A。

（五）使用电能表的注意事项

（1）用户发现电能表有异常现象时，不得私自拆卸，必须通知有关部门进行处理。

（2）保持电能表的清洁，表上不得挂物品，不得经常在低于电能表额定值的 10% 以下工作，否则，应更换容量相适宜的电能表。

（3）电能表正常工作时，由于电磁感应的作用，有时会发出轻微的"嗡嗡"响声，这是正常现象。

（4）如果发现所有电器都不用电时，表中铝盘仍在转动，应拆下电能表的出线端。如果表盘随即停止转动，或转动几圈后停止，表明室内电路有漏电故障；若表盘仍转动不止，则表明电能表本身有故障。

（5）转盘转动的快慢与用户用电量的多少成正比，但不同规格的表，尽管用电量相同，转动的快慢也不同，或者虽然规格相同，用电量相同，但电能表的型号不同，转动的快慢也可能不同，所以，单纯从转盘转动的快慢来验证电能表准不准是不确切的。

任务实施：室内照明配电系统的安装接线与调试

1. 任务说明

本任务是低压电工作业安全技术实际操作的第二个考题"线路安装"（照明电路安装，配分30分，考试时间30 min），其原理图如图6.0.1所示。任务要求各小组首先根据表6.2.1准备好实训设备和元器件，然后结合照明电路的安装规范和操作技能，按照图6.2.13的接线图，在长1 200 mm、宽850 mm的木板上完成接线与调试。

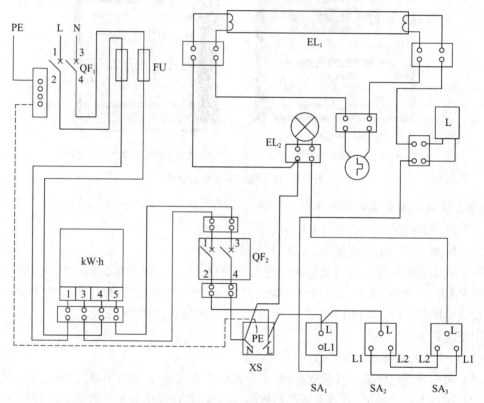

图6.2.13　室内照明配电系统的安装接线图

2. 工作原理

（1）闭合断路器 QF_1，闭合漏电断路器 QF_2，插座 XS 有电；

（2）闭合单控开关 SA_1，日光灯亮；断开单控开关 SA_1，日光灯灭；

（3）双控开关 SA_2 或 SA_3 都可以控制白炽灯的亮灭。

3. 任务步骤

第1步：在安装板上固定各元器件。

按照图6.2.14对各元器件进行布置。将断路器 QF_1 和熔断器 FU 固定在导轨上，用木螺钉将单相电能表、漏电断路器、插座、开关、灯座、镇流器、启辉器等固定在安装板相应位置上。

图 6.2.14　室内照明配电系统的布置图

第 2 步：布线。

选用导线截面积为 1.5 mm² 或 2 mm² 的铜芯聚氯乙烯绝缘导线进行布线，在线的两端适当留出与各电器元件连接的余量，布线时要横平竖直。

第 3 步：电气线路的接线。

根据图 6.2.13 进行接线。接线时，火线用红色线，零线用蓝色线，地线为黄/绿双色线。在接开关和插座时，线要从开关和插座的孔里穿进去。

第 4 步：通电前的线路检测。

（1）接线前万用表先打到蜂鸣挡，检查灯管与灯座是否可靠接触，如果没有蜂鸣声，灯管顺时针旋转 90°，再次进行测量，确保灯管与灯座可靠接触。

（2）接好线后，闭合断路器 QF_1 和漏电断路器 QF_2，万用表打到蜂鸣挡，按照以下步骤分别进行测量：

① 一只表笔放在电源的火线端，另一只表笔放在灯管的火线端，当单控开关 SA_1 闭合时，表上显示几十欧姆左右的阻值（镇流器冷态时的电阻值）；断开单控开关 SA_1 时，万用表显示无穷大；

② 一只表笔放在电源的火线端，另一只表笔放在灯泡的火线端，当开关 SA_2 和 SA_3 扳向同一侧时，万用表出现蜂鸣声；当开关 SA_2 和 SA_3 扳向不同侧时，万用表显示无穷大；

③ 一只表笔放在电源的零线端，另一只表笔放在灯管的零线端，万用表发出蜂鸣声；

④ 一只表笔放在电源的零线端，另一只表笔放在灯泡的零线端，万用表发出蜂鸣声。

通电前线路检测时出现以上几种现象时，说明线路连接正常。

第 5 步：通电试验。

（1）接上 220 V 交流电源，闭合断路器 QF_1，闭合漏电断路器 QF_2，将万用表打到交流电压 750 V 挡位，两只表笔分别插到插座的火线和零线的孔内，万用表上显示电压应和电源电压一致。

（2）闭合单控开关 SA₁，日光灯亮；断开单控开关 SA₁，日光灯灭。

（3）分别拨动两个双控开关控制白炽灯亮、灭，观察是否起到二控一的效果。

第6步： 小组实验总结。

4. 评分标准

表6.2.4是低压电工作业安全技术实际操作的第二个考题中照明电路安装的评分标准。

表 6.2.4　照明电路安装的评分标准

序号	标准答案		评分标准	配分	得分
1	必须穿戴好防护用品		不穿戴好防护用品，扣2分	2	
2	① 元器件布置合理、符合规范要求、接线方法符合要求； ② 电路安装熔座的中心点必须接进线； ③ 漏电保护器必须分清相线和零线，安装零线必须分清中性线和保护线，经过漏电保护器中性线不能接保护线，进线必须接上桩头，下桩头接出线； ④ 三眼插座必须按面对插座，左零右相，保护线必须接上插孔； ⑤ 照明电路相线必须接开关； ⑥ 要求不损坏元器件； ⑦ 一次不成功在总分内扣分。		① 元器件布置不合理、接线方法不符合规范要求，每处扣1分； ② 电路熔座接错，扣5分； ③ 漏电保护器接错，扣5分； ④ 三眼插座接错，扣3分； ⑤ 照明开关接错，扣3分； ⑥ 损坏元件，在总分内一项扣2分； ⑦ 一次不成功，扣5分； ⑧ 二次不成功，扣10分。	28	
3	开始时间		结束时间	总评分	
备注	定额时间为 30 min，超过 30 min，本考题考试不及格				

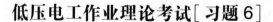

低压电工作业理论考试［习题6］

项目简介

本项目为三相交流电路的认知与实践,要求学员完成图 7.0.1 所示电路的接线与调试,并能够熟练使用相关仪表测量三相交流电路的线/相电压、线/相电流及功率等参数,最终能够利用所学理论知识对所测量的参数进行分析。

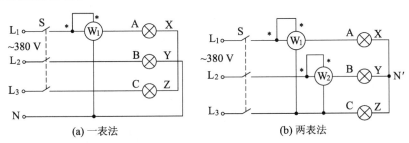

图 7.0.1 三相负载功率的测试

项目具体实施过程分解成 2 个任务(如图 7.0.2 所示),分别为三相交流电路电压、电流的分析与测量和三相交流电路功率的分析与测量。要求通过 2 个任务的学习,最终通透地掌握本项目的理论和实践内容。

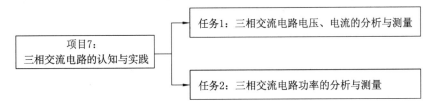

图 7.0.2 项目实施过程

项目目标

1. 掌握三相交流电源、三相交流负载的连接方法;
2. 掌握线电压与相电压、线电流与相电流在三相对称交流电路中的相互关系;
3. 掌握三相对称交流电路中电压、电流、功率的计算与测试方法;
4. 能够熟练使用仪表对三相交流电路的线/相电压、线/相电流、功率进行测量。

任务1 三相交流电路电压、电流的分析与测量

任务目标

1. 了解三相对称交流电源的特点；
2. 掌握三相电源(星形连接、三角形连接)的线电压与相电压的关系；
3. 掌握三相负载(星形连接、三角形连接)的线电压与相电压的关系、线电流与相电流的关系；
4. 会测试三相交流电路的电压、电流，并会对测试参数进行分析。

实训设备和元器件

任务所需实训设备和元器件如表7.1.1所示。

表7.1.1 实训设备和元器件明细表

序号	器件名称	型号规格	数量	备注
1	交流电路实验箱及配套的三相四极电源	THA-JD1型	1	开关一组，220 V，15 W的白炽灯3只
2	数字式万用表	VC890C+	1	
3	三相异步交流电动机	根据实验条件自定	1	线电压380 V，三角形接法
4	导线	与实验箱配套	若干	

基础知识

一、三相交流电源

（一）三相对称交流电压

前面讨论的正弦交流电路是单相电路，它的电源只能提供一个正弦交流电压，称为单相电源，而三相交流电源指的是三个频率相同、幅值相等、相位上互差120°的正弦交流电源。由三相正弦交流电源供电的电路称为三相正弦交流电路，又称三相电路。

三相正弦交流电源通常都是由三相交流发电机提供，其原理示意图如图7.1.1所示。在三相交流发电机的定子上安装三个具有相同匝数和尺寸

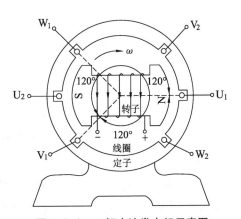

图7.1.1 三相交流发电机示意图

的绕组,分别为 U_1U_2、V_1V_2、W_1W_2,且这三个绕组在空间的位置彼此相差 120°。其中,U_1、V_1、W_1 分别为三个绕组的首端,U_2、V_2、W_2 分别为三个绕组的末端。在工程应用中,一般 U 相、V 相、W 相分别用黄、绿、红来标记。

如果转子磁场在空间上按正弦规律分布,且逆时针方向匀速旋转,那么在三相绕组中分别感应出三个正弦电动势 e_U、e_V、e_W,分别为 U 相电动势、V 相电动势和 W 相电动势。在工程上,一般用电压源表示三相电源,三相电压的参考方向设为从绕组的首端指向末端,即 U_1、V_1、W_1 分别为正极性端,U_2、V_2、W_2 分别为负极性端。

U、V、W 三相电压具有频率相同、幅值相等、相位上互差 120°的特点。若以 U 相作为参考,则三相电压的瞬时值表达式可分别表示为

$$u_U = U_m \sin \omega t$$
$$u_V = U_m \sin(\omega t - 120°) \qquad\qquad (7.1.1)$$
$$u_W = U_m \sin(\omega t - 240°) = U_m \sin(\omega t + 120°)$$

式中,U_m 为各相电压的最大值。

这样的三相电压就是三相对称交流电压。能产生这种交流电压的电源称为三相对称交流电源,其波形图如图 7.1.2(a)所示。它们对应的相量形式可表示为

$$\dot{U}_U = U\angle 0° \qquad \dot{U}_V = U\angle -120° \qquad \dot{U}_W = U\angle 120° \qquad (7.1.2)$$

式(7.1.2)中,U 为各电压的有效值。对称三相电压的相量图如图 7.1.2(b)所示。

由图 7.1.2 可得,任一瞬时,三相对称电压之和为零,即

$$u_U + u_V + u_W = 0 \qquad\qquad (7.1.3)$$

用相量可表示为

$$\dot{U}_U + \dot{U}_V + \dot{U}_W = 0 \qquad\qquad (7.1.4)$$

在工程应用中,通常把三相正弦交流电压依次到达最大值(或相应零值)的先后顺序称为相序,相序又可分为正序和负序两种。若三相电压的相序依次为 U、V、W,称为正序或顺序;反之,则称为负序或逆序。一般在电力系统中都用正序连接。

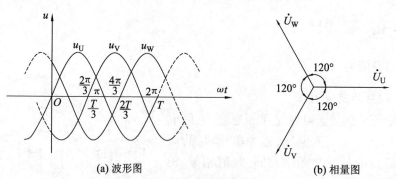

(a) 波形图 　　　　 (b) 相量图

图 7.1.2　三相对称交流电压

(二) 三相电源的连接

三相电源有两种连接方式,分别为星形连接(Y)和三角形连接(△)。对三相发电机来说,通常采用星形连接,但三相变压器常用三角形连接。

1. 三相电源的星形连接

将三相电源的三个绕组末端 U_2、V_2、W_2 连接在一起,从三个首端引出三根导线的连接方式,称为三相电源的星形连接,如图 7.1.3 所示。末端的连接点称为中性点,用字母 N 表示,而从中性点引出的线称为中性线或零线,若中性线接地,又称地线。从首端 U_1、V_1、W_1引出的线称为相线或端线,俗称火线,用字母 U、V、W 表示。这种有中性线引出,即电源输

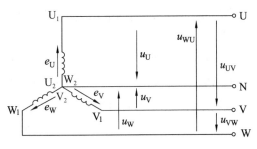

图 7.1.3　三相电源的星形连接

出为四根线的供电方式称为三相四线制;如果电源不引出中性线,这样的供电系统称为三相三线制。

三相电源每相绕组首端和末端的电压称为相电压,用 u_U、u_V、u_W 表示。三相四线制中,相线和中性线之间的电压就是电源的相电压。它们的有效值用 U_U、U_V、U_W 表示。若忽略电源内阻抗,则各相电压的大小就等于各相电动势,且它们的相位互差 120°,这样的三相电压是对称的。相电压的有效值用 U_P 表示,即 $U_U = U_V = U_W = U_P$。

在三相四线制中,任意两根相线之间的电压为线电压,用 u_{UV}、u_{VW}、u_{WU} 表示。规定其线电压的参考方向由下标字母的前指向后,例如线电压 U_{UV} 的参考方向是由 U 指向 V,书写时要注意,不能颠倒顺序,否则相位将会相差 180° 电角度。由图 7.1.3 可见,根据基尔霍夫定律可得出线电压和相电压之间的关系:

$$u_{UV} = u_U - u_V;\quad u_{VW} = u_V - u_W;\quad u_{WU} = u_W - u_U \tag{7.1.5}$$

因为它们是同频率的正弦量,可用相量式表示为

$$\dot{U}_{UV} = \dot{U}_U - \dot{U}_V;\quad \dot{U}_{VW} = \dot{U}_V - \dot{U}_W;\quad \dot{U}_{WU} = \dot{U}_W - \dot{U}_U \tag{7.1.6}$$

以 $\dot{U}_U$ 为参考相量,根据式(7.1.6)可画出线电压与相电压的相量图如图 7.1.4 所示。

由图 7.1.4 可见,当三个相电压对称时,三个线电压也对称,即 $U_{UV} = U_{VW} = U_{WU} = U_L$,其中 U_L 为各线电压有效值。各线电压在相位上都是超前其对应的相电压 30°。

在图 7.1.4 所示的相量图中,可求得

$$\frac{1}{2}U_{UV} = U_U \cos 30° = \frac{\sqrt{3}}{2}U_U$$

于是有　　　　　　$U_{UV} = \sqrt{3}\,U_U$

同理可得　　　$U_{VW} = \sqrt{3}\,U_V;\quad U_{WU} = \sqrt{3}\,U_W$

即　　　　　　　$U_L = \sqrt{3}\,U_P \tag{7.1.7}$

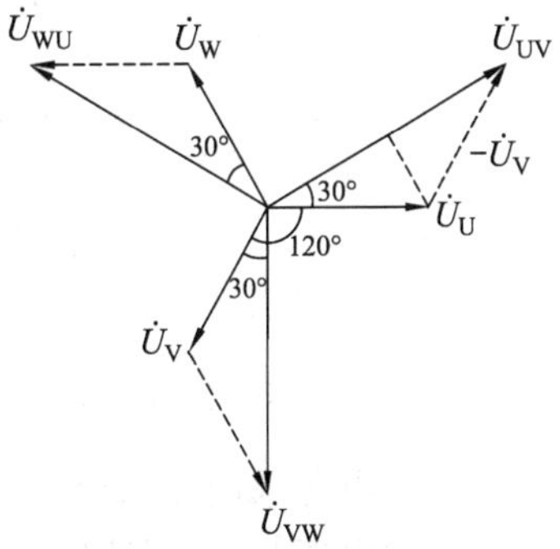

图 7.1.4　星形连接时线电压与相电压的相量图

用相量形式可表示为

$$\dot{U}_{UV} = \sqrt{3}\,\dot{U}_U \angle 30°;\quad \dot{U}_{VW} = \sqrt{3}\,\dot{U}_V \angle 30°;\quad \dot{U}_{WU} = \sqrt{3}\,\dot{U}_W \angle 30° \tag{7.1.8}$$

综上所述,三相四线制供电系统可以提供两种对称电压:一种为对称的相电压,另一种为对称的线电压。线电压的有效值是相电压有效值的 $\sqrt{3}$ 倍,线电压在相位上要比对应相电

压超前 30°。通常低压供电系统中相电压指的是相线和中性线之间的电压,为 220 V;线电压指相线和相线之间的电压 $U_{\mathrm{L}} = \sqrt{3}\,U_{\mathrm{P}} = 380$ V,则三相四线制供电系统额定电压为 380 V/220 V。

【例 7-1】　当三相发电机绕组连成星形时,已知相电压 $u_{\mathrm{U}} = 220\sqrt{2}\,\sin(314t + 45°)$ V,试写出相电压 u_{V}、u_{W} 的瞬时值表达式和对应的线电压相量表达式。

解: 根据电压对称性可得

$$u_{\mathrm{V}} = 220\sqrt{2}\,\sin(314t - 75°)\ \text{V}$$

$$u_{\mathrm{W}} = 220\sqrt{2}\,\sin(314t + 165°)\ \text{V}$$

又由于 $\dot{U}_{\mathrm{U}} = 220 \angle 45°$ V,则 　　　　$\dot{U}_{\mathrm{UV}} = \sqrt{3}\,\dot{U}_{\mathrm{U}} \angle 30° = 380 \angle 75°$ V

同理　　　　　　$\dot{U}_{\mathrm{VW}} = 380 \angle -45°$ V;　　$\dot{U}_{\mathrm{WU}} = 380 \angle -165°$ V

2. 三相电源的三角形连接

三相电源的三角形连接如图 7.1.5 所示。三角形连接方法是指把每相绕组的首端与另一相绕组的末端依次连接,构成一个闭合的三角形,再从三个连接点处分别引出三条端线。按这种接法,三相对称电源的线电压等于相电压,即有

$$u_{\mathrm{UV}} = u_{\mathrm{U}}; \qquad u_{\mathrm{VW}} = u_{\mathrm{V}}; \qquad u_{\mathrm{WU}} = u_{\mathrm{W}}$$

用相量形式可表示为

$$\dot{U}_{\mathrm{UV}} = \dot{U}_{\mathrm{U}}; \qquad \dot{U}_{\mathrm{VW}} = \dot{U}_{\mathrm{V}}; \qquad \dot{U}_{\mathrm{WU}} = \dot{U}_{\mathrm{W}} \tag{7.1.9}$$

则有效值为 　　　　　　　　　　$U_{\mathrm{L}} = U_{\mathrm{P}}$ 　　　　　　　　　　(7.1.10)

三相电源三角形连接的相量图如图 7.1.6 所示,由图可知,三个相电压的相量和为零,即

$$\dot{U}_{\mathrm{U}} + \dot{U}_{\mathrm{V}} + \dot{U}_{\mathrm{W}} = 0 \tag{7.1.11}$$

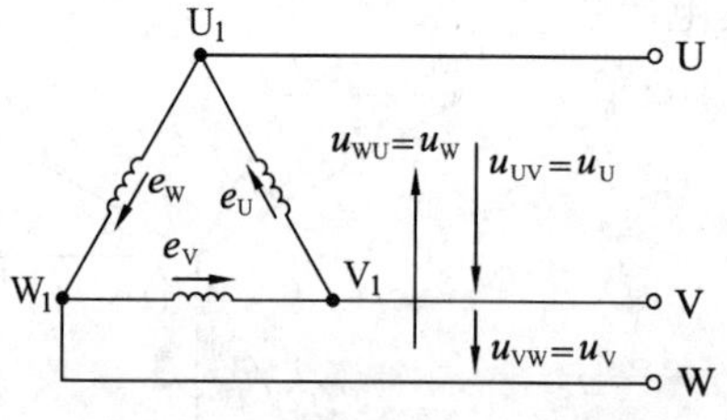

图 7.1.5　三相电源的三角形连接 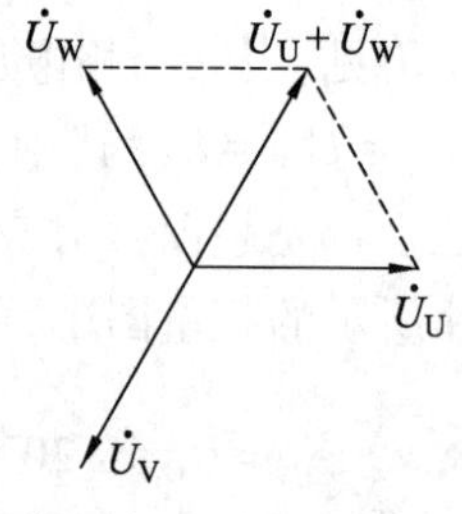　　　　图 7.1.6　三相电源三角形连接的相量图

三相电源采用三角形连接时,要特别注意正确接线。因为三相电源对称时,三角形回路中的合成电压为零,说明回路中不存在环路电流。但如果有一相绕组首末端接错,则电源三角形回路内的总电压不为零,且是单相电压的两倍大,由于三相电源的内阻抗很小,那么在三相绕组中势必会产生很大的环流,它将严重损坏电源绕组。

二、三相负载的连接

电力系统的负载,按照用电设备对供电电源的要求可分为两大类:只需单相电源供电

的一类为单相负载,如照明灯、收音机、洗衣机、单相电动机等;需要三相电源供电才能正常工作的一类称为三相负载,如三相异步电动机等。

在三相负载中,如果每相负载的阻抗均相等(电阻相等、电抗相等,且性质相同),则称为三相对称负载,即 $R_U = R_V = R_W$,$X_U = X_V = X_W$,$Z_U = Z_V = Z_W$。

反之,每相负载的电阻不相等、电抗不相等或性质不相同的负载称为三相不对称负载。

三相负载的连接方式与三相电源相似,也可分为星形(Y)连接和三角形(△)连接两种。负载接入电源时应遵循两个原则:一是加在负载两端的电压必须等于负载的额定电压;二是应尽可能使电源的各相负载均匀、对称,从而使三相电源趋于平衡。

（一）三相负载的星形连接

三相负载连接为星形时,称为星形连接负载。如果每相负载不对称,应接成三相四线制;反之,如果每相负载对称,则可连接成三相三线制。

如图 7.1.7 所示,每相负载 Z_U、Z_V、Z_W 分别接在电源各相线和中性线之间,这样由四根导线将电源和负载连接而成的电路,称为三相四线制星形连接。三相负载的公共点用 N′ 表示,称为负载中性点。

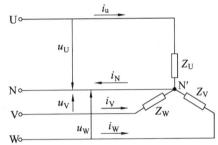

图 7.1.7 三相负载三相四线制星形连接

1. 负载的线电压与相电压

在三相四线制电路中,由于中性线的存在,对于每相负载而言,其工作情况与单相交流电路相同。每相负载两端的电压称为负载的相电压。当忽略线路压降时,则有负载的相电压等于电源的相电压,因为三相电源的三个相电压是对称的,所以负载的相电压也是对称的。负载端的线电压与相电压的关系,与三相电源星形连接时线电压与相电压的关系相似,三相电源星形连接时推导出的一些关系式,此处也适用。

2. 负载的线电流与相电流

在三相电路中,流经每条相线的电流称为线电流,用 i_U、i_V、i_W 表示,其参考方向从电源指向负载,如图 7.1.7 所示,有效值用字母 I_L 表示。流经每相负载的电流称为相电流,有效值用字母 I_P 表示,由图 7.1.7 可以看出,各相的线电流就等于该相的相电流。由相量形式的欧姆定律,可得各相的电流相量为

$$\dot{I}_U = \frac{\dot{U}_U}{Z_U}; \quad \dot{I}_V = \frac{\dot{U}_V}{Z_V}; \quad \dot{I}_W = \frac{\dot{U}_W}{Z_W} \tag{7.1.12}$$

设三相负载的各相电阻分别为 R_U、R_V、R_W,电抗分别为 X_U、X_V、X_W,由阻抗三角形可推出各相阻抗 Z_U、Z_V、Z_W 的值为

$$|Z_U| = \sqrt{R_U^2 + X_U^2}; \quad |Z_V| = \sqrt{R_V^2 + X_V^2}; \quad |Z_W| = \sqrt{R_W^2 + X_W^2}$$

每相负载中的电流有效值为

$$I_U = \frac{U_U}{|Z_U|} = \frac{U_P}{|Z_U|}; \quad I_V = \frac{U_V}{|Z_V|} = \frac{U_P}{|Z_V|}; \quad I_W = \frac{U_W}{|Z_W|} = \frac{U_P}{|Z_W|} \tag{7.1.13}$$

每相负载的相电压和电流的相位差为

$$\varphi_U = \arctan \frac{X_U}{R_U}; \quad \varphi_V = \arctan \frac{X_V}{R_V}; \quad \varphi_W = \arctan \frac{X_W}{R_W} \tag{7.1.14}$$

当三相负载对称时,即 $Z_U = Z_V = Z_W = Z$,由于其三相电压对称,所以三相电流也对称,就有各相电流大小相等、频率相同、相位互差 120° 的特点,即

$$\dot{I}_U = \frac{\dot{U}_U}{Z_U} = \frac{\dot{U}_U}{Z} = I_P \angle \varphi$$

$$\dot{I}_V = \frac{\dot{U}_V}{Z_V} = \frac{\dot{U}_V}{Z} = I_P \angle \varphi - 120° \tag{7.1.15}$$

$$\dot{I}_W = \frac{\dot{U}_W}{Z_W} = \frac{\dot{U}_W}{Z} = I_P \angle \varphi + 120°$$

3. 三相四线制电路的特点

(1) 每相负载承受的是对称电源的相电压。

(2) 线电流等于相电流,用有效值表示为

$$I_L = I_P \tag{7.1.16}$$

(3) 中性线电流等于各相(线)电流之和。在三相四线制中,流经中性线的电流称为中性线电流,其有效值用字母 I_N 表示,图 7.1.8 给出了各相电压、相电流及中性线电流在一般情况下的相量图。

中性线电流 $\dot{I}_N$ 的表达式为

$$\dot{I}_N = \dot{I}_U + \dot{I}_V + \dot{I}_W \tag{7.1.17}$$

如果负载对称,则中性线电流为零,可表示为

$$\dot{I}_N = \dot{I}_U + \dot{I}_V + \dot{I}_W = 0 \tag{7.1.18}$$

由于中性线电流为零,有无中性线并不影响电路,所以中性线可省略,电路可采用三相三线制,其相电压与相电流的相量图如图 7.1.9 所示。与三相四线制相比,三相三线制没有了中性线,所以电路更简单,更经济。实际应用中,三相电动机和三相电炉等负载都采用三相三线制供电。

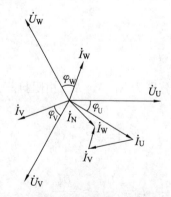

图 7.1.8　三相四线制电路各相电压、相电流的相量图

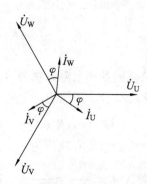

图 7.1.9　三相三线制电路各相电压、相电流的相量图

值得注意的是,不对称三相负载星形连接时,必须采用三相四线制,即必须有中性线。中性线的作用是为不对称的三相负载提供对称的电源电压;也可为负载提供单相电源,使单相负载能正常工作;还可为负载提供一个工作接地端。所以,规定中性线上不能接入熔断器和刀开关,还要经常定期检查、维修,避免事故发生。

【例 7-2】　例 7-2(a)图所示为星形连接的三相负载,且其电源为三相对称电源,已知 $U_P = 220$ V,将三盏额定电压 $U_N = 220$ V 的白炽灯分别接入 U、V、W 相,已知白炽灯的功率分别为 $P_U = P_V = P = 60$ W, $P_W = 200$ W。

(1) 求各相电流及中性线电流,并画出相量图;

(2) 分析 U 相断路后各灯工作情况;

(3) 分析 U 相断开且中性线也断开时各灯工作情况。

解　(1) $I_U = I_V = \dfrac{P}{U_P} = \dfrac{60}{220}$ A ≈ 0.27 A

$$I_W = \dfrac{P_W}{U_P} = \dfrac{200}{220} \text{ A} \approx 0.9 \text{ A}$$

由于每相负载均为电阻元件,所以各相电流的相位与对应的各电压的相位相同。其相电压、相电流的相量图如例 7-2(b)图所示。

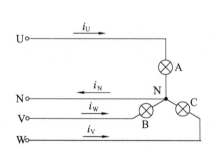

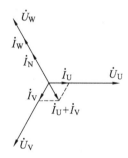

例 7-2(a)图　星形连接的三相负载　　　　例 7-2(b)图　相量图

根据相量图和公式(7.1.17)可得中性线电流

$$I_N = 0.9 \text{ A} - 0.27 \text{ A} = 0.63 \text{ A}$$

其相位与 $\dot{U}_W$ 同相位。

(2) U 相断开,则 $I_U = 0$,A 灯不亮;B 灯两端电压和 C 灯两端电压仍是对称电源相电压,故 B 灯、C 灯正常工作。

(3) U 相断开且中性线也断开时,B 灯和 C 灯之间串联,共同承受三相电源的线电压 380 V。因为各灯的电阻为

$$R_V = \dfrac{U_V^2}{P_V} = \dfrac{220^2}{60} \ \Omega \approx 807 \ \Omega; \qquad R_W = \dfrac{U_W^2}{P_W} = \dfrac{220^2}{200} \ \Omega \approx 242 \ \Omega$$

则利用分压关系可计算出 60 W 的 B 灯两端电压是 292 V,大于额定电压,可能会烧毁;而 200 W 的 C 灯两端电压是 88 V,小于额定电压,所以两灯都不能正常工作。

【例 7-3】　已知对称的三相四线制电路,电源的线电压 $\dot{U}_{UV} = 380\angle 0°$ V,阻抗 $Z =$

$50 \angle 60° \ \Omega$,求负载的相电压和相电流的相量表达式。

解: 根据三相四线制电路线电压与相电压的关系式得

$$\dot{U}_U = \frac{\dot{U}_{UV}}{\sqrt{3}} \angle -30° = \frac{380}{\sqrt{3}} \angle 0° -30° \ V = 220 \angle -30° \ V$$

因为负载对称,则可根据 $\dot{U}_U$ 直接得出

$$\dot{U}_V = \dot{U}_U \angle -120° = 220 \angle -30° -120° \ V = 220 \angle -150° \ V$$

$$\dot{U}_W = \dot{U}_U \angle +120° = 220 \angle -30° +120° \ V = 220 \angle 90° \ V$$

由欧姆定律可求出每相负载的相电流:

$$\dot{I}_U = \frac{\dot{U}_U}{Z} = \frac{220 \angle -30°}{50 \angle 60°} \ A = 4.4 \angle -90° \ A$$

$$\dot{I}_V = \frac{\dot{U}_V}{Z} = \frac{220 \angle -150°}{50 \angle 60°} \ A = 4.4 \angle -210° \ A = 4.4 \angle 150° \ A$$

$$\dot{I}_W = \frac{\dot{U}_W}{Z} = \frac{220 \angle 90°}{50 \angle 60°} \ A = 4.4 \angle 30° \ A$$

(二) 三相负载的三角形连接

将三相负载分别接在三相电源的每两根相线之间的接法,称为三角形连接。因为负载为三角形连接时不用中性线,故不论负载对称与否电路均为三相三线制。负载做三角形连接的三相电路及各电流、电压参考方向如图 7.1.10 所示。

1. 负载的线电压与相电压

由图 7.1.10 可知,三角形连接的每相负载接在两根相线之间,因此负载的相电压就是对称电源的线电压。

2. 负载的线电流与相电流

如图 7.1.10 所示电路中,规定三角形连接的负载相电流的参考方向与相电压的参考方向一致,用 i_{UV}、i_{VW}、i_{WU} 表示,由 KCL 定律可知,线电流与相电流的关系为

$$i_U = i_{UV} - i_{WU}; \quad i_V = i_{VW} - i_{UV}; \quad i_W = i_{WU} - i_{VW} \tag{7.1.19}$$

用相量表示,则

$$\dot{I}_U = \dot{I}_{UV} - \dot{I}_{WU}; \quad \dot{I}_V = \dot{I}_{VW} - \dot{I}_{UV}; \quad \dot{I}_W = \dot{I}_{WU} - \dot{I}_{VW} \tag{7.1.20}$$

每相负载的相电流相量为

$$\dot{I}_{UV} = \frac{\dot{U}_{UV}}{Z_{UV}}; \quad \dot{I}_{VW} = \frac{\dot{U}_{VW}}{Z_{VW}}; \quad \dot{I}_{WU} = \frac{\dot{U}_{WU}}{Z_{WU}} \tag{7.1.21}$$

如果各相负载对称,那么三相相电流是对称的,三相线电流也是对称的。作出线电流、相电流的相量图如图 7.1.11 所示,从相量图看,线电流总是滞后对应相电流 30°,大小关系为 $I_L = \sqrt{3} I_P$,则有

$$\dot{I}_U = \sqrt{3} \ \dot{I}_{UV} \angle -30°; \quad \dot{I}_V = \sqrt{3} \ \dot{I}_{VW} \angle -30°; \quad \dot{I}_W = \sqrt{3} \ \dot{I}_{WU} \angle -30° \tag{7.1.22}$$

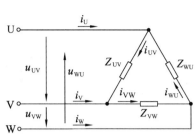

图 7.1.10　三相负载的三角形连接

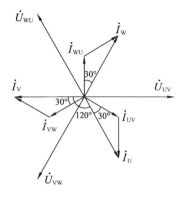

图 7.1.11　三相对称负载三角形连接的相量图

3. 三相负载三角形连接的特点

（1）每相负载承受的是对称电源的线电压。

（2）各线电流由两相邻相电流决定。当负载对称时，线电流的有效值为相电流有效值的 $\sqrt{3}$ 倍，且线电流的相位滞后对应相电流 30°。

（3）三相三线制供电。负载三角形连接时，相电压对称。若某一相上负载因故断开，也不会影响其他两相上的单相负载正常工作。

【例 7-4】　对称负载接成三角形，接入电压 $\dot{U}_{UV} = 380 \angle 30°$ V 的三相对称电源上，若每相阻抗 $Z = (17.32 + j10)$ Ω，求：（1）负载各相电流及各线电流；（2）W 相负载断开后的各相电流及各线电流。

解：（1）由于线电压 $\dot{U}_{UV} = 380 \angle 30°$ V，则负载各相电流为

$$\dot{I}_{UV} = \frac{\dot{U}_{UV}}{Z} = \frac{380 \angle 30°}{17.32 + j10} A = \frac{380 \angle 30°}{20 \angle 30°} A = 19 \angle 0° A$$

$$\dot{I}_{VW} = \frac{\dot{U}_{VW}}{Z} = \dot{I}_{UV} \angle -120° A = 19 \angle -120° A$$

$$\dot{I}_{WU} = \frac{\dot{U}_{WU}}{Z} = \dot{I}_{UV} \angle +120° A = 19 \angle 120° A$$

根据负载对称时线电流与相电流的关系，各线电流为

$$\dot{I}_U = \sqrt{3}\, \dot{I}_{UV} \angle -30° A = \sqrt{3} \times 19 \angle -30° A = 33 \angle -30° A$$

$$\dot{I}_V = \sqrt{3}\, \dot{I}_{VW} \angle -30° A = 33 \angle -150° A$$

$$\dot{I}_W = \sqrt{3}\, \dot{I}_{WU} \angle -30° A = 33 \angle 90° A$$

（2）W 相负载断开后，各相负载电压不变，所以相电流 $\dot{I}_{UV}$、$\dot{I}_{VW}$ 不变，$\dot{I}_{WU} = 0$，线电流 $\dot{I}_V$ 不变。因为此时 $\dot{I}_{WU} = 0$，所以另外两个线电流为

$$i_U = i_{UV} - i_{WU} = i_{UV} = 19\angle 0° \ A$$

$$i_W = i_{WU} - i_{VW} = -i_{VW} = -19\angle -120° \ A = 19\angle 60° \ A$$

任务实施：三相交流电路电压、电流的分析与测量

1. 任务说明

根据表 7.1.1 准备好实训设备和元器件，各小组按照图 7.1.12 所示的三相交流实验电路进行接线及调试，学会测量负载在星形连接、三角形连接时所对应的线／相电流、线／相电压等参数，最终能够利用所学理论知识对测量结果进行分析。

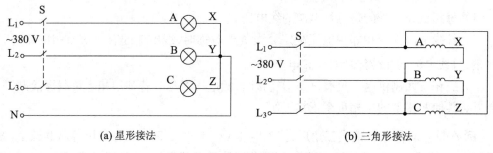

(a) 星形接法　　　　　　　　　　　　　　　(b) 三角形接法

图 7.1.12　三相交流实验电路

2. 工作原理

在图 7.1.12(a)中，负载为白炽灯，接法为星形连接，每盏白炽灯的电压为 220 V。当接通三相电源，闭合开关 S 时，三盏白炽灯同时发光；断开开关 S，三盏白炽灯同时熄灭。

在图 7.1.12(b)中，负载为三相交流异步电动机，接法为三角形连接，每相绕组的电压为 380 V。当接通三相电源，闭合开关 S 时，三相交流异步电动机转动；断开开关 S 时，三相交流异步电动机停止转动。

3. 任务步骤

第 1 步：记录白炽灯的技术参数：＿＿＿＿＿＿＿＿＿＿；记录三相交流电动机铭牌技术参数：＿＿＿＿＿＿＿＿＿＿＿＿＿＿。

第 2 步：按照图 7.1.12 所示的三相交流实验电路图进行电路连接。

第 3 步：通电前检查。

（1）在图 7.1.12(a)中，闭合开关 S，将数字式万用表打到 2 kΩ 电阻挡，两只表笔分别放到 L_1、N 两个引脚处，L_2、N 两个引脚处，L_3、N 两个引脚处，若表盘都出现几百欧的阻值，说明电路正常。

（2）在图 7.1.12(b)中，闭合开关 S，将数字式万用表打到蜂鸣挡，两只表笔分别放到灯管 L_1、L_2 两个引脚处，L_2、L_3 两个引脚处，L_3、L_1 两个引脚处，若万用表上有相同的阻值（正常阻值为几欧姆至十几欧姆），说明电路正常。

第 4 步：通电检验。

图 7.1.12(a)中，接通三相电源，闭合开关 S，三盏白炽灯同时发光；断开开关 S，三盏白炽灯同时熄灭。在 7.1.12(b)中，当接通三相电源，闭合开关 S 时，三相交流异步电动机转动；断开开关 S，三相交流异步电动机停止转动。

第 5 步：测量参数。

选择相应的仪表，打到合适挡位，测量负载的线电流、相电流、线电压、相电压。测量图 7.1.12(a)中负载的各类电压、各类电流值并填入表 7.1.2 中，测量图 7.1.12(b)中负载的各类电压、各类电流值并填入表 7.1.3 中。

表 7.1.2　负载星形连接参数测量

	U_{AB}	U_{BC}	U_{CA}
线电压/V			
相电压/V	U_A	U_B	U_C
线电流（相电流）/A	I_A	I_B	I_C

表 7.1.3　负载三角形连接参数测量

	U_{AB}	U_{BC}	U_{CA}
线电压（相电压）/V			
线电流/A	I_A	I_B	I_C
相电流/A	I_{AB}	I_{BC}	I_{CA}

试根据表 7.1.2、表 7.1.3 分析负载不同方式连接时各电压/电流的关系（用相量图法分析其大小及相位关系）。

第 6 步：经指导教师检查评估实验结果后，关闭电源，做好实训台和实训室 5S 工作。

第 7 步：小组实验总结。

4. 评分标准

本任务实施评分标准如表 7.1.4 所示。

表 7.1.4　三相交流电路电压、电流的分析与测量评分标准

序号	考核项目	评分标准	配分	得分
1	电路的连接	① 电源接线错误，扣 5 分； ② 电路元件接错或漏接，每处扣 2 分。	20	
2	通电前检查	① 会但不熟悉，扣 2 分； ② 掌握部分，扣 5 分； ③ 基本不会，扣 10 分。	10	
3	通电测试	① 第一次测试不成功，扣 7 分； ② 第二次测试不成功，扣 14 分。	14	
4	参数测量与分析	① 交流线/相电压、线/相电流的数据测量错误，每处扣 2 分； ② 各电压/电流的关系分析错误，扣 10 分。	46	
5	安全文明操作	① 穿拖鞋、衣冠不整，扣 5 分； ② 实验完成后，未进行工位卫生打扫，扣 5 分； ③ 工具摆放不整齐，扣 5 分。	10	

序号	考核项目		评分标准	配分	得分
6	定额时间	60 min	超过额定时间,每超过 5 min,总分扣 10 分。		
7	开始时间		结束时间	总评分	

注:除定额时间外,各项最高扣分不应超过其配分。

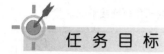

任务 2　三相交流电路功率的分析与测量

任务目标

1. 了解三相不对称负载功率的计算方法;
2. 掌握三相对称负载功率的计算方法;
3. 会用一表法、二表法测量三相电路的功率。

实训设备和元器件

任务所需实训设备和元器件如表 7.2.1 所示。

表 7.2.1　实训设备和元器件明细表

序号	器件名称	型号规格	数量	备注
1	交流电路实验箱及配套的三相四极电源	THA-JD1 型	1	开关一组,220 V,15 W 的白炽灯 3 只
2	数字式万用表	VC890C+	1	
3	单三相智能功率、功率因数表及配套的单相电源	DSPC-2 型	1 台	一表法两组表可任选一只,两表法两只表都要用到
4	导线	与实验箱配套	若干	

基础知识

一、三相电路的功率计算

在三相电路中,无论负载是星形连接还是三角形连接,三相负载的总有功功率都是各相负载的有功功率之和。和单相电路一样,其功率也可分为有功功率、无功功率和视在功率。根据三相电路的负载特点,可分别得出三相电路不对称负载功率计算和对称负载功率计算方式。

（一）三相不对称负载功率的计算

由于负载不对称，在不对称的三相电路中，各相的电压、电流和负载阻抗角 φ 中可能有一个、两个或全部不相等，只能分别求出各相功率后，再求三相总的功率。

三相总有功功率用字母 P 表示，即

$$P = P_U + P_V + P_W = U_U I_U \cos \varphi_U + U_V I_V \cos \varphi_V + U_W I_W \cos \varphi_W \tag{7.2.1}$$

三相总无功功率用字母 Q 表示，即

$$Q = Q_U + Q_V + Q_W = U_U I_U \sin \varphi_U + U_V I_V \sin \varphi_V + U_W I_W \sin \varphi_W \tag{7.2.2}$$

三相总视在功率用字母 S 表示，值得注意的是 $S \neq S_U + S_V + S_W$，即

$$S = \sqrt{P^2 + Q^2} \tag{7.2.3}$$

式中，各相负载上的电压和电流有效值分别用 $U_U I_U$、$U_V I_V$、$U_W I_W$ 表示；各相负载阻抗角分别用 φ_U、φ_V、φ_W 表示。

（二）三相对称负载功率的计算

三相负载对称时，各相的相电流、相电压和阻抗角大小相等，所以三相总功率等于每相功率的 3 倍，于是有

$$P = P_U + P_V + P_W = 3P_P = 3U_P I_P \cos \varphi_P \tag{7.2.4}$$

$$Q = Q_U + Q_V + Q_W = 3Q_P = 3U_P I_P \sin \varphi_P \tag{7.2.5}$$

$$S = \sqrt{P^2 + Q^2} = 3U_P I_P \tag{7.2.6}$$

式中，字母 P_P 表示一相的有功功率；字母 Q_P 表示一相的无功功率；字母 φ_P 表示一相的负载阻抗角。

当对称负载为星形连接时，有

$$U_L = \sqrt{3} U_P; \quad I_L = I_P$$

当对称负载为三角形连接时，有

$$U_L = U_P; \quad I_L = \sqrt{3} I_P$$

所以，对称负载无论是星形连接还是三角形连接，三相功率都可表示为

$$P = \sqrt{3} U_L I_L \cos \varphi_P \tag{7.2.7}$$

$$Q = \sqrt{3} U_L I_L \sin \varphi_P \tag{7.2.8}$$

$$S = \sqrt{P^2 + Q^2} = \sqrt{3} U_L I_L \tag{7.2.9}$$

式中，φ_P 角仍为相电压与相电流之间的相位差。

式（7.2.4）和（7.2.7）都是用来计算三相有功功率的，但通常多应用式（7.2.7），因为线电压和线电流的数值容易测出，或是已知的。

三相电机铭牌上标明的有功功率都是指三相总有功功率。

【例 7-5】 已知某三相对称负载接于线电压为 380 V 的三相电源上，负载阻抗 $Z = (3 + j4)$ kΩ。

试问：（1）当负载为星形连接时，其相电流、线电流的有效值和有功功率是多少？

（2）若误将负载做三角形连接时，其相电流、线电流的有效值和有功功率又是多少？

解： 负载的阻抗值为 $|Z| = \sqrt{R^2 + X^2} = \sqrt{3^2 + 4^2}$ kΩ = 5 kΩ

功率因数为
$$\cos \varphi_P = \frac{R}{|Z|} = \frac{3 \text{ k}\Omega}{5 \text{ k}\Omega} = 0.6$$

（1）负载为星形连接时,其相电流和线电流为
$$I_L = I_P = \frac{U_P}{|Z|} = \frac{\frac{380}{\sqrt{3}}}{5 \times 10^3} \text{ A} = 44 \text{ mA}$$

总的有功功率为
$$P = \sqrt{3} U_L I_L \cos \varphi_P = \sqrt{3} \times 380 \times 44 \times 10^{-3} \times 0.6 = 17.4 \text{ W}$$

（2）负载误作三角形连接时,负载的相电流为
$$I_P = \frac{U_P}{|Z|} = \frac{U_L}{|Z|} = \frac{380}{5 \times 10^3} \text{ A} = 76 \text{ mA}$$

线电流为
$$I_L = \sqrt{3} I_P = \sqrt{3} \times 76 \text{ mA} = 132 \text{ mA}$$

总的有功功率为
$$P = \sqrt{3} U_L I_L \cos \varphi_P = \sqrt{3} \times 380 \times 132 \times 10^{-3} \times 0.6 = 52 \text{ W}$$

由此可见,若误将负载做三角形连接,每相负载上的电压是星形连接时的$\sqrt{3}$倍,每相负载的电流也是星形连接时的$\sqrt{3}$倍,因而负载有功功率是星形连接时的 3 倍,负载极有可能会被烧毁,所以负载连接时一定要注意正确接线。

二、三相电路的功率测量

（一）一表法

三相负载为星形连接时,总功率 $P = P_U + P_V + P_W$。三相负载对称时,只测量其中一相功率 P_1,总功率 $P = 3P_1$,测量电路如图 7.2.1 所示。

（二）二表法

三相三线制供电系统中,不论三相负载是否对称,也不论负载是 Y 形接法还是 △ 形接法,都可用两个功率表测量三相负载的总有功功率,测量电路如图 7.2.2 所示。

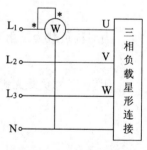

图 7.2.1　一表法

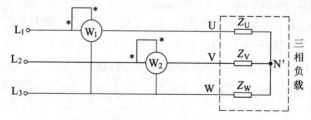

图 7.2.2　二表法

三相负载总有功功率是两个功率表读数之代数和。

注意:若指针式功率表的指针反方向偏转,此时应将功率表电流线圈的两个端子调换

(不能调换电压线圈端子)后读数,但读数应记为负值。对于数字式功率表出现负读数的情况,则直接记为负值。

 任务实施:三相交流电路功率的分析与测量

1. 任务说明

根据表7.2.1准备好实训设备和元器件,各小组按照图7.0.1所示的三相负载功率的测试电路进行接线及调试,学会使用一表法、二表法测量负载的功率。

2. 工作原理

图7.0.1(a)为使用一表法对三相交流电路进行功率测试,总功率 $P = 3P_1$。

图7.0.1(b)为使用二表法对三相交流电路进行功率测试,总功率 $P = P_1 + P_2$。

功率表的具体操作详见项目5的"任务实施:具有无功功率补偿的日光灯电路的连接与测试"。

3. 任务步骤

第1步: 按照图7.0.1所示的三相交流功率的测试电路接线。

第2步: 通电前检查。

(1)在图7.0.1(a)中,闭合开关S,将数字式万用表打到2 kΩ电阻挡,两只表笔分别放到 L_1、N两个引脚处,L_2、N两个引脚处,L_3、N两个引脚处,若都显示几百欧的阻值,说明电路正常。

(2)在图7.0.1(b)中,闭合开关S,将数字式万用表打到2 kΩ电阻挡,两只表笔分别放到灯管 L_1、N′两个引脚处,L_2、N′两个引脚处,L_3、N′两个引脚处,若都显示几百欧的阻值,说明电路正常。

第3步: 通电检验。

接通交流电路实验箱的三相电源,接通单三相智能功率、功率因数表的单相电源,闭合开关S,三盏白炽灯同时发光,图7.0.1(a)中,单三相智能功率、功率因数表的其中一只表有读数,总功率是其读数的3倍;图7.0.1(b)中,单三相智能功率、功率因数表的两只表都有读数,总功率是两只表的读数之和。

第4步: 测量参数。

[一表法]

(1)功率表测量值:$P_1 = $ _____ ;

(2)三相电路总功率:$P = $ _____ ;

(3)将本项目任务1中表7.1.2所测量的实验结果代入公式 $P = 3U_P I_P \cos \varphi_P$ 或

$P = \sqrt{3} U_L I_L \cos \varphi_P$,计算三相交流电的总功率,并与一表法的测量结果相比较。

[二表法]

(1)功率表测量值:$P_1 = $ _____ ;$P_2 = $ _____ ;

（2）三相电路总功率：$P=$ _____ ；

（3）比较二表法所测量的总功率和一表法所测量的总功率的值是否一致。

第5步：经指导教师检查评估实验结果后，关闭电源，做好实训台和实训室5S工作。

第6步：小组实验总结。

4. 评分标准

本任务实施评分标准如表7.2.2所示。

表7.2.2　三相交流电路功率的分析与测量评分标准

序号	考核项目		评分标准	配分	得分
1	电路的连接		① 电源接线错误，扣5分； ② 电路元件接错或漏接，每处扣2分。	30	
2	通电前检查		① 会但不熟悉，扣2分； ② 掌握部分，扣5分； ③ 基本不会，扣10分。	10	
3	通电测试		① 第一次测试不成功，扣5分； ② 第二次测试不成功，扣10分； ③ 第三次测试不成功，扣15分。	15	
4	参数测量与分析		① 利用一表法、二表法进行功率测量，数据测量 　错误每处扣5分； ② 对测量的数值分析错误，扣10分。	35	
5	安全文明操作		① 穿拖鞋、衣冠不整，扣5分； ② 实验完成后，未进行工位卫生打扫，扣5分； ③ 工具摆放不整齐，扣5分。	10	
6	定额时间	60 min	超过定额时间，每超过5 min，总分扣10分。		
7	开始时间		结束时间	总评分	

注：除定额时间外，各项最高扣分不应超过其配分。

低压电工作业理论考试[习题7]

项目 **8**

点动控制电路的安装与调试

 项 目 简 介

本项目为点动控制电路的安装与调试,项目要求学员能够识读点动控制电路的电气原理图,并且能根据原理图画出电气安装布置图和接线图,最终能够完成点动控制电路的安装接线与运行调试。

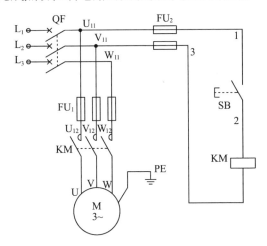

图 8.0.1 三相异步电动机点动控制电路

项目具体实施过程中分解成 2 个任务(如图 8.0.2 所示),分别为磨粉机电源控制电路和三相交流异步电动机点动控制电路。要求通过 2 个任务的学习,最终通透地掌握本项目的理论和实践内容。

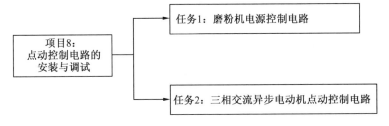

图 8.0.2 项目实施过程

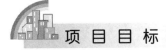 项 目 目 标

1. 掌握三相交流异步电动机的结构原理、铭牌数据、检查与测试;
2. 掌握刀开关、按钮、接触器的功能、符号、选型、接线与检测等;
3. 能够识读简单电气图;
4. 能够根据电气原理图绘制出电气安装布置图和接线图;
5. 掌握点动控制电路的安装接线及运行调试。

任务 1　磨粉机电源控制电路

任务目标

1. 掌握刀开关的结构、电路符号、型号规格与安装使用；
2. 掌握三相交流异步电动机的结构、工作原理、铭牌数据、首尾端判断及检查与测试；
3. 能够识读磨粉机电源控制电路的电气原理图，并完成接线调试。

实训设备和元器件

任务所需实训设备和元器件如表 8.1.1 所示。

表 8.1.1　实训设备和元器件明细表

序号	代号	器件名称	型号规格	数量
1		三相交流电源	~3×380 V	1 套
2		电工仪表与工具	万用表、钢丝钳、螺丝刀、电工刀、剥线钳等	1 套
3	QS	低压开关	封闭式负荷开关(HH4 系列)	1 个
4	FU	低压熔断器	RT18 系列(3 极)	1 个
5	M	三相交流异步电动机	根据实训条件自定(额定电压 380 V)	1 台
6		导线	BVR1.5 mm^2 塑铜线	若干

基础知识

一、三相交流异步电动机

在工业大功率设备中,三相异步电动机作为各种生产机械的原动机,在许多场合都有应用,如切削机床、通风、水泵、起重机、自动输送机、电梯、自动门设备等。

（一）三相交流异步电动机的结构

三相交流异步电动机的构件分解如图 8.1.1 所示。

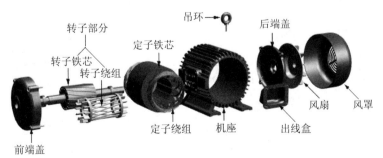

图 8.1.1　三相交流异步电动机的构件分解图

三相交流异步电动机主要由定子(固定部分)和转子(旋转部分)两大部分构成。

1. 定子

定子由机座、定子铁芯和三相定子绕组等组成。机座通常采用铸铁或钢板制成,起到固定定子铁芯、利用两个端盖支撑转子、保护整台电动机的电磁部分和散热的作用。定子铁芯由 0.35~0.5 mm 厚的硅钢片叠压而成,片与片之间涂有绝缘漆以减少涡流损耗,定子铁芯构成电动机的磁路部分。硅钢片内圆上冲有均匀分布的槽,用于对称放置三相定子绕组。

三相定子绕组通常采用高强度的漆包线绕制而成,U 相、V 相和 W 相引出的 6 根出线端接在电动机外壳的接线盒里,其中 U_1、V_1、W_1 为三相绕组的首端,U_2、V_2、W_2 为三相绕组的末端。三相定子绕组根据电源电压和绕组的额定电压值连接成 Y 形(星形)或 △ 形(三角形),三相绕组的首端接三相交流电源,如图 8.1.2 所示。

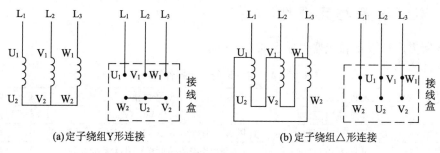

(a)定子绕组Y形连接　　　(b)定子绕组△形连接

图 8.1.2　三相交流异步电动机的定子绕组连接方式

2. 转子

三相交流异步电动机的转子由转轴、转子铁芯和转子绕组等组成。转轴用来支撑转子旋转,保证定子与转子间均匀的空气间隙。转子铁芯也由硅钢片叠成,硅钢片的外圆上冲有均匀分布的槽,用来嵌入转子绕组,转子铁芯与定子铁芯构成闭合磁路。转子绕组由铜条或熔铝浇铸而成,形似鼠笼,故称为鼠笼型转子,如图 8.1.3 所示。

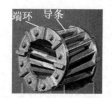

(a) 鼠笼转子绕组

(b) 鼠笼转子

图 8.1.3　三相交流异步电动机的鼠笼型转子绕组

(二)三相交流异步电动机的转动原理

1. 鼠笼型转子随旋转磁极而转动的实验

图 8.1.4 所示的实验可以说明三相交流异步电动机的转动原理。

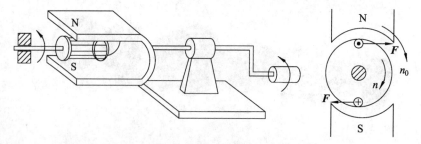

图 8.1.4　鼠笼型转子随旋转磁极而转动的实验

如图所示,鼠笼型转子与手动的旋转磁铁始终同向旋转。这是因为,当磁铁旋转时,转子导体做切割磁力线的相对运动,在闭合的转子导体中产生了感应电动势和感应电流,感应电流的方向可用右手定则判别。通有感应电流的转子导体受到电磁力的作用,电磁力 **F** 的方向可用左手定则来判别。于是,转子在电磁力产生的电磁转矩作用下转动,由图 8.1.4 可判断出转子转动的方向与磁极旋转的方向相同。

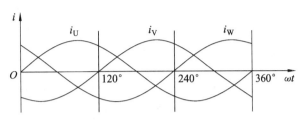

图 8.1.5 三相交流电流波形图

2. 旋转磁场的产生

当三相定子绕组接三相交流电源后,绕组内便通入三相对称交流电流 i_U、i_V、i_W,其波形如图 8.1.5 所示。三相交流电流在转子空间产生的磁场如图 8.1.6 所示。

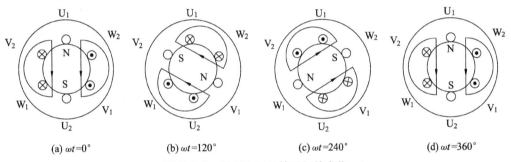

图 8.1.6 转子空间旋转磁场的变化

由图 8.1.6 可以看出,三相绕组在空间位置上互差 120°。三相交流电流在转子空间产生的旋转磁场具有 1 对磁极(N 极、S 极各 1 个)。当电流从 $\omega t = 0°$ 变化到 $\omega t = 120°$ 时,磁场在空间上也旋转了 120°,即三相交流电流产生的合成磁场随电流的变化在转子空间不断地旋转,这就是旋转磁场产生的原理。

三相交流电流变化一个周期,2 极(1 对磁极)旋转磁场旋转 360°,即正好旋转 1 圈。若电源的频率为 f_1,旋转磁场每分钟将旋转 $n_s = 60f_1 = 60 \times 50 = 3\ 000$ r/min。当旋转磁场具有 4 极即 2 对磁极时,其转速仅为 1 对磁极时的一半,即 $n_s = 60f_1/2 = 60 \times 50/2 = 1\ 500$ r/min。所以,旋转磁场的转速与电源频率和旋转磁场的磁极对数有关。当磁场具有 P 对磁极时,旋转磁场的转速为

$$n_s = \frac{60f_1}{P} \tag{8.1.1}$$

式中,n_s 为旋转磁场的转速,单位 r/min;f_1 为交流电源的频率,单位 Hz;P 为电动机定子绕组的磁极对数。

设电源频率为 50 Hz,电动机磁极对数与旋转磁场的转速关系如表 8.1.2 所示。

表 8.1.2 磁极对数与旋转磁场转速的关系

P	1	2	3	4	5	6
$n_s/(\text{r/min})$	3000	1500	1000	750	600	500

电动机转子的转动方向与旋转磁场的旋转方向相同,如果需要改变电动机转子的转动方向,必须改变旋转磁场的旋转方向。旋转磁场的旋转方向与通入定子绕组的三相交流的相序有关,因此,将定子绕组接至三相交流电源的导线任意两根对调,旋转磁场即反向转动,电动机也随之反转。

3. 三相交流异步电动机的转动原理和转差率

当电动机的定子绕组通入三相交流电流时,转子与旋转磁场同向转动。但转子的转速不可能与旋转磁场的转速相等,因为如果两者相等,则转子与旋转磁场之间便没有相对运动,转子导体不切割磁力线,不能产生感应电动势和感应电流,转子就不会受到电磁力矩的作用。所以,转子的转速要始终小于旋转磁场的转速,这就是异步电动机名称的由来。

通常将旋转磁场的转速 n_s 和转子转速 n 的差与旋转磁场的转速 n_s 之比称为转差率,即

$$s = \frac{n_s - n}{n_s} \tag{8.1.2}$$

转差率是分析三相交流异步电动机工作特性的重要参数。电动机启动瞬间,$s=1$,转差率最大,启动过程中随着转子转速升高,转差率越来越小。由于三相交流异步电动机的额定转速与旋转磁场的转速接近,所以额定转差率很小,通常为 $1\% \sim 7\%$。

(三)三相交流异步电动机的铭牌

每台异步电动机的外壳上都有一块铭牌,铭牌上标明了电动机的主要技术数据,以便于选用和维护。图 8.1.7 所示为某异步电动机的铭牌数据。

三相异步电动机	
型号 Y100L1—4	接法　△/Y
功率 2.2 kW	工作方式　S1
电压 220 V/380 V	绝缘等级　B
电流 8.6 A/5 A	温升　70 ℃
转速 1 430 r/min	重量　34 kg
频率 50 Hz	编号
×× 电机厂	出厂日期

图 8.1.7　某异步电动机的铭牌数据

1. 型号

型号表示电动机的结构形式、机座号和极数。例如,Y100L1—4 中,Y 表示鼠笼型异步电动机(YR 表示绕线转子异步电动机);100 表示机座中心高为 100 mm;L 表示长机座(S 表示短机座,M 表示中机座);1 为铁芯长度代号;4 表示 4 极电动机。

2. 铭牌说明

(1)额定功率 P_N:电动机在额定运行状态下,转轴上输出的机械功率,单位为千瓦(kW)。图 8.1.7 中额定功率为 2.2 kW。

(2)额定电压 U_N:电动机在正常运行时,定子绕组规定使用的线电压,单位为伏(V)。图 8.1.7 中额定电压为 220 V/380 V,相应的接法为 △/Y。这说明当电源线电压为 220V 时,电动机的定子绕组应接成 △;当电源线电压为 380 V 时,应接成 Y。

(3)额定电流 I_N:电动机在输出额定功率时,定子绕组允许通过的线电流,单位为安(A)。图 8.1.7 中额定电流为 8.6 A/5 A,相应的接法为 △/Y。由于电动机启动时转速很

低,转子与旋转磁场的相对速度差很大,因此,转子绕组中感应电流很大,引起定子绕组中电流也很大,所以,电动机的启动电流为额定电流的 4~7 倍。通常,电动机的启动时间很短(几秒),所以尽管启动电流很大,也不会烧坏电动机。

（4）额定转速 n_N：电动机在额定电压、额定频率及输出额定功率时的转速,即每分钟的转数。图 8.1.7 中额定转速为 1 430 r/min。

（5）额定频率 f_N：电动机在额定条件下运行时的电源频率,单位为赫兹（Hz）。我国交流电的频率为 50 Hz,在调速时可通过变频器改变电源频率。

（6）接法：三相定子绕组的连接方式。图 8.1.7 中的三相异步电机有 △／Y 两种接法。

（7）工作方式：电动机的运行状态,根据发热条件可分为三种：S1 表示连续工作方式,允许电动机在额定负载下连续长期运行；S2 表示短时工作方式,在额定负载下只能在规定时间短时运行；S3 表示断续工作方式,可在额定负载下按规定周期性重复短时运行。

（8）绝缘等级：电动机所用材料的等级。按耐热程度不同,将电动机的绝缘等级分为 A、B、C、D、F、H 等几个等级。

（9）温升：在规定的环境温度下,电动机各部分允许超出的最高温度。

（四）绕组首尾端的判定

1. 用数字万用表判定（方法 1）

（1）将三相绕组进行假定首尾端编号（首端为 U_1、V_1、W_1,末端为 U_2、V_2、W_2）。

（2）选择万用表直流电流挡（打到最小量程）。

（3）按图 8.1.8 所示电路接线。

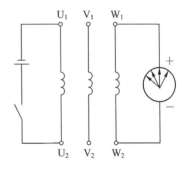

（4）在合上开关的瞬间观察万用表电流读数。若读数为正,则电源正极与万用表的红表笔所接线头同为首端或尾端；若读数为负,则电源正极与万用表黑表笔所接线头同为首端或尾端。

（5）将电池接到另一相绕组,用同样的方法判定另一个绕组的首尾端。

图 8.1.8　绕组首尾端判定（方法 1）

2. 用数字万用表判定（方法 2）

（1）将三相绕组进行假定首尾端编号。

（2）按图 8.1.9 所示电路接线。

（3）选择万用表直流电流挡（打到最小量程）。

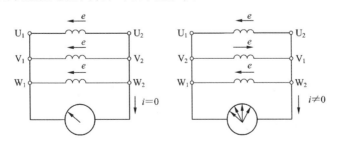

图 8.1.9　绕组首尾端判定（方法 2）

（4）用手转动电动机转子,观察万用表读数。若读数为零,说明假设首尾端正确；若有读数,则假设不正确,重新接线,直到读数为零为止。

3. 低压交流电压法(方法3)

(1) 将三相绕组进行假定首尾端编号(首端为 U_1、V_1、W_1,末端为 U_2、V_2、W_2)。

(2) 选择万用表的交流电压挡(低压挡)。

(3) 按图 8.1.10 所示电路接线。

(4) 观察万用表的读数。若有读数,则连在一起的两个线头一个为首端一个为尾端;若无读数,则两个相连的线头同为首端或同为尾端。

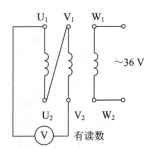

图 8.1.10　绕组首尾端判定(方法3)

(5) 用同样的方法可判定另外两个绕组的首尾端。

(五) 三相交流异步电动机的检查与测试

(1) 机械方面的检查。电动机的安装基础应牢固,以免电动机运行时产生振动。用手旋转转轴,能平稳地转动,不应出现较大的摩擦声和机械撞击声。

(2) 接线可靠。接线端子处无打火痕迹,机壳采取接地或接零保护。

(3) 定子绕组直流电阻的测试。用万用表电阻挡测试三相定子绕组的直流电阻,三相绕组的阻值应均匀相等,正常阻值约为几欧姆至十几欧姆。

(4) 定子绕组绝缘电阻的测试。用 500 V 兆欧表测试三相定子绕组相互间的绝缘电阻和三相定子绕组对机座的绝缘电阻,阻值应在 0.5 MΩ 以上。

(5) 运行电流的测试。电动机启动后注意观察运行情况,启动结束后用钳形电流表测量电动机的空载电流和负载电流,检查三相交流电流是否对称和符合额定值要求。

二、刀开关

知识链接

低压电器及其分类

低压电器是指工作在交流 1 200 V 和直流 1 500 V 以下电路中,起"接通、分断、控制、调节及保护"等作用的电器。

低压电器按用途分类:

(1) 低压配电电器:用于供配电系统,控制电源通/断的电器(如隔离开关 QS、断路器 QF、熔断器 FU 等)。

(2) 低压控制电器:用于控制电机等用电设备或控制电路通/断的电器(如接触器 KM,继电器 KA、KT、FR,按钮 SB,行程开关 ST 等)。

刀开关又称闸刀开关或隔离开关,是一种结构最简单且应用最广泛的手控低压电器,常用的有负荷开关(开启式负荷开关和封闭式负荷开关)和板形刀开关,刀开关的图形符号及文字符号如图 8.1.11 所示。这里主要对开启式负荷开关、封闭式负荷开关和组合开关进行

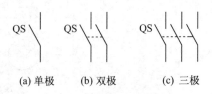

(a) 单极　(b) 双极　(c) 三极

图 8.1.11　刀开关的图形及文字符号

介绍。

（一）开启式负荷开关

1. 结构、型号规格

开启式负荷开关又称胶盖刀开关,广泛应用在照明电路和小容量(5.5 kW 及以下)电动机的动力电路以及不频繁启动的控制电路中。

开启式负荷开关的主要结构如图 8.1.12 所示。

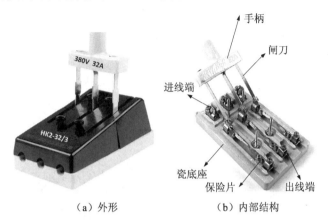

（a）外形 　　　（b）内部结构

图 8.1.12　开启式负荷开关的结构

刀开关的型号定义如图 8.1.13 所示。

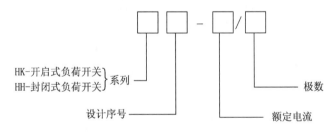

图 8.1.13　刀开关的型号定义

2. 选用

（1）用于照明和电热负载时,负荷开关的额定电流应不小于电路所有负载额定电流的总和。

（2）用于电动机负载时,负荷开关的额定电流应不小于电动机额定电流的 3 倍。

3. 安装与使用

（1）开启式负荷开关必须垂直安装,且合闸操作时,手柄的操作方向应从下向上;分闸操作时,手柄操作方向应从上向下。

（2）在分断和接通电路时应迅速果断地拉合闸,以使电弧尽快熄灭。

（3）接线时,电源进线应接在开关上部的进线端,用电设备应接在开关下部熔体的出线端。这样开关断电后,闸刀和熔体上都不带电。

（4）开关作电动机的控制开关时,应将开关的熔体部分用铜导线直连,并在出线端另外加装熔断器作短路保护。

（5）更换熔体时,必须在闸刀断开的情况下按原规格更换。

（二）封闭式负荷开关

1. 结构、型号规格

封闭式负荷开关主要由操作机构、触点系统、熔断器和铁质外壳组成,因其外壳多由铸铁或薄钢板制成,故又称铁壳开关。铁壳开关有以下优点:

（1）有封闭的外壳,防护性好。

（2）装有速断弹簧和灭弧装置,能迅速熄灭电弧。

（3）设有机械连锁装置,保证在合闸状态下开关盖不能开启,而当开关盖开启时不能合闸,以保证操作安全。

封闭式负荷开关的外形、内部结构如图 8.1.14 所示,型号规格如图 8.1.13 所示。

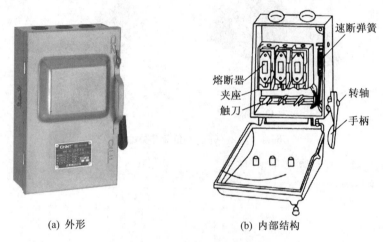

(a) 外形　　　　　　　　　(b) 内部结构

图 8.1.14　封闭式负荷开关

2. 选用

封闭式负荷开关多用于电动机控制,其额定电流应大于或等于电动机额定电流的 3 倍,额定电压应大于或等于电路的工作电压。由于封闭式负荷开关有灭弧装置,其分断电流可以小于或等于电动机的额定电流。

负荷开关的金属外壳应可靠接地或接零保护,其他安装事项与开启式负荷开关相同。

（三）组合开关

组合开关又称转换开关。它实际上也是一种特殊的刀开关,只不过一般刀开关的操作手柄是在垂直安装面的平面内向上或向下转动,而组合开关的操作手柄则是在平行于安装面的平面内向左或向右转动而已。组合开关多用在机床电气控制线路中,作为电源的引入开关,也可以用于不频繁地接通和断开电路、换接电源和负载,以及控制 5 kW 以下的小容量电动机的正反转和星三角启动。

组合开关的结构如图 8.1.15 所示。其内部有三对静触点,分别用三层绝缘板相隔,各自附有连接线路的接线柱。三个动触头相互绝缘,与各自的静触头对应,套在共同的绝缘杆上。绝缘杆的一端安装有操作手柄,转动手柄即可完成三组触点之间的开、合或切换。开关内安装有速断弹簧,用以加快开关的分断速度。

组合开关的图形符号如图 8.1.16 所示,文字符号为 QS。

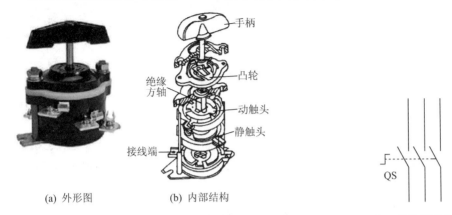

(a) 外形图   (b) 内部结构

图 8.1.15   组合开关的外形与内部结构图   图 8.1.16   组合开关的图形符号及文字符号

如果组合开关用于控制电动机正反转,在从正转切换到反转的过程中,必先经过停止位置,待电动机停止后,再切换到反转位置,组合开关本身不带过载和短路保护装置,在它所控制的电路中,必须另外加装保护设备。

组合开关应根据电源种类、电压等级、所需触点数和额定电流选用。组合开关在机床电气系统中多用作电源开关,一般不需要带负载接通或断开电源,而是在开车前空载接通电源,在应急、检修和长时间停用时空载断开电源。组合开关可用于小容量电动机的启停控制。

任务实施:磨粉机电源控制电路的连接与调试

1. 任务说明

磨粉机外形如图 8.1.17 所示。由于磨粉机采用的电动机功率较小,大都采用直接机械操作方式启停电动机,即采用一个三相铁壳开关控制电动机启停,其电路如图 8.1.18 所示。任务要求各小组首先根据表 8.1.1 准备好实训设备和元器件,然后对图 8.1.18 所示的磨粉机电源控制电路的工作原理进行分析,并完成磨粉机电源控制电路的接线与调试。

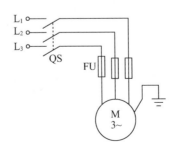

图 8.1.17   磨粉机外形图   图 8.1.18   磨粉机电源控制电路

2. 工作原理

启动：当开动磨粉机时，把铁壳开关拨动到合闸位置，三相交流电通过熔断器流到电动机绕组，使电动机转动，从而带动磨粉机工作。

停止：当需要电动机停止时，可将铁壳开关拨到分离位置，即可使电动机停止运行。

3. 任务步骤

第 1 步：仔细观察刀开关、熔断器和电动机，熟悉它们的外形、结构、型号及主要技术参数的意义，将电动机的铭牌记录在表 8.1.3 中，刀开关、熔断器的型号规格与质量检测记录在表 8.1.4 中。

表 8.1.3　电动机的铭牌记录

型号		额定功率		频率	
额定电压		额定电流		接法	
额定转速		绝缘等级		工作方式	

表 8.1.4　刀开关、熔断器的型号规格与质量检测

名称	型号规格	部位	常态电阻	质量
刀开关		动合触点		
熔断器		熔体		

第 2 步：检测电动机的质量，并对电动机的绕组首尾端进行判定。

（1）用兆欧表测量电动机的绝缘电阻，将测量数据填入表 8.1.5 中。

表 8.1.5　电动机的绝缘电阻

测试项目	U_1—地	V_1—地	W_1—地	U_1—V_1	V_1—W_1	U_1—W_1
$R/M\Omega$						
是否合格						

（2）判断三相异步电动机的三相绕组。将三相异步电动机的三相绕组的 6 个引线端都独立，用数字万用表的电阻挡测量其中任意两个端子的直流电阻，若万用表的两表笔所接的是异步电动机的一个绕组，则万用表上会显示电阻值（不同型号的电机的电阻会有所不同，一般为几十到几百欧姆），若两表笔所接是异步电动机的两个不同绕组，则电阻为无穷大。将测试结果填入表 8.1.6 中。

表 8.1.6　判断三相异步电动机的三相绕组

项目	第一绕组	第二绕组	第三绕组
编号			
直流电阻值			

（3）判定三相异步电动机三相绕组的首尾端，将结果填入表 8.1.7 中。

表 8.1.7 判定三相异步电动机三相绕组的首尾端

项目	第一绕组	第二绕组	第三绕组	判定方法
首端编号				
尾端编号				

第 3 步：在电器板上按照电气原理图安装器件，进行相应的配线。

第 4 步：经指导老师检查合格后进行通电操作。

第 5 步：经指导教师检查评估实验结果后，关闭电源，做好实训台和实训室 5S 工作。

注意：不允许带电安装元器件或连接导线，断开电源后才能进行接线操作。通电检查和运行时必须通知指导老师，在有指导老师现场监护的情况下才能接通电源。

第 6 步：小组实验总结。

4. 评分标准

本任务实施评分标准如表 8.1.8 所示。

表 8.1.8 磨粉机电源控制电路的接线与调试评分标准

序号	考核项目		评分标准	配分	得分
1	刀开关、熔断器的质量检测		用万用表检测刀开关、熔断器的常态电阻，判断质量好坏，每处错误扣 2.5 分。	10	
2	检测电动机的质量，并对电动机的绕组首尾端进行判定		① 用兆欧表测量电动机的绝缘电阻，每处错误扣 2 分； ② 用万用表测量三相异步电动机的三相绕组的直流电阻，每处错误扣 2 分； ③ 判定三相异步电动机三相绕组的首尾端，不会判断扣 7 分。	25	
3	电路的连接		① 电源接线错误，扣 5 分； ② 电路元件接错或漏接，每处扣 5 分。	30	
4	通电前检查		① 会但不熟悉，扣 2 分； ② 掌握部分，扣 5 分； ③ 基本不会，扣 10 分。	10	
5	通电试车		① 第一次试车不成功，扣 5 分； ② 第二次试车不成功，扣 10 分； ③ 第三次试车不成功，扣 15 分。	15	
6	安全文明操作		① 穿拖鞋、衣冠不整，扣 5 分； ② 实验完成后未进行工位卫生打扫，扣 5 分； ③ 工具摆放不整齐，扣 5 分。	10	
7	定额时间	90 min	超过定额时间，每超过 5 min，总分扣 10 分。		
8	开始时间		结束时间		总评分

注：除定额时间外，各项最高扣分不应超过其配分。

任务2　三相异步电动机点动控制电路

任务目标

1. 了解按钮、接触器的结构,掌握按钮、接触器的符号、工作原理、型号规格、技术参数、选型与接线;
2. 能够识读简单电气原理图,并根据电气原理图绘制出电气安装布置图和接线图;
3. 掌握点动控制电路的安装接线及调试。

实训设备和元器件

任务所需实训设备和元器件如表8.2.1所示。

表8.2.1　实训设备和元器件明细表

序号	代号	器件名称	型号规格	数量	备注
1		三相交流电源	~3×380 V	1套	
2		电工仪表与工具	万用表、钢丝钳、螺丝刀、电工刀、剥线钳等	1套	
3	QF	低压断路器(三相)	DZ47-60系列(根据线路电压和电流自定)	1个	
4	FU₁	低压熔断器	RT18系列(3极)	1个	
5	FU₂	低压熔断器	RT18系列(2极)	1个	型号规格也可根据实验室条件自定
6	SB	按钮	LAY37-11BN	1个	
7	KM	接触器	CJX1系列(线圈电压380 V)	1个	
8	M	三相交流异步电动机	根据实训条件自定(额定电压380 V)	1台	
9		导线	BVR1.5 mm² 塑铜线	若干	
10		U型冷压接头,导轨及行线槽		若干	

基 础 知 识

一、按钮

按钮是一种手动控制器,由于按钮的触头只能短时通过5 A及以下的小电流,因此按钮不宜直接控制主电路的通断。按钮通过触头的通断在控制电路中发出指令或信号,改变电气控制系统的工作状态。

1. 结构及种类

按钮一般由按钮帽,复位弹簧,桥式动、静触头,支柱连杆及外壳组成。常用按钮的外形及符号如图8.2.1所示。

(a) 平头按钮　　(b) 二挡/三挡旋钮　　(c) 钥匙旋钮　　(d) 急停按钮

图 8.2.1　常用按钮的外形及符号

按钮根据触头正常情况下(不受外力作用)的分合状态分为启动按钮(常开按钮)、停止按钮(常闭按钮)和复合按钮(既有常开触点,又有常闭触点)。图 8.2.2 所示为复合按钮的结构示意图。

在图 8.2.2 中,按下按钮帽令其动作时,首先断开常闭触点(3 和 4 断开),通过一定行程后才接通常开触点(4 和 5 接通);松开按钮帽时,复位弹簧先将常开触点分断,通过一定行程后常闭触点才闭合。

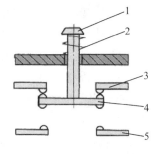

1－按钮帽;2－复位弹簧;3－常闭静触头;
4－动触头;5－常开静触头

图 8.2.2　复合按钮结构示意图

2. 型号及含义

按钮的型号及含义如图 8.2.3 所示。

结构形式代号:K－开启式;H－保护式;S－防水式;F－防腐式;
J－紧急式;X－旋钮式;Y－钥匙操作式;D－带指示灯式

图 8.2.3　按钮的型号及含义

3. 按钮的选择

选择按钮时应考虑使用场合、所需触点数及按钮帽的颜色等因素。控制按钮的选用原则如下:

(1) 根据使用场合选择控制按钮的种类,如开启式、防水式、防腐式。

(2) 根据用途选择控制按钮的结构形式,如钥匙式、紧急式、带灯式。

(3) 根据控制回路的需求确定按钮数,如单钮、双钮、三钮、多钮。

（4）合理选用按钮的颜色。一般停止按钮用红色；启动按钮优先选用绿色，但也允许选用黑、白或灰色；一钮双用（启动/停止）不得使用绿、红色，而应选用黑、白或灰色按钮。

二、接触器

接触器是一种用来频繁接通和切断交、直流主电路及大容量控制电路的自动切换电器。它具有低压释放保护功能，可进行频繁操作，实现远距离控制，是电力拖动自动控制线路中使用最广泛的电器元件。因它不具备短路保护作用，常和熔断器、热继电器等保护电器配合使用。接触器按电流种类不同可分为交流接触器和直流接触器两类。

（一）交流接触器的结构与工作原理

1. 交流接触器的结构

交流接触器主要由电磁机构、触头系统、灭弧装置、反力装置、支架和底座等几部分组成。电磁机构由电磁线圈、铁芯和衔铁组成，其功能为操作触点的闭合和断开。触点是接触器的执行元件，用来接通或断开被控制电路，触点系统包括主触点和辅助触点，主触点用在通断电流较大的主电路中，辅助触点用于接通或断开控制电路，只能通过较小的电流。容量在 10 A 以上的接触器都有灭弧装置，常采用纵缝灭弧罩及栅片灭弧装置。反力装置包括弹簧、传动机构、接线柱及外壳等。支架和底座用于接触器的固定和安装。

交流接触器的结构示意图如图 8.2.4 所示。

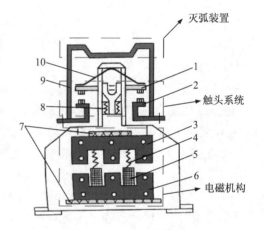

1-动触头；2-静触头；3-衔铁；4-弹簧；
5-线圈；6-铁芯；7-垫毡；8-触头弹簧；
9-灭弧罩；10-触头压力弹簧

图 8.2.4　交流接触器结构示意图

2. 交流接触器的工作原理

交流接触器的工作原理如图 8.2.5 所示。

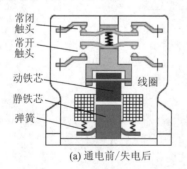

(a) 通电前/失电后

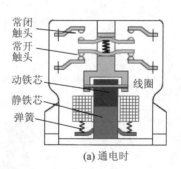

(a) 通电时

图 8.2.5　交流接触器的工作原理图

当电磁线圈通电时，静铁芯产生电磁吸引力使动衔铁吸合，衔铁带动触头动作，使常开触点闭合，常闭触点断开。

当电磁线圈失电后，电磁吸引力消失，衔铁在弹簧作用下释放，所有触点复位（恢复到线圈通电前的状态）。

注意：接触器具有低压释放保护功能，即当线圈电压低于额定值85%时，电磁吸引力减弱,使衔铁释放,所有触点复位。

　　直流接触器的结构和工作原理基本上与交流接触器相同,不同的是电磁系统。触头系统中,直流接触器主触头常采用滚动接触的指形触头,通常为一对或两对。对于灭弧装置,由于直流电弧比交流电焊弧难以熄灭,直流接触器常采用磁吹灭弧。

（二）接触器的符号

接触器的图形符号如图 8.2.6 所示,文字符号为 KM。

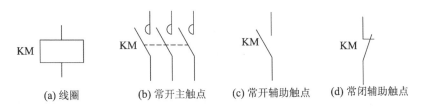

(a) 线圈　　　(b) 常开主触点　　(c) 常开辅助触点　　(d) 常闭辅助触点

图 8.2.6　接触器的符号

图 8.2.7 为 CJX2-0910 型接触器的接线端子示意图。

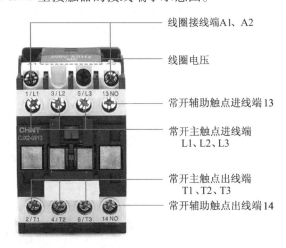

线圈接线端A1、A2

线圈电压

常开辅助触点进线端13

常开主触点进线端
L1、L2、L3

常开主触点出线端
T1、T2、T3

常开辅助触点出线端14

图 8.2.7　CJX2-0910 型接触器的接线端子示意图

（三）接触器的型号和主要技术参数

1. 接触器的型号说明

常用交流接触器的型号含义如图 8.2.8 所示。

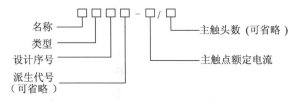

名称　　　　　主触头数（可省略）
类型
设计序号　　　主触点额定电流
派生代号
（可省略）

解释:名称用字母"C"标识,表示接触器;类型用字母表示（"J"表示交流接触器,"JX"表示小容量交流接触器,"Z"表示直流接触器,"KJ"表示真空接触器,"P"表示中频接触器）;设计序号用数字表示;派生代号用字母表示（"T"表示改进型,"J"表示节电型,"Z"表示重任务型,"W"表示增容型,"S"表示电磁锁扣型,"F"表示纵缝灭弧型）。

（a）接触器型号表示的含义 1

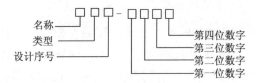

名称——
类型——
设计序号——
第四位数字
第三位数字
第二位数字
第一位数字

解释：名称、类型、设计序号表示形式与(a)图的解释相同；第一、二位数字表示在 AC-3 使用类别下额定工作电压为 380 V 时的额定工作电流；第三位数字表示常开辅助触点的个数；第四位数字表示常闭辅助触点的个数。

(b) 接触器型号表示的含义 2

图 8.2.8　交流接触器的型号含义

例如，CJ10Z-40/3 为交流接触器，设计序号为 10，重任务型，额定电流为 40 A，主触点为三极；CJ12T-250/3 为改进型交流接触器，设计序号为 12，额定电流为 250 A，3 个主触点；CJX1-63 为小容量交流接触器，设计序号为 1，额定电流为 63 A；CJX2-0910 为小容量交流接触器，设计序号为 2，额定电流为 9 A，1 个常开辅助触点。

常用的交流接触器有 CJ10 系列、CJ20 系列、CJ40 系列、CJX 系列、B 系列、LC1-D 系列、3TB 和 3TF 系列等，其中 CJ10 系列、CJ20 系列、CJ40 系列、CJX 系列主要为我国生产的，B 系列为引进德国 ABB 公司技术生产的(如 CJ12B-S 系列锁扣接触器用于交流电压 380 V 及以下、电流 600 A 及以下的配电线路中，供远距离接通和分断线路用)，LC1-D 系列是引进法国 TE 公司技术生产的，3TB 和 3TF 是引进德国西门子公司技术生产的。常用的直流接触器有 CZ18、CZ21、CZ22、CZ0、MJZ 系列等。

2. 接触器的主要技术参数

接触器的技术参数是标明其应用场合和使用范围的重要技术指标，通常其基本的技术参数与型号一样通过铭牌标签粘贴或直接标识在接触器外壳上，以供选用和检修时参考，如图 8.2.9 所示。

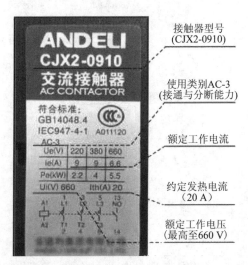

接触器型号
(CJX2-0910)

使用类别AC-3
(接通与分断能力)

额定工作电流

约定发热电流
（20 A）

额定工作电压
(最高至660 V)

图 8.2.9　典型接触器外壳上的技术参数标识

接触器的主要技术参数包括额定工作电压、额定工作电流、电磁线圈的额定电压、约定发热电流、动作值、接通与分断能力、机械寿命与电寿命、额定操作频率等。

（1）额定电压

额定电压指主触点的额定工作电压，交流有 220 V、380 V、660 V 等，直流有 110 V、220 V、440 V 等。选用交流接触器时，其主触点的额定工作电压应大于或等于负载电压。

（2）额定电流

额定电流指主触点的额定工作电流，它是在一定条件下（额定电压、使用类别、额定工作制、操作频率等）规定的保证电器正常工作的电流值，若改变使用条件，额定电流也要随之改变。目前生产的接触器有 5 A、10 A、40 A、60 A、100 A、150 A、250 A、400 A 和 600 A 等规格的额定电流。

（3）电磁线圈的额定电压

常用的交流电磁线圈额定电压有 36 V、110 V、220 V 和 380 V，直流有 24 V、48 V、110 V、220 V、440 V。

（4）约定发热电流

在规定条件下试验时，在 8 h 工作制下，各部分温升不超过极限值时所承载的最大电流为约定发热电流。

（5）动作值

动作值指接触器的吸合电压和释放电压。按照规定，作为一般用途的电磁式接触器，在一定温度下，加在线圈上的电压为额定值的 85%～110% 之间的任何电压下，衔铁应能可靠地吸合；反之，如果工作中电压过低或失压，衔铁应能可靠地释放。

（6）接通与分断能力

接通与分断能力指接触器的主触头在规定条件下，能可靠地接通或分断的电流值。在此电流下接通或分断时，不应发生触头熔焊、飞弧和过分磨损。

（7）机械寿命和电寿命

接触器是频繁操作的电器，应具有较高的机械寿命和电寿命。目前接触器的机械寿命为 100 万次，小容量接触器的机械寿命可达 300 万次。电寿命与使用类别和负载电流的大小有关。

（8）操作频率

操作频率指每小时允许的操作次数。目前接触器的操作频率一般为 150～1 200 次/小时。

（9）触点的类型和数量

即主触点和辅助触点的数目。

（四）接触器的选择

（1）接触器类型的选择：根据接触器所控制的负载性质来选择接触器的类型。

（2）接触器额定电压的选择：应等于或大于主电路的额定电压。

（3）接触器线圈的额定电压及频率的选择：应与所控制的电路电压、频率相一致。

（4）接触器额定电流的选择：应大于或等于负载的工作电流。

（5）接触器的触头数量、种类的选择：其触头数量和种类应满足主电路和控制线路的要求。

（五）接触器常见故障分析

接触器常见故障及原因分析如表8.2.2所示。

表8.2.2　接触器常见故障及原因分析

序号	常见故障	故障原因
1	吸不上或吸力不足	电源电压过低或波动大；电源容量不足、断线或接触不良；接触器线圈断线或可动部分被卡住；触点弹簧压力与超程过大；动、静铁芯间距太大。
2	不释放或释放缓慢	触点弹簧压力过小；触点熔焊；可动部分被卡住；铁芯极面被油污；反力弹簧损坏；铁芯截面之间的气隙消失。
3	线圈过热或烧损	线圈中流过的电流过大时，就会使线圈过热甚至烧毁。发生线圈电流过大的原因有以下几个方面：电源电压过高或过低；操作频率过高；线圈已损坏；衔铁与铁芯闭合有间隙等。
4	噪声较大	电源电压过低；触点弹簧压力过大；铁芯截面生锈或有油污、灰尘；分磁环断裂；铁芯截面磨损过度而不平。
5	触点熔焊	操作频率过高或过负荷使用；负荷侧短路；触点弹簧压力过小；触点表面有凸起的金属颗粒或异物；操作回路电压过低或机械卡住触点停顿在刚接触的位置上。
6	触点过热和灼伤	触头弹簧压力过小；触头表面接触不良；操作频率过高或工作电流过大。
7	触头磨损	触头磨损有两种：一种是电气磨损，触头间电弧或电火花的高温使触头金属气化或蒸发所造成；另一种是机械磨损，由于触头闭合时撞击，触头表面的相对滑动摩擦等造成。

三、电气系统图

电气系统图是按照我国电气设备的有关国家标准，用标准图形符号及连线形式设计的电气控制系统工程图，是机电设备电气设计人员与安装维护人员交流的工程语言。

电气图主要包括电气系统总体框图、电气原理图、电器元件布置图、电气安装接线图、电器元件明细表。

（一）电气系统总体框图

电气系统总体框图以简短文字和方框图描述系统的总体组成、相互联系等，如图8.2.10所示。

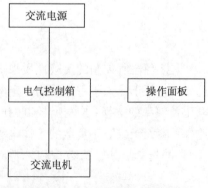

图8.2.10　电气系统总体框图

（二）电气原理图

电气原理图详细表达了电气控制系统的组成、工作原理,包括主电路、控制电路及辅助电路(照明等)。图 8.2.11 为普通车床的电气原理图。

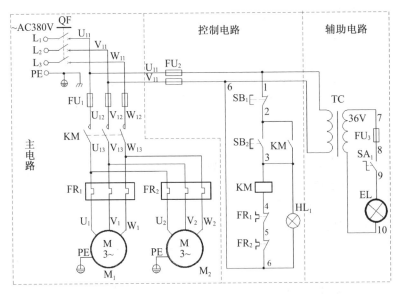

图 8.2.11　普通车床的电气原理图

1. 电气原理图的识读

对于机械、气动、液压、电气控制密切配合的机电一体化设备,首先,应熟悉机械传动及气动(液压)传动原理,掌握各类电机与低压电器的结构及工作原理。其次,应了解设备的生产工艺控制要求,结合电气原理图读懂电气控制原理及设备工作过程。

阅读方法：先分析控制系统组成,再按"主电路→控制电路→辅助电路"的顺序分析控制原理、工作过程,如表 8.2.3 所示。

表 8.2.3　阅读方法与步骤

序号	阅读步骤	说明
1	阅读主电路	从主电路中接触器的主触点入手,初步分析对电机的拖动控制(如各类方式的启动、正/反转、调速、制动等)。
2	阅读控制电路	从各类接触器、继电器的线圈控制电路入手,找出基本/典型控制环节(起-保-停等),先局部分析,再结合主电路整体分析。
3	阅读辅助电路	通常包括"照明灯、指示灯"等电路。
4	分析各类保护环节	通常包括"短路、过载、欠压、失压"等基本保护。
5	分析设备工作过程	包括启动过程、停止过程等。

结合以上方法与步骤对图 8.2.11 所示普通车床的电气原理图进行分析。

（1）主电路

总电源为三相交流 380 V,由 QF 断路器控制其通断;控制对象为主轴电机 M_1 和冷却泵电机 M_2,它们都由接触器 KM_1 控制直接启动/停止。

（2）控制电路

典型的"起-保-停"控制电路，可控制电机连续运行，HL_1 为运行指示灯。

（3）照明辅助电路

由变压器 TC 将 380 V 电压转换为 36 V 安全电压，供照明灯 EL 使用，SA_1 为照明开关。

（4）电路的保护环节

熔断器 FU_1 对主电路进行短路保护，熔断器 FU_2 对控制电路进行短路保护，熔断器 FU_3 对辅助电路进行短路保护。

热继电器 FR_1、FR_2 分别对主轴电机、冷却泵电机进行过载保护，热继电器 FR_1 和 FR_2 的常闭触头串联在控制电路中，当两台电机中任意一台发生过载时立即切断控制电路，使两台电机同时停转。

失压和欠压保护都通过接触器 KM 实现。

2. 电气原理图的绘制

电气原理图的绘制原则如下：

（1）所有电器元件都应采用国家统一规定的图形文字符号表示。

（2）为便于表达控制原理，同一电器的各个部分可分别画在电路中的不同位置，并要求同一电器各部分用相同文字符号标明。

（3）同类型多个电器用相同字母表示，并在其后加上数字号区别（如两个热继电器 FR_1、FR_2）。

（4）在电路图中，所有电器元件的触点都按没有通电和没受外力作用时的状态绘制（对接触器、继电器，指线圈未通电时的触点状态；对按钮、行程开关等，指未受外力作用时触点的状态）。

（5）所有电路均应垂直布置，电源电路水平绘制，主电路在图的左侧，控制电路在图的右侧。各元件应按动作顺序，从上到下，从左到右排列布置。

（6）电路中有电联系的交叉导线连接点用"●"表示。

（7）电路图的区域划分和标注：对复杂电路便于查阅线路。

（三）电器元件布置图

电器元件布置图表示各电器元件及电工材料的实际安装位置及尺寸（包括安装底板、导轨、行线槽等电工材料）。

电器元件布置图通常包括电器板元件布置图（电器板为电控箱内部的安装底板）和操作盘元件布置图（操作盘通常安装于电控箱或设备上）。

1. 电器板元件布置图设计原则

（1）标注电器板/操作盘外形尺寸；

（2）所有元件按实际外形尺寸布置；

（3）配电电器及变压器等布置在上方；

（4）采用导轨安装固定元件，所有连线经行线槽整齐布线；

（5）元器件与线槽之间留有 2~3 cm 距离；

（6）元件间应留出一定的散热空间。

普通车床电器板元件布置图如图 8.2.12 所示。

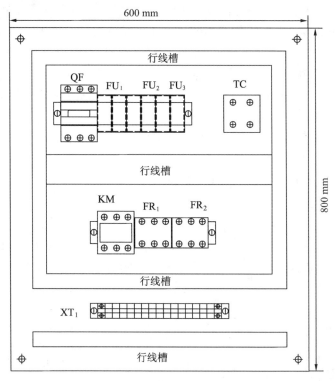

图 8.2.12　普通车床电器板元件布置图

2. 操作盘元件布置图设计原则

（1）常操作的按钮/开关设置在右边或下方；

（2）指示灯、报警器设置在左边或上方；

（3）各元件之间留有安装空间。

操作盘元件布置如图 8.2.13 所示。

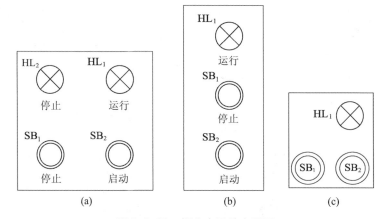

图 8.2.13　操作盘元件布置图

（四）电气安装接线图

电气安装接线图表示各元件之间连线关系，应详细画出各连线编号及连接去向。电气安装接线图包括内部接线图和外部接线图。内部接线指的是电器板上各元件之间的连线，采用单股铜芯软线，通过行线槽安装布置；外部连线指的是电器板与来自操作盘及设备各元器件之间的连线，应采用绝缘护套线（多芯）通过接线端子排连接。内部元件（电器板上的元件）和外部元件（即电源、电机、按钮、指示灯等）的连接要通过端子排 XT。

电气安装接线图设计步骤及规则如下：

（1）在电气原理图上标出连线编号（可以是数字、字母或两者组合）；

（2）按布置图画出各元件内部接线图；

（3）根据电气原理图，在电气安装接线图上画出各元件之间的连线，并标注连线编号等；

（4）连线表达方式有直接接线法和二维标注法。直接接线法适用于电路简单，元件不多的电路。二维标注法采用元件代号：连线编号或端子号的组合，如 QF:2 或者 QF:U_{11}。

普通车床的电器板接线图及车床外部接线图分别如图 8.2.14、图 8.2.15 所示。

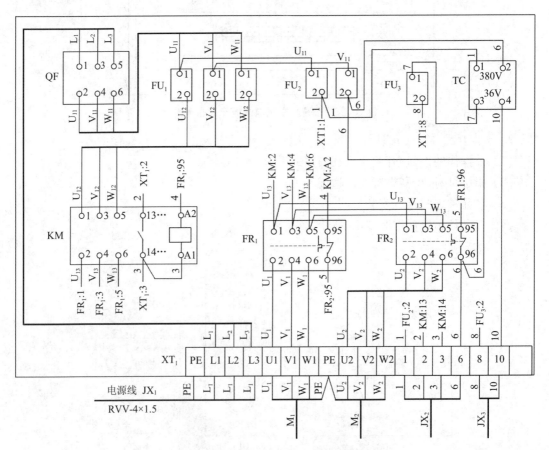

图 8.2.14　普通车床的电器板接线图

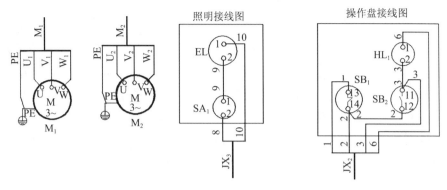

图 8.2.15　普通车床外部接线图

（五）电器元件明细表

电器元件明细表是电气元器件及材料采购的主要依据。

普通车床电器元件明细表如表 8.2.4 所示。

表 8.2.4　电器元件明细表

序号	代号	元件名称	型号	规格	数量
1	M_1	主轴电动机	Y132M-4	7 kW、1 400 r/min	1 台
2	M_2	冷却泵电动机	JCB-22	0.125 kW、2 790 r/min	1 台
3	KM	交流接触器	CJ0-20	380 V	1 个
4	FR_1	热继电器	JR16-20/3D	14.5 A	1 个
5	FR_2	热继电器	JR2-1	0.43 A	1 个
6	QF	低压断路器	DZ47-63	400 V、10 A	1 个
7	FU_1	熔断器	RM3-25	4 A	3 个
8	FU_2	熔断器	RM3-25	4 A	2 个
9	FU_3	熔断器	RM3-25	1 A	1 个
10	SB_1、SB_2	按钮	LA4-22K	5 A	1 个
11	SA_1	旋钮	LA38	380 V 以下可用	1 个
12	TC	照明变压器	BK-50	380 V/36 V	1 个
13	HL	指示灯	AD16-22DS	380 V	1 个
14	EL	照明灯	JC6-1	40 W、36 V	1 个
15		导线	BVR1.5 mm² 塑铜线		若干

 任务实施：三相异步电动机点动控制电路的安装接线与运行调试

1. 任务说明

首先根据表 8.2.1 准备好实训设备和元器件，然后对图 8.0.1 所示的三相异步电动机点动控制电路的工作原理进行分析，并根据点动控制电路的电气原理图画出电器元件的布置图和接线图，最后完成三相异步电动机点动控制电路的安装接线与调试。

2. 工作原理

三相异步电动机点动控制电路由主电路和控制电路组成。主电路是电动机电流流经的电路,主电路的特点是电压高(380 V)、电流大。控制电路是对主电路起控制作用的电路,控制电路的特点是电压不确定(可通过变压器变压,通常电压范围为 36~380 V)、电流小。在电气原理图中主电路绘在左侧,控制电路按主电路动作顺序绘在右侧。接触器的主触点接入主电路,线圈接入控制电路,两者的图形符号不同,但文字符号相同,即表示为同一个电器元件。当接触器线圈通电时,主触点闭合;接触器线圈断电时,主触点分断。

点动控制电路的工作原理如下。

启动:闭合断路器 QF→按下按钮 SB→KM 线圈得电→KM 主触点闭合→电机转动。

停止:松开按钮 SB→KM 线圈失电→KM 主触点断开→电机停止。

保护:FU_1 对主电路起短路保护作用,FU_2 对控制电路器起短路保护作用,KM 起失压、欠压保护作用。

3. 任务步骤

第 1 步:根据表 8.2.1 准备好电器元件,并检测断路器、熔断器、按钮和接触器、电动机的质量好坏,特别要注意检查接触器线圈电压是否符合控制电路的电压等级。

第 2 步:按照图 8.2.16 所示在电器板上安装元器件,要求各元器件安装位置整齐、匀称,间距合理。

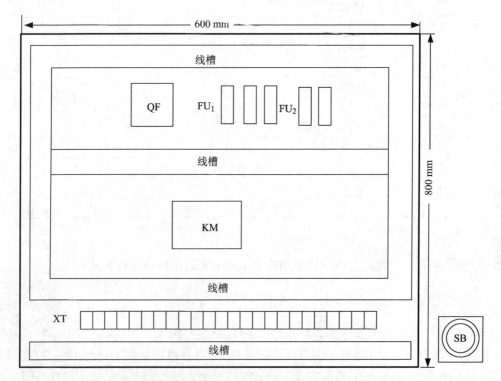

图 8.2.16　点动控制电路安装布置图

第 3 步：按照图 8.2.17 进行接线。接线应先接主电路,再接控制电路。线路安装应尽量做到合理布线、就近走线;编码正确、齐全;接线可靠,不松动、不压皮、不损伤线芯。

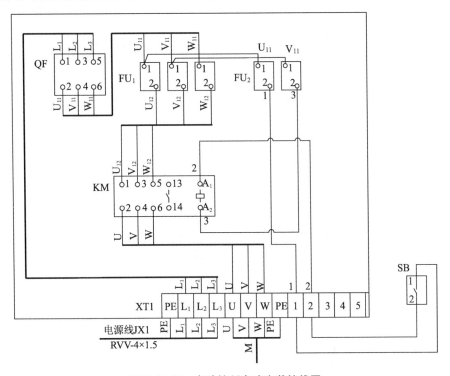

图 8.2.17　点动控制电路安装接线图

第 4 步：通电前检查。接线完成后,必须经过认真检查,才允许通电,以防错接、漏接造成不能正常工作或短路事故。检查步骤如下。

（1）对控制电路进行检查

① 将数字万用表打到 2 kΩ 电阻挡,表棒分别放在 U_{11} 和 V_{11} 线端,读数应为"∞"。

② 按下启动按钮时,读数应为接触器线圈的冷态直流电阻值(几百或一千多欧姆)。

（2）检查主电路有无开路或短路现象

① 闭合断路器 QF,将数字万用表打到 200 Ω 电阻挡或蜂鸣挡,表棒分别放在 L_1 和 U、L_2 和 V、L_3 和 W 线端,读数都应为"∞"。

② 手动按下接触器使衔铁吸合,表棒分别放在 L_1 和 U、L_2 和 V、L_3 和 W 线端上,万用表上应都有读数或都发出蜂鸣声。

第 5 步：通电调试。

检查接线无误后,接通交流电源,合上断路器 QF,此时电动机不转,按下按钮 SB,电动机 M 即可启动,松开按钮电动机即停转。若出现电动机不能点动控制或熔丝熔断等故障,则应分断电源,分析排查故障后使之正常工作。

第 6 步：实验结束后关闭设备总电源,整理器材,做好实验室 5S 工作。

第 7 步：小组实验总结。

4. 评分标准

本任务实施评分标准如表 8.2.5 所示。

表 8.2.5　三相异步电动机点动控制电路的安装接线与运行调试评分标准

序号	考核项目		评分标准	配分	得分
1	安装前检查		① 选错元件数量或型号规格,每处扣 2 分; ② 电器元件漏检或错检,每处扣 1 分。	10	
2	安装元器件		① 不按布置图安装,扣 15 分; ② 元器件安装不牢固,每处扣 4 分; ③ 元器件安装不整齐、不均匀对称、不合理,每处扣 3 分; ④ 损坏元器件,扣 15 分。	15	
3	布线		① 不按电路图接线,扣 15 分; ② 布线不符合要求,主电路每根扣 4 分,控制电路每根扣 2 分; ③ 接点松动、露铜过长等,每处扣 1 分; ④ 损坏导线绝缘或线芯,每处扣 5 分; ⑤ 导线乱线敷设,扣 20 分。	30	
4	通电前检查		① 不会对主电路进行检查,扣 5 分; ② 不会对控制电路进行检查,扣 5 分。	10	
5	故障分析与排除		① 会但不熟悉,扣 2 分; ② 掌握部分,扣 5 分; ③ 基本不会,扣 10 分。	10	
6	通电试车		① 第一次试车不成功,扣 5 分; ② 第二次试车不成功,扣 10 分; ③ 第三次试车不成功,扣 15 分。	15	
6	安全文明操作		① 穿拖鞋、衣冠不整,扣 5 分; ② 实验完成后未进行工位卫生打扫,扣 5 分; ③ 工具摆放不整齐,扣 5 分。	10	
7	定额时间	120 min	一般不允许超时,只有在修复故障过程中才允许超时,每超时 1 min,总分扣 5 分。		
8	开始时间		结束时间	总评分	

注:除定额时间外,各项最高扣分不应超过其配分。

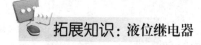

拓展知识:液位继电器

液位继电器有 JYB-1、JYB-3、JYB-714 三种类型,本书以 JYB-714 型液位继电器为例进行讲解。

一、JYB-714 型液位继电器简介

JYB-714 型液位继电器如图 8.2.18 所示,属于晶体管继电

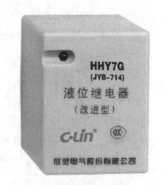

图 8.2.18　JYB-714 型液位继电器

器,分为底座和本体两部分。作为一般科学实验及工业生产自动控制的基本元件,适用于额定电压不大于380 V,额定频率 50 Hz,约定发热电流不大于 3 A 的控制电路中作液位控制元件,按要求接通或分断水泵控制电路,实现自动供水和排水的功能,是液位控制电路中的核心元件。该液位继电器具有电路简单、体积小、质量轻、功耗小、稳定性高的优点,而且采用了电子管插入式结构,维修方便。

二、JYB-714 型液位继电器接线图

JYB-714 型液位继电器接线图如图 8.2.19 所示。JYB-714 型液位继电器共有 8 个接线端子,其中:

①、⑧端子为继电器工作电源接线端子,电源有 AC380 V 和 AC220 V 两种;

②、③、④端子为输出液位继电器的自动控制信号,③端子为输出信号公共端,②和③之间输出供水泵液位控制信号,③和④之间输出排水泵液位控制信号;

⑤、⑥、⑦为水池中液位电极,液位电极端子间为 DC24 V 的安全电压,⑤端子接高水位电极,⑥端子接低水位电极,⑦端子接水池中位置最低的公共电极。注意,实验中入水电极采用 1~1.5 mm^2 的铜芯硬质绝缘线,入水一端剥离 5 mm 绝缘皮。

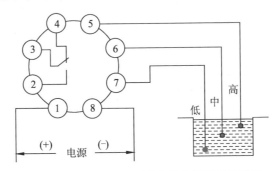

图 8.2.19　JYB-714 型液位继电器端子接线图

三、JYB-714 型液位继电器的应用实例

单相水泵时,若功率≤200 W,继电器直接控制;若功率>200 W,继电器通过交流接触器控制,接线如图 8.2.20 的(a)和(c)所示。三相水泵时,交流接触器和继电器电源为 AC380 V,接线如图 8.2.20 的(b)和(d)所示。

图(a)和图(b)为供水接线图,图中的 H、M、L 分别代表高、中、低,其含义如下:

(1)"高"为水池上限液位控制点,水位上升达到高点水位,水与探头(电极)接触,继电器通过交流接触器自动关泵,停止供水。

(2)"中"为水池下限液位控制点,水位下降至中点水位以下,水与探头(电极)脱离接触,继电器通过交流接触器自动开泵,给水池加水。

(3)"低"为水池底线,放在水池的最低点,比水池底部略高。

图(c)和图(d)为排水接线图,图中的 H、M、L 也分别代表高、中、低,其含义如下:

(1)"高"为水池上限液位控制点,水位上升达到高点水位,水与探头(电极)接触,继电器通过交流接触器自动开泵,开始排水。

（2）"中"为水池下限液位控制点,水位下降至中点水位以下,水与探头(电极)脱离接触,继电器通过交流接触器自动关泵,停止排水。

（3）"低"为水池底线,放在水池的最低点,比水池底部略高。

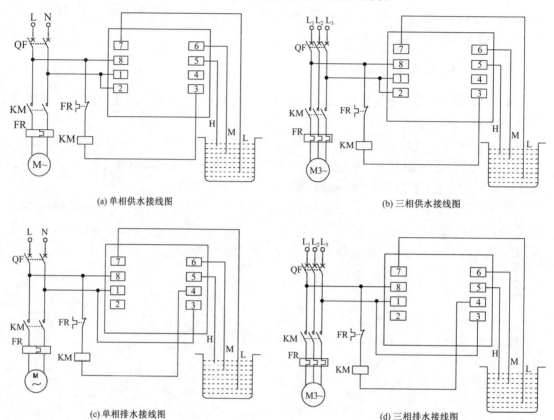

图 8.2.20　JYB-714 型液位继电器单、三相供排水接线图

注：图 8.2.20 中,FR 为热继电器,在项目 9 任务 1 中有详细介绍。

工作原理分析：以供水型为例,当接通电源时,若水池中的水位低于中水位探头,继电器通过交流接触器接通水泵电源,开始给水池供水;待水位高于高水位探头时,继电器通过交流接触器切断水泵电源,停止供水。

四、使用注意事项

（1）为避免继电器频繁开关,中水位探头最好置于中间,不要太靠近低水位或高水位探头。

（2）各点探头(电极)需固定在水池内壁,若水池内壁为金属,则三个探头(电极)必须和水池进行绝缘处理,探头(电极)可另外配置。

（3）为确保继电器正常工作,安装好后请再次检查输入输出的接线、探头连接线的位置是否放置正确,及通过上、下移动探头的方式,探头是否接触或脱离水面,模拟检测水位控制器是否工作正常。

（4）为避免误动作,请勿将产品安装在潮湿、腐蚀及高金属气体含量的环境中。探头

（电极）引线不应同电力线同管走线，如探头（电极）引线走线长时，应将其绞合走线。

五、常见故障及排除方法

JYB-714 型电子式液位继电器常见故障及排除方法如表 8.2.6 所示。

表 8.2.6　JYB-714 型电子式液位继电器常见故障及排除方法

故障现象	原因分析	排除方法
开机不工作	继电器 1、8 端子间可能无电压	检查继电器 1、8 端子之间是否存在电压
通电后液位继电器工作不正常	检查 5、6、7 脚高、中、低端探头连接是否正常；是否有断路或者短路	纠正错误接线、检查断路或短路处加以排除
继电器触头来回抖动	电源不符或探头氧化	正确连接电源；处理好探头氧化处

低压电工作业理论考试［习题 8］

项目简介

本项目为普通车床电气安装与调试,普通车床的电气原理如图8.2.11所示。项目要求学员能够识读普通车床的电气原理图,并且能够根据原理图画出电气安装布置图和电气安装接线图,最终能够完成普通车床电控箱的安装与运行调试。

项目具体实施过程中分解成 2 个任务(如图 9.0.1 所示),分别为传送带电控箱的组装及运行调试、普通车床电控箱的组装与运行调试。要求通过 2 个任务的学习,最终通透地掌握本项目的理论和实践内容。

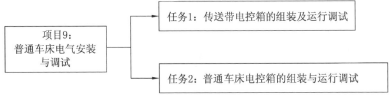

图 9.0.1 项目实施过程

项目目标

1. 掌握热继电器和变压器的符号、结构、工作原理、技术参数、选型与使用;
2. 掌握电路故障排除方法;
3. 能够熟练进行传送带电控箱的组装与运行调试;
4. 能够识读普通车床的电气原理图,并能够根据原理图画出电气安装布置图与接线图;
5. 能够熟练进行普通车床电控箱的组装及运行调试。

项目⑨

普通车床电气安装与调试

任务 1　传送带电控箱的组装及运行调试

 ## 任务目标

1. 掌握热继电器的结构与工作原理、符号、型号规格、技术参数、安装接线与检测；
2. 掌握三相异步电动机连续运转控制电路的工作原理；
3. 掌握电路故障排除方法；
4. 能够根据传送带的电气原理图，画出电气安装布置图和接线图，并完成其安装与通电调试。

 ## 实训设备和元器件

本任务所需实训设备和元器件如表 9.1.1 所示。

表 9.1.1　实训设备和元器件明细表

序号	代号	器件名称	型号规格	数量
1		三相交流电源	~3×380 V	1 套
2		电工仪表与工具	万用表、钢丝钳、螺丝刀、电工刀、剥线钳等	1 套
3	QF	低压断路器(三相)	DZ47-60 系列(根据线路电压和电流自定)	1 个
4	FU$_1$	低压熔断器	RT18 系列(3 极)	1 个
5	FU$_2$	低压熔断器	RT18 系列(2 极)	1 个
6	SB$_1$	启动按钮	LAY37-11BN(绿色)	1 个
7	SB$_2$	停止按钮	LAY37-11BN(红色)	1 个
8	SB$_3$	急停按钮	NPH1-1009,自锁型	1 个
9	KM	接触器	CJX1 系列(线圈电压 380V)	1 个
10	FR	热继电器	JR36 系列,根据电动机自定	1 个
11	M	三相交流异步电动机	根据实训条件自定(额定电压 380 V)	1 台
12		导线	BVR1.5 mm^2 塑铜线	若干
13		U 型冷压接头,导轨及行线槽		若干

 ## 基 础 知 识

一、热继电器

继电器是根据电压、电流、时间、温度等信号变化,控制电路"接通/断开",实现自动控制或保护的电器。继电器按信号性质可分为中间继电器 KA、热继电器 FR、时间继电器 KT、速度继电器 KS、电流继电器 KI 等。本任务主要介绍热继电器。

热继电器是利用电流的热效应控制电路通断的自动保护电器,对交流电动机进行过载及断相保护,防止电动机过热而烧毁。图 9.1.1 所示为常用的几种热继电器的外形图。

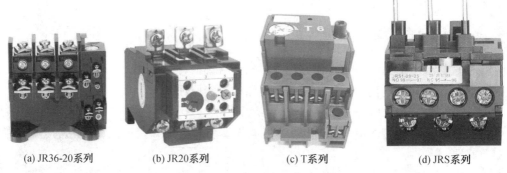

(a) JR36-20系列　　　(b) JR20系列　　　(c) T系列　　　(d) JRS系列

图 9.1.1　常用热继电器的外形

1. 热继电器的结构和工作原理

热继电器主要由热元件(双金属片/热敏电阻)、触头系统、动作机构、整定电流调节、复位装置组成。图 9.1.2 为热继电器的结构与符号。

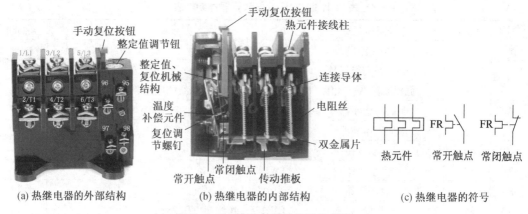

(a) 热继电器的外部结构　　　(b) 热继电器的内部结构　　　(c) 热继电器的符号

图 9.1.2　热继电器的结构与符号

热继电器的结构中各部件的名称及作用如表 9.1.2 所示。

表 9.1.2　热继电器各部件的名称及作用

结构	部件名称	作用	备注
外部结构	热元件 L1、L2、L3 端	接三相电源侧	
	热元件 T1、T2、T3 端	接三相负载侧	
	95、96 接线端子	常闭触点	接接触器线圈
	97、98 接线端子	常开触点	接报警或指示电路
	整定值调节钮	调节热继电器动作电流	将整定旋钮调至相应整定电流值的位置。整定电流是指能长期通过热元件而不引起热继电器动作的电流值
	复位调节螺钉	调节复位方式	螺钉旋入为自动复位,旋出为手动复位
	手动复位按钮	进行触头复位	过载故障排除后,需手动复位,使常闭触点再次闭合

续表

结构	部件名称	作用	备注
内部结构	电阻丝	热元件发热,导体产生热量	
	热元件双金属片	受热产生变形	变形大小与温度成正比
	传动推板	控制触点动作	将双金属片的变形位移传递给触头
	常开触点、常闭触点	接通或分断电路	

热继电器的工作原理:当电动机过载时,流过热元件的电流增大,热元件产生的热量使双金属片弯曲,推动导板向左移动,进而推动温度补偿元件,使推杆绕轴转动,从而推动触头动作,串联在电动机控制线路中的常闭触头断开,使接触器线圈断电释放,将电动机电源切断起到保护作用。

2. 热继电器的型号规格

热继电器的型号规格如图 9.1.3 所示。

例如,JR36-20/3 表示 JR36 系列、壳架额定电流为 20 A 的三相热继电器。

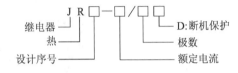

图 9.1.3　热继电器的型号

我国目前生产的热继电器主要有 JR0、JR1、JR2、JR9、R10、JR15、JR16 等系列,JR1、JR2 系列热继电器采用间接受热方式,其主要缺点是双金属片靠发热元件间接加热,热耦合较差;双金属片的弯曲程度受环境温度影响较大,不能正确反映负载的过流情况。

JR15、JR16 等系列热继电器采用复合加热方式并采用了温度补偿元件,因此能正确地反映负载的工作情况。

JR1、JR2、JR0 和 JR15 系列的热继电器均为两相结构,是双热元件的热继电器,可以用作三相异步电动机的均衡过载保护和 Y 形连接定子绕组的三相异步电动机的断相保护,但不能用作定子绕组为△连接的三相异步电动机的断相保护。

JR16 和 JR20 系列热继电器均为带有断相保护的热继电器,具有差动式断相保护机构。对于三相感应电动机,定子绕组为△连接的电动机必须采用带断相保护的热继电器。

3. 热继电器的选用

图 9.1.4 所示为 JR36-20 系列的热继电器的主要技术参数。选择热继电器作为电动机的过载保护时,应使选择的热继电器的安秒特性位于电动机的过载特性之下,并尽可能地接近,甚至重合,以充分发挥电动机的能力,同时使电动机在短时过载和启动瞬间$(4\sim 7)I_N$时不受影响。

(1)热继电器的类型选择。一般轻载启动、长期工作的电动机或间断长期工作的电动

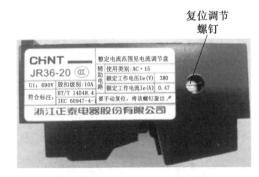

图 9.1.4　JR36-20 系列热继电器的技术参数

机,选择两相结构的热继电器;电源电压的均衡性和工作环境较差或较少有人照管的电动机,选用带断相保护装置的热继电器。

（2）热继电器的额定电流及型号选择。根据热继电器的额定电流应大于电动机的额定电流的原则,确定热继电器的型号。

（3）热元件的额定电流选择。热继电器的热元件的额定电流应略大于电动机的额定电流。

（4）热元件的整定电流选择。根据热继电器的型号和热元件额定电流,确定热元件额定电流的调节范围。一般将热继电器的整定电流调整到电动机的额定电流;对过载能力差的电动机,可将热元件整定值调整到电动机额定电流的 0.6~0.8 倍;对启动时间较长,拖动冲击性负载或不允许停车的电动机,热元件的整定电流应调整到电动机额定电流的 1.1~1.15 倍。

例如,某电机的额定电流 9 A,额定电压 380 V,若选用 JR36-20 型热继电器（JR36-20 系列的热元件号及整定电流范围如表 9.1.3 所示）,可选热元件号 10#,其额定电流等级 11 A,调节范围 6.8~11 A,因此可设置整定电流为 9 A。

表 9.1.3　JR36-20 系列的热元件号及整定电流范围

型号	热元件号	整定电流范围/A	型号	热元件号	整定电流范围/A
JR36-20	1#	0.25~0.3~0.35	JR36-20	7#	2.2~2.8~3.5
	2#	0.32~0.4~0.5		8#	3.2~4~5
	3#	0.45~0.6~0.72		9#	4.5~6~7.2
	4#	0.68~0.9~1.1		10#	6.8~9~11
	5#	1~1.3~1.6		11#	10~13~16
	6#	1.5~2~2.4		12#	14~18~22

4. 热继电器的安装及使用

（1）热继电器只能作为电动机的过载保护,而不能用作短路保护。

（2）热继电器安装时,应清除触头表面尘污,以免因接触电阻太大或电路不通,影响热继电器的动作性能。

（3）热继电器必须按照产品说明书规定的方式安装。当与其他电器装在一起时,应注意将热继电器装在其他电器的下方,以免其动作特性受到其他电器发热的影响。

（4）热继电器出线端的连接导线应按说明书中规定的选用。这是因为导线的材料和粗细均能影响到热元件端接点传导到外部热量的多少。导线过细,轴向导热差,热继电器可能提前动作;导线过粗,轴向导热快,热继电器可能滞后动作。若用铝芯导线,导线的截面积应增大约 1.8 倍,且端头应搪锡。

二、三相交流异步电动机连续运转控制

点动控制属于短时工作方式,因此不需要对电动机进行过载保护。而连续控制电路中的电动机往往要长时间工作,所以必须对电动机进行过载保护。图 9.1.5 所示为三相异步电动机连续运转控制电路的电气原理图。

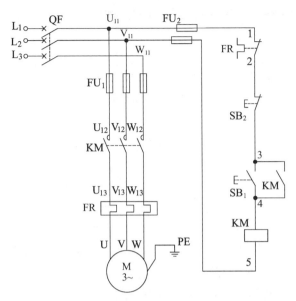

图 9.1.5 三相异步电动机连续运转控制电路

图 9.1.5 中,断路器 QF、熔断器 FU_1、接触器 KM 的主触头、热继电器 FR 的热元件与电动机 M 构成主电路。

启动按钮 SB_1、停止按钮 SB_2、接触器 KM 的线圈及其常开辅助触头、热继电器 FR 的常闭触头和熔断器 FU_2 构成控制回路。

启动时,合上 QF,引入三相电源。按下 SB_1,交流接触器 KM 的线圈通电,接触器主触头闭合,电动机接通电源直接启动运转。同时,与启动按钮并联的接触器常开辅助触头闭合,当松开 SB_1 时,KM 线圈通过本身辅助触点继续保持通电,从而保证电动机连续运转。这种依靠接触器自身辅助触点保持线圈通电的电路,称为自锁或自保电路,辅助常开触点称为自锁触点。

当需要电动机停止运转时,可按下停止按钮 SB_2,切断 KM 线圈电路,KM 常开主触点与辅助触点均断开,切断电动机电源电路和控制电路,电动机停止运转。

该电路可实现保护环节如下:

(1)短路保护

由熔断器 FU_1、FU_2 分别实现主电路和控制电路的短路保护。为扩大保护范围,在电路中熔断器应安装在靠近电源端,通常安装在电源开关下方。

(2)过载保护

由于熔断器具有反时限保护特性和分散性,难以实现电动机的长期过载保护,为此采用热继电器 FR 实现电动机的长期过载保护。当电动机出现长期过载时,串接在电动机定子电路中的双金属片因过热变形,致使其串接在控制电路中的常闭触头打开,切断 KM 线圈电路,电动机停止运转,实现过载保护。

(3)欠压和失压保护

当电源电压由于某种原因严重欠压或失压时,接触器电磁吸力急剧下降或消失,衔铁释放,常开主触点与自锁触点断开,电动机停止运转。而当电源电压恢复正常时,电动机不会自行启动运转,避免事故发生。因此具有自锁的控制电路具有欠压与失压保护功能。

三、故障查找方法

当电路出现故障时,通常需要维修人员对电气线路进行必要的检测与维修。故障现象有很多种,产生的原因也有很多种,但检修方法和步骤却是不变的。排除故障的方法主要有电压法和电阻法两类,主要步骤如下:

(1)用试验法观察故障现象,初步判定故障范围。试验法是在不扩大故障范围,不损坏电气设备和机械设备的前提下,对线路进行通电试验,通过观察电气设备和电器元件的动作,判断电路是否正常、各控制环节的动作程序是否符合要求,找出故障发生的部位或回路。

(2)用逻辑分析法缩小故障范围。逻辑分析法是指根据电气控制线路的工作原理、控制环节的动作程序及它们之间的联系,结合故障现象进行具体的分析,迅速地缩小故障范围,从而判断故障所在。这种方法是一种以判断准确为前提,尽快查出故障点为目的的检查方法,特别适用于对复杂线路的故障检查。

(3)测量法确定故障点。测量法是利用电工工具和仪表(如测电笔、万用表、钳形电流表、兆欧表等)对线路进行带电或断电测量,这是查找故障的有效方法。

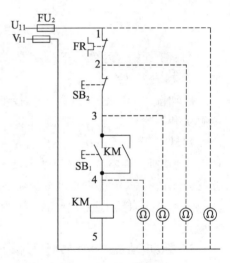

图 9.1.6　电阻分阶测量法

1. 电阻分阶测量法

电阻分阶测量法如图 9.1.6 所示。按下启动按钮 SB_1,若接触器 KM 不吸合,说明 KM 线圈得电回路有故障。

检查时,先断开电源,把万用表转换到电阻挡 2 kΩ,按下 SB_1 不放,测量 1-5 两点间的电阻。如果电阻为无穷大,说明电路断路,然后逐段分阶测量 5-4、5-3、5-2 间的电阻值。如果测量到某标号时,电阻突然增大,则说明表棒刚跨过的触头或连接线接触不良或断路。电阻分阶测量法查找故障点的可能情况如表 9.1.4 所示。

表 9.1.4　电阻分阶测量法查找故障点的可能情况

故障现象	测试状态	5-1	5-2	5-3	5-4	故障点
按下 SB_1 时,KM 不吸合	按下 SB_1 不放	∞	R	R	R	FR 常闭触头接触不良
		∞	∞	R	R	SB_2 接触不良
		∞	∞	∞	R	SB_1 接触不良
		∞	∞	∞	∞	KM 线圈断路

注:R 表示有一定的电阻值,数值为 KM 线圈的冷态直流电阻。

2. 电阻分段测量法

电阻的分段测量法如图 9.1.7 所示。检查时,先切断电源,按下启动按钮 SB_1,然后逐段测量相邻两标号点 1-2、2-3、3-4、4-5 间的电阻。如果某两点间测量电阻很大,则说明该触头接触不良或导线断路。例如,测得 2-3 两点间电阻很大,说明停止按钮 SB_2 接触不良。

注意:电阻测量法的优点是安全,缺点是测量电阻值不准确时易造成判断错误,为此应注意以下几点:

(1) 用电阻测量法检查故障时,一定要断开电源。

(2) 所测量电路如与其他电路并联,必须将该电路与其他电路断开,否则所测电阻值不准确。

(3) 测量高电阻电器元件时,要将万用表的电阻挡打到适当的位置。

3. 电压分段测量法

首先将万用表的转换开关打到交流电压 750 V 的挡位上,然后按图 9.1.8 所示方法进行测量。先用万用表测量 5-1 两点间的电压,若为 380 V,则说明电源电压正常。然后一人按下启动按钮 SB_1,若接触器 KM 不吸合,则说明电路有故障,这时另一人可用万用表的红、黑两根表棒逐段测量相邻两点 1-2、2-3、3-4、4-5 间的电压,检测若有电压,则说明该检测段为开路故障。根据测量结果(表 9.1.5)可找出故障点。

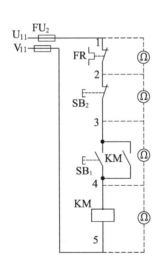

图 9.1.7 电阻分段测量法

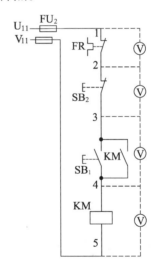

图 9.1.8 电压分段测量法

表 9.1.5 电压分段测量法所测电压值及故障点

故障现象	测试状态	1-2	2-3	3-4	4-5	故障点
按下 SB_1 时,KM 不吸合	按下 SB_1 不放	有电压	0	0	0	FR 常闭触头接触不良
		0	有电压	0	0	SB_2 触头接触不良
		0	0	有电压	0	SB_1 触头接触不良
		0	0	0	有电压	KM 线圈断路

任务实施：传送带电控箱组装及运行调试

1. 任务说明

工业生产中,通常采用传送带设备输送各类物料或产品。电路通过一台三相交流电机驱动每段传送带运行,设有"启动、停止、紧急停止"操作按钮,并具有短路、过载、失压等基本保护功能。本任务要求各小组首先根据表9.1.1准备好实训设备和元器件,然后对图9.1.9所示的传送带工作原理进行分析,并且能够根据传送带的电气原理图画出电气安装布置图和接线图,最后完成传送带电控箱的安装与运行调试。

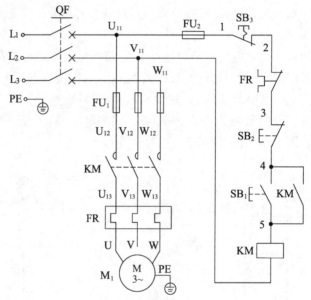

图 9.1.9　传送带电气原理图

2. 工作原理

启动:

闭合断路器QF → 按下启动按钮SB_1 → KM线圈得电吸合 → KM主触点闭合、KM常开辅助触点闭合 → 电动机启动运行,传送带工作。

停止:

按下停止按钮SB_2或按下急停按钮SB_3 → KM线圈失电释放 → KM主触点断开、KM常开辅助触点断开 → 电动机断电停止,传送带停止工作。

保护:

熔断器FU_1对主电路起短路保护作用;熔断器FU_2对控制电路起短路保护作用;热继电器FR对电机起过载保护作用;接触器KM具有失压、欠压保护作用。

3. 任务步骤

第1步:根据表9.1.1准备好电器元件,并检测断路器、熔断器、按钮和接触器、热继电器、电动机的质量好坏,特别要注意检查接触器线圈电压是否符合控制电路的电压等级。

第 2 步：按照图 9.1.10 所示在电器板上安装元器件,要求各元器件安装位置整齐、匀称,间距合理。

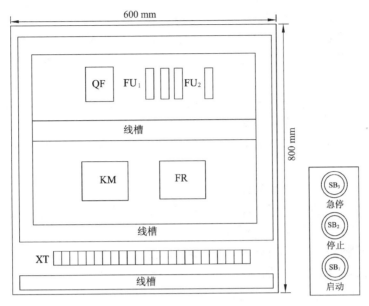

图 9.1.10　传送带电控箱安装布置图

第 3 步：按照图 9.1.11 所示进行接线。接线应先接主电路,再接控制电路。线路安装应尽量做到合理布线、就近走线;编码正确、齐全;接线可靠,不松动、不压皮、不损伤线芯。

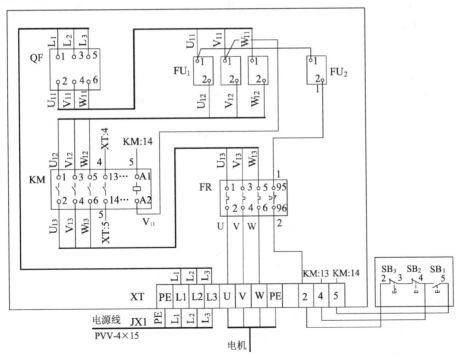

图 9.1.11　传送带电控箱安装接线图

第 4 步：通电前检查。接线完成后，必须经过认真检查，才允许通电，以防错接、漏接造成不能正常工作或短路事故。检查步骤如下：

（1）对控制电路进行检查（将电机的接线端子拆除）

① 将数字万用表打到 2 kΩ 电阻挡，表棒分别放在 U_{11} 和 V_{11} 线端上，读数应为"∞"。

② 按下启动按钮 SB_1 时，读数应为接触器 KM 线圈的冷态直流电阻值（几百或一千多欧姆）。

③ 松开启动按钮 SB_1，手动按下接触器 KM 使衔铁吸合，读数也应为接触器 KM 线圈的冷态直流电阻值（几百或一千多欧姆）。

④ 按下启动按钮 SB_1（或手动按下接触器 KM），同时按下停止按钮 SB_2（或急停按钮 SB_3），读数应为"∞"。

（2）检查主电路有无开路或短路现象

① 闭合断路器 QF，将数字万用表打到 200 Ω 电阻挡或蜂鸣挡，表棒分别放在 L_1 和 U、L_2 和 V、L_3 和 W 线端上，读数都应为"∞"。

② 手动按下接触器 KM 使衔铁吸合，表棒分别放在 L_1 和 U、L_2 和 V、L_3 和 W 线端上，万用表上应都有读数或都发出蜂鸣声。

第 5 步：通电调试。

检查接线无误后，接通交流电源，合上断路器 QF，此时电动机不转，按下启动按钮 SB_1，电动机 M 应自动连续运转并驱动传送带工作，按下停止按钮 SB_2 或急停按钮 SB_3，电动机应停止转动，传送带停止工作。若出现异常，则应分断电源，分析排查故障后使之正常工作。

若电动机 M_1 连续运行一段时间后，电源电压降到 320 V 以下或电源断电，则 KM 主触点会断开，电动机停转。再次恢复电压 380 V（允许正负 10% 波动），电动机应不会自行启动——具有欠压、失压保护。

如果电动机 M_1 转轴被卡住而接通交流电源，则在几秒内热继电器 FR 应动作，自动断开加在电动机上的交流电源（注意：接通时间不能超过 10 s，否则电动机过热会冒烟导致损坏）。

第 6 步：实验结束后关闭设备总电源，整理器材，做好实验室 5S 工作。

第 7 步：小组实验总结。

4. 评分标准

本任务实施评分标准如表 9.1.6 所示。

表 9.1.6　传送带电控箱组装及运行调试评分标准

序号	考核项目	评分标准	配分	得分
1	安装前检查	① 选错元件数量或型号规格，每处扣 2 分； ② 电器元件漏检或错检，每处扣 1 分。	10	
2	安装元器件	① 不按布置图安装，扣 15 分； ② 元器件安装不牢固，每处扣 3 分； ③ 元器件安装不整齐、不均匀对称、不合理，每处扣 3 分； ④ 损坏元器件，扣 15 分。	15	

续表

序号	考核项目		评分标准	配分	得分
3	布线		① 不按电路图接线,扣 15 分; ② 布线不符合要求,主电路每根扣 4 分,控制电路每根扣 2 分; ③ 接点松动、露铜过长等,每处扣 1 分; ④ 损坏导线绝缘或线芯,每处扣 5 分; ⑤ 导线乱线敷设,扣 20 分。	30	
4	通电前检查		① 不会对主电路进行检查,扣 5 分; ② 不会对控制电路进行检查,扣 5 分。	10	
5	故障分析与排除		① 会但不熟悉,扣 2 分; ② 掌握部分,扣 5 分; ③ 基本不会,扣 10 分。	10	
6	通电试车		① 第一次试车不成功,扣 5 分; ② 第二次试车不成功,扣 10 分; ③ 第三次试车不成功,扣 15 分。	15	
6	安全文明操作		① 穿拖鞋、衣冠不整,扣 5 分; ② 实验完成后未进行工位卫生打扫,扣 5 分; ③ 工具摆放不整齐,扣 5 分。	10	
7	定额时间	120 min	一般不允许超时,只有在修复故障过程中才允许超时,每超时 1 min,总分扣 5 分。		
8	开始时间		结束时间	总评分	

注:除定额时间外,各项最高扣分不应超过其配分。

任务 2　普通车床电控箱的组装与运行调试

任务目标

1. 了解变压器的用途与分类,掌握变压器的结构和工作原理;
2. 了解三相电压的变换,能够识读变压器的铭牌,掌握变压器的选用原则;
3. 能够熟练使用仪表判断变压器的同名端;
4. 掌握信号灯的作用、符号及选用;
5. 掌握普通车床的工作原理;
6. 能够根据普通车床的电气原理图画出电气安装布置图和接线图,并完成安装接线与通电调试。

实训设备和元器件

任务所需实训设备和元器件如表 8.2.4 所示。

基础知识

一、变压器

(一)变压器的用途和分类

1. 变压器的用途

变压器是根据电磁感应原理制成的一种电气设备,它具有变换电压、变换电流和变换阻抗的功能,因而在各个领域获得广泛的应用。

在电力系统中输送一定的电功率时,由于三相电功率 $P=\sqrt{3}\,UI\cos\varphi$,在功率因数一定时,电压 U 越高,电流 I 就愈小,这样不仅可以减小输电导线的截面,节省材料,还可降低功率损耗,故电力系统中均用高电压输送电能。图 9.2.1 是输配电系统示意图,图中发电机的电压通常为 6.3 kV、10.5 kV 等,不可能将电能输送到很远的地区,故用升压变压器将电压升高到 35~500 kV 进行远距离输电。例如,220 kV 输电线路可将 100~500 MW 的电力输送200~300 km 的距离。当电能送到用电地区后,用降压变压器将电压降低到较低的配电电压(一般为 10 kV),分配到各工厂、用户。最后,再用配电变压器将电压降低到用户所需的电压等级(如 380 V/220 V),供用户使用。

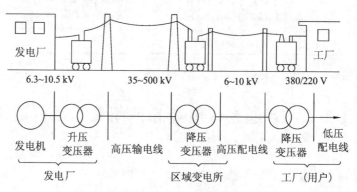

图 9.2.1　输配电系统示意图

在电子电路中,变压器不仅可作为获得合适电压的电源,还可用来传递信号和实现阻抗匹配。

2. 变压器的分类

变压器的种类很多,下面归纳的是常用变压器的分类。

(1)按用途分类

电力变压器:用于输配电系统的升压或降压,是一种最普通的常用变压器。

仪表用变压器:如电压互感器、电流互感器,用于测量仪表或用作继电保护装置。

特殊用途变压器:如冶炼用的电炉变压器、电解用的整流变压器、焊接用的电焊变压器等。

控制和电源变压器:如用于电子线路和自动控制系统中的小功率电源变压器、控制变压器和脉冲变压器等。

（2）按相数分类

单相变压器：用于单相负荷和三相变压器组。

三相变压器：用于三相系统的升、降电压。

（3）按绕组数分类

自耦变压器：低压边绕组是高压边绕组的一部分，常用在电压变化不大的系统中。

双绕组变压器：变压器绕组的基本形式，广泛应用于两个电压等级的电力系统中。

（4）按铁芯形式分类

按铁芯形式分类有芯式变压器和壳式变压器。

（5）按冷却方式分类

油浸式变压器：靠绝缘油进行冷却。

干式变压器：依靠辐射和空气对流进行冷却，一般容量较小。

充气式变压器：变压器的器身放在封闭的铁箱内，箱内充以绝缘性能好、传热快、化学性能稳定的气体。

常用变压器的实物图如图9.2.2所示。

(a) 三相变压器　　(b) 单相变压器　　(c) 油浸式变压器　　(d) 充气式变压器　　(e) 自耦变压器

图9.2.2　常用变压器实物

（二）变压器的结构和工作原理

1. 变压器的结构

虽然变压器种类繁多，用途各异，但变压器的基本结构大致相同。最简单的变压器由一个闭合的软磁铁芯和两个套在铁芯上相互绝缘的绕组所构成。变压器的基本结构及符号如图9.2.3所示。与交流电源相接的绕组称为一次侧绕组（又称原边绕组或初级绕组），与负载相接的绕组称为二次侧绕组（又称副边绕组或次级绕组）。根据需要，变压器的二次侧绕组可以有多个，以提供不同的交流电压。

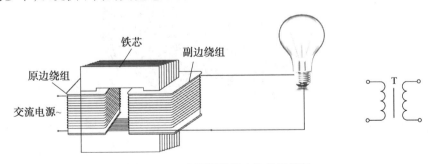

图9.2.3　变压器的基本结构及符号

铁芯是变压器的磁路部分,为了减小涡流及磁滞损耗,铁芯多用厚度为 0.35 ~ 0.50 mm 的硅钢片叠成。硅钢片两侧涂有绝缘漆,使叠片相互绝缘。按铁芯的构造,变压器又可分为芯式和壳式两种,如图 9.2.4 所示。小型变压器的铁芯常采用各种不同形状的硅钢片叠合而成。常用的有山字形(EI 形)、F 形、日字形及卷片式铁芯(C 形),如图 9.2.5 所示。卷片式铁芯不但加工方便,而且有较好的工作特性。

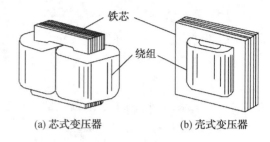

(a) 芯式变压器　　　　(b) 壳式变压器

图 9.2.4　芯式变压器和壳式变压器

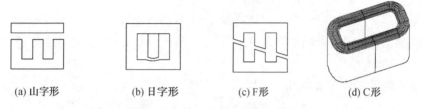

(a) 山字形　　　　(b) 日字形　　　　(c) F形　　　　(d) C形

图 9.2.5　小型变压器的铁芯形式

变压器在工作时,铁芯和绕组都会发热,必须采用冷却措施。对小容量变压器多用空气冷却方式,对大容量变压器多用油浸自冷、油浸风冷或强迫油循环风冷等方式。图 9.2.6 所示为油浸式变压器外形图,油浸式变压器的铁芯和绕组都浸在油里。变压器油除了起冷却作用外,还能增强变压器内部的绝缘性能。油箱外壳接有油管,可使油流动,以扩大散热面积,加快散热速度。

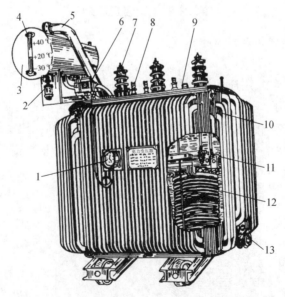

1—温度计；2—吸湿器；3—游标；4—安全气道；5—储油柜；6—气体继电器；7—高压套管；
8—低压套管；9—分接开关；10—油箱；11—铁芯；12—线圈；13—放油阀门

图 9.2.6　油浸式变压器

2. 变压器的工作原理

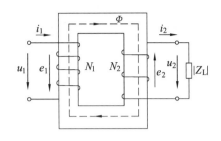

图 9.2.7 为单相变压器的工作原理图。一次绕组从电源输入电能,绕组的匝数用 N_1 表示;二次绕组向负载输出电能,绕组的匝数用 N_2 表示。一次绕组 N_1 接入交流电源 u_1,绕组中流过的交流电流在铁芯中产生交变磁通 Φ,该磁通 Φ 又与一次和二次绕组交链,分别产生感应电动势 e_1、e_2,二次侧接上负载 Z_L 时,e_2 可向负载供电。

图 9.2.7 单相变压器的工作原理

注意:变压器只用于交流电路中传递电能,只改变交流电压、交流电流的大小,而不改变频率。

(1)变压器的电压变换

铁芯变压器是一个非线性元件,当变压器的副边绕组开路,原边绕组和电源连接时,称为变压器的空载运行。变压器空载运行时,原、副边电压比为

$$\frac{U_1}{U_{20}} = \frac{N_1}{N_2} = K \tag{9.2.1}$$

式中,U_1 为一次绕组输入的电压;U_{20} 为二次绕组的开路电压,两绕组上电压比值等于两绕组的匝数比值;K 为变压比。$K>1$ 时,为降压变压器;$K<1$ 时,为升压变压器。

(2)变压器的电流变换

变压器的原边接额定电压,副边接负载时,变压器处于负载运行状态,此时原、副边电流之比为

$$\frac{I_1}{I_2} = \frac{N_2}{N_1} = \frac{1}{K} \tag{9.2.2}$$

式中,I_1 为原边绕组电流的有效值;I_2 为副边绕组电流的有效值。

(3)变压器的阻抗变换

变压器除了能改变交流电压和电流的大小外,还具有变换负载阻抗的作用,以实现"匹配"。图 9.2.8 中,负载阻抗模 $|Z_L|$ 接在变压器二次侧,而图中的点画线框部分可以用一个阻抗模 $|Z_L'|$ 来等效代替。所谓等效,就是输入线路的电压、电流和功率不变。也就是说,直接接在电源上的阻抗模 $|Z_L'|$ 和接在变压器二次侧的负载阻抗模 $|Z_L|$ 是等效的,两者的关系可通过式(9.2.3)计算得出。

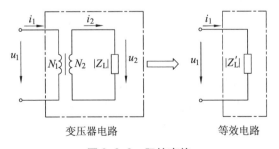

变压器电路   等效电路

图 9.2.8 阻抗变换

$$|Z'_L| = \frac{U_1}{I_1} = \frac{KU_2}{\frac{1}{K}I_2} = K^2\frac{U_2}{I_2} = K^2|Z_L| \tag{9.2.3}$$

从式(9.2.3)可以看出,变压器次级负载阻抗$|Z_L|$反映到初级的等效阻抗为$|Z'_L| = K^2 \cdot |Z_L|$,即阻抗扩大了K^2倍。

（三）三相变压器

要变换三相电压可采用三相变压器,其铁芯有三个芯柱,每相的初级、次级绕组同心地装在一个芯柱上,如图9.2.9(a)所示。三个初级绕组的首末端分别用U_1、V_1、W_1和U_2、V_2、W_2表示,三个次级绕组的首末端分别用u_1、v_1、w_1和u_2、v_2、w_2表示。三相初级绕组所接电压是对称的,产生的交变磁通是对称的,次级电压也是对称的。

图9.2.9(b)和(c)所示是三相变压器连接的两个例子。Y/Y_0连接的三相变压器供动力负载和照明负载共用,低压一般是400 V,高压不超过35 kV;$Y/\triangle$连接的变压器,低压一般是10 kV,高压不超过60 kV。

高压侧连接成 Y 形,相电压只有线电压的$1/\sqrt{3}$,可以降低每相绕组的绝缘要求;低压侧连接成$\triangle$形,相电流只有线电流的$1/\sqrt{3}$,可以减小每相绕组的导线截面。

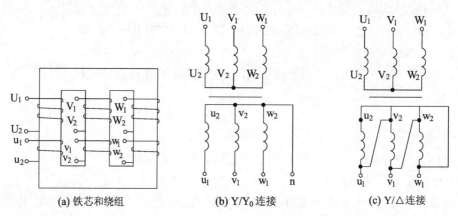

| (a) 铁芯和绕组 | (b) Y/Y_0 连接 | (c) $Y/\triangle$ 连接 |

图9.2.9　三相变压器

（四）变压器的铭牌参数和选用原则

1. 变压器的铭牌

每一台变压器都有一个铭牌,铭牌上标注着变压器的型号、额定数据及其他数据。只有理解铭牌上各种数据的含义,才能正确使用变压器。图9.2.10所示为电力变压器的铭牌。

（1）型号

电力变压器的型号是用字母和数字表示的,字母表示类型,数字表示额定容量(kV·A)和高压侧的额定电压(kV),如图9.2.11所示。通常800 kV·A以下容量的电力变压器称为小型变压器;(1 000~6 300) kV·A称为中型变压器;(8 000~63 000) kV·A称为大型变压器;90 000 kV·A及以上的称为特大型变压器。

（2）变压器的额定值

① 额定容量 S_N：额定容量就是变压器的额定视在功率，单位为 V·A 或 kV·A。由于变压器效率很高，因此可近似地认为高、低压侧容量相等。

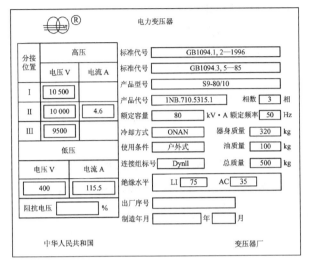

图 9.2.10　电力变压器的铭牌

图 9.2.11　电力变压器的型号

单相变压器的额定容量为　　　$S_N = U_{1N}I_{1N} = U_{2N}I_{2N}$

三相变压器的额定容量为　　　$S_N = \sqrt{3}\,U_{1N}I_{1N} = \sqrt{3}\,U_{2N}I_{2N}$

② 额定电压 U_{1N}/U_{2N}。

单相变压器：U_{1N} 是电源加到原边绕组上的额定电压；U_{2N} 是原边绕组加上额定电压后副边开路即空载运行时副绕组的端电压，单位为 V 或 kV。

三相变压器：U_{1N}/U_{2N} 代表原边/副边的线电压，单位为 V 或 kV。

③ 额定电流 I_{1N}/I_{2N}。

单相变压器：变压器额定运行时一、二次绕组的电流，单位为 A。

三相变压器：变压器额定运行时一、二次绕组的线电流，单位为 A。

④ 额定频率 f_N：我国规定标准工业用电额定频率为 50 Hz。

⑤ 阻抗电压：阻抗电压又称短路电压，它标志在额定电流时变压器阻抗压降的大小。

⑥ 温升：温升是变压器在额定运行状态时允许超过周围环境温度的值，它取决于变压器所用绝缘材料的等级。

2. 变压器的选用原则

（1）一次侧额定电压必须符合电源电压的要求：$U_{1N} = U_S$。

（2）二次侧额定电压必须满足负载电源要求：$U_{2N} = U_L$。

（3）二次侧额定电流 ≥ 负载电流：$I_{2N} \geqslant I_L$。

（4）额定频率符合电源及负载频率的要求：$f_N = 50$ Hz。

【例 9-1】　现有一台单相变压器，额定容量 1 kV·A，额定电压 400 V/220 V，如果在该变压器次级接入日光灯负载（其额定参数：220 V，20 W，$\cos \varphi = 0.45$）。试求：该变压器最多可连接多少盏日光灯？

解：方法一   变压器二次侧输出的 $P_{max} = S_N \cdot \cos \varphi = 450 \text{ W}$

可接日光灯 $n = P_{max}/P_N = 450/20 = 22$ 盏

方法二   每盏灯的电流 $I_N = P_N/U_N \cos \varphi = 20/(220 \times 0.45) = 0.2 \text{ A}$

变压器二次侧 $I_{2N} = S_N/U_{2N} = 1\,000/220 = 4.545 \text{ A}$

可接日光灯 $n = I_{2N}/I_N = 4.545/0.2 = 22$ 盏

【例 9-2】   已知三相供电变压器的额定容量 40 kV·A，额定电压为 6 000 V/400 V。现有一台大功率三相交流电动机（其额定电压 400 V，额定功率 35 kW，功率因数为 0.8），试分析计算并说明该变压器能否为这台电动机供电？

解：方法一   变压器二次侧输出的 $P_{max} = S_N \cdot \cos \varphi = 40 \times 0.8 = 32 \text{ kW}$

由于 $P_{max} <$ 电机功率 P_N，故该电机不能接入。

方法二   电机额定电流 $I_N = P/(\sqrt{3}\,U_N \cos \varphi) = 35\,000/(\sqrt{3} \times 400 \times 0.8) = 63.15 \text{ A}$

变压器二次侧额定电流 $I_{2N} = S_N/\sqrt{3}\,U_{2N} = 40\,000/(\sqrt{3} \times 400) = 57.7 \text{ A}$

由于变压器二次侧额定电流 $I_{2N} <$ 电机额定电流 I_N，故该电机不能接入。

（五）变压器的同名端

1. 同名端（同极性端）的概念

所谓同名端，就是当电流从两个线圈的同极性端流入（或流出）时，产生的磁通的方向相同；或者当磁通变化（增大或减小）时，在同极性端感应电动势的极性也相同。也可定义为瞬时电压极性相同的两个引线端，称为同名端。同名端一般用记号"●"或者"＊"标明在变压器上。

2. 判断同名端的意义

变压器的原边或副边有两个绕组时，若将两个绕组串联或并联，必须先知道两个绕组的同名端，否则串联错了将无电压输出，并联错了会造成短路。图 9.2.12 所示为一个控制变压器，该变压器的两个绕组分别为 A、B，根据右手螺旋法则可以判断出端子 1 和端子 3 为同名端，2 和 4 为同名端，图 9.2.12(a) 为绕组 A 和 B 串联，图 9.2.12(b) 为绕组 A 和 B 并联。

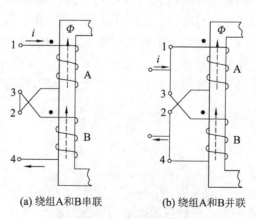

(a) 绕组A和B串联   (b) 绕组A和B并联

图 9.2.12   绕组串并联

3. 变压器绕组同名端的判断

由于变压器通常是密闭的，若没有标明记号，绕组同名端和实际绕向均无法知道，为了判定变压器两个绕组的同名端,常采用交流法和直流法两种方法判别。

（1）直流测定法（指针式仪表）

如图 9.2.13 所示,若 K 闭合瞬间,指针右偏,表示 1 和 3 为同名端;反之,则表示 1 和 4 为同名端。

（2）交流测定法

如图 9.2.14 所示,将初级、次级绕组任意两端相连（如 2 与 4 相连）,然后在初级绕组 1、2 两端加电压 U_{12},测试电压 U_{34}、U_{13}。

若 $U_{13} = U_{12} - U_{34}$,则"1 和 3"是同名端;

若 $U_{13} = U_{12} + U_{34}$,则"1 和 4"是同名端。

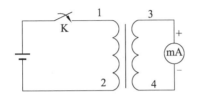

图 9.2.13 直流测定法

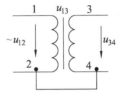

图 9.2.14 交流测定法

二、信号灯（指示灯）

信号灯主要在各种电气控制线路中作指示信号、预告信号、事故信号及其他指示信号之用。目前较常用的型号有 XD、AD1、AD11 系列等。信号灯的外形及符号如图 9.2.15 所示。

(a)信号灯外形　　(b)信号灯的图形符号及文字符号

图 9.2.15 信号灯的外形及符号

信号灯供电的电源可分为交流和直流,电压等级有 6.3 V、12 V、24 V、36 V、48 V、110 V、127 V、220 V、380 V 多种。

电气装置中信号灯的颜色有红、黄、绿和白色,灯的颜色及其含义如下:

（1）红色信号灯的含义是"危险和告急"。红色信号灯表明"有危险或必须立即采取行动"或"设备已经带电"。应用举例:① 有触及带电或运动的部件的危险;② 因保护器件动作而停机;③ 温度已超过(安全)极限;④ 润滑系统失压。

（2）黄色信号灯的含义是"注意"。黄色信号灯表明"情况有变化或即将发生变化"。应用举例:① 温度(或压力)异常;② 仅能承受允许的短时过载。

（3）绿色信号灯的含义是"安全"。绿色信号灯表明"正常或允许进行"。应用举例:① 机器准备启动;② 自动控制系统运行正常;③ 冷却通风正常。

（4）蓝色信号灯的含义是"按需要指定用意"。蓝色信号灯表明"除红、黄、绿"三色之外的任何指定用意。应用举例:① 遥控指示;② 选择开关在"设定"位置。

（5）白色信号灯的含义是"无特殊用意"。

任务实施1: 变压器的认知与实践

1. 任务说明

任务要求学员能够识别各类常用变压器的电气符号,熟悉其结构、工作原理及额定技术参数,对单相变压器进行测试,并正确判别其极性(同名端)。

2. 任务步骤

第1步: 根据表9.2.1准备好实训设备器材及仪表。

表9.2.1　实训设备器材及仪表

序号	器件名称	型号规格	数量
1	交流电路实验箱及配套的三相四极电源	THA-JD1 型	1
2	各类变压器		若干
3	数字式万用表	VC890C+	1个
4	导线		若干

第2步: 熟悉常用变压器电气符号。

电力变压器 TM:

三相变压器:

三相调压器:

单相控制变压器 TC:

单相自耦变压器:

单相自耦调压器:

第3步: 选择其中一台变压器,记录其型号规格及额定技术参数。

型号规格 _____;额定容量 _____ V·A;

一次侧(初级):额定电压_____ V, 额定电流_____ A。

二次侧(次级):额定电压_____ V, 额定电流_____ A。

第4步: 检测变压器的绕组。

变压器不接电源时,用万用表欧姆挡(200 Ω 或 2 kΩ 挡)测量每个绕组的两根引出线,并记住每个绕组引出线对应的接线柱。检测数据填入表9.2.2中。

表9.2.2　变压器绕组的检测

原边			副边			好坏判断
引脚	参数	数据	引脚	参数	数据	

第 5 步：选用一台多绕组变压器，应用直流法或交流法测定变压器各绕
组的极性(同名端)，然后将次级绕组串联，在初级绕组加上额定电压，测量
次级绕组串联后输出的电压值_____。

第 6 步：实验结束后关闭设备总电源，整理器材，做好实验室 5S 工作。

第 7 步：小组实验总结。

3. 评分标准

本任务实施评分标准如表 9.2.3 所示。

表 9.2.3　变压器的认知与实践评分标准

序号	考核项目		评分标准	配分	得分
1	画出常用变压器的电气符号		每错一处扣 2 分。	10	
2	选择一台变压器记录其技术参数		每错一处扣 2 分。	10	
3	检测变压器绕组的好坏		① 不会使用万用表对变压器原边绕组的好坏进行检测，扣 10 分； ② 不会使用万用表对变压器副边绕组的好坏进行检测，扣 10 分。	20	
4	变压器同名端的判断		① 利用交流测定法或者直流测定法判定变压器的同名端，连线错误扣 10 分，测量错误扣 10 分； ② 对测试的数值分析错误，扣 10 分。	30	
5	变压器绕组串联		根据判定好的同名端，对变压器的绕组进行串联，连接错误扣 10 分，测量错误扣 10 分。	20	
6	安全文明操作		① 穿拖鞋、衣冠不整，扣 5 分； ② 工具摆放不整齐，扣 5 分。	10	
7	定额时间	40 min	超过定额时间，每超过 5 min，总分扣 10 分。		
8	开始时间		结束时间	总评分	

注：除定额时间外，各项最高扣分不应超过其配分。

任务实施 2：普通车床电控箱的组装与运行调试

1. 任务说明

普通车床电气原理图由主电路、控制电路和照明电路三部分组成，如图 8.2.11 所示。
主电路有 2 台电动机，其中，M_1 是主轴电动机，拖动主轴旋转和刀架做进给运动，由于主轴
是通过摩擦离合器实现正反转的，所以主轴电动机不能要求有正反转功能。M_2 是冷却泵电
动机。

本任务要求各小组首先根据表 8.2.4 准备好实训设备和元器件，然后对图 8.2.11 所示
的工作原理进行分析，并且能够根据图 8.2.11 所示的电气原理图画出电气安装布置图和接
线图，最后完成普通车床电控箱的组装与运行调试。

2. 工作原理

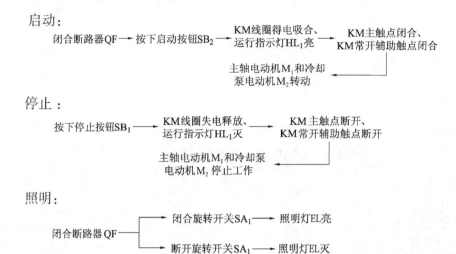

保护：熔断器 FU₁ 对主电路起短路保护作用；熔断器 FU₂ 对控制电路起短路保护作用；熔断器 FU₃对辅助电路起短路保护作用。热继电器 FR₁ 对主轴电动机 M₁ 起过载保护作用；热继电器 FR₂ 对冷却泵电动机 M₂ 起过载保护作用。接触器 KM 具有失压、欠压保护作用。

3. 任务步骤

第1步：根据表 8.2.4 准备好电器元件，并检测断路器、熔断器、按钮和接触器、热继电器、电动机等元件的质量，特别要注意检查接触器线圈电压是否符合控制电路的电压等级。

第2步：按照图 8.2.12 在电器板上安装元器件，要求各元器件安装位置整齐、匀称，间距合理。

第3步：按照图 8.2.14 和 8.2.15 进行接线。接线应先接主电路，再接控制电路，最后接辅助电路。线路安装应遵循横平竖直的原则，尽量做到合理布线、就近走线；编码正确、齐全；接线可靠，不松动、不压皮、不损伤线芯。

第4步：通电前检查。接线完成后，必须经过认真检查以后，才允许通电，以防错接、漏接造成不能正常工作或短路事故。

第5步：通电调试。

检查接线无误后，接通交流电源，合上断路器 QF，此时主轴电动机 M₁ 和冷却泵电动机 M₂ 不转；按下启动按钮 SB₂，主轴电动机 M₁ 和冷却泵电动机 M₂ 应自动连续运转，运行指示灯 HL₁ 亮；按下停止按钮 SB₁，主轴电动机 M₁ 和冷却泵电动机 M₂ 应停止转动，运行指示灯 HL₁ 灭。在断路器 QF 闭合时，若再闭合旋钮开关 SA₁，照明灯 EL 亮；断开 SA₁，照明灯 EL 灭。若出现异常，则应分断电源，分析排查故障后使之正常工作。

第6步：实验结束后关闭设备总电源，整理器材，做好实验室 5S 工作。

第7步：小组实验总结。

4. 评分标准

本任务实施评分标准如表 9.2.4 所示。

表 9.2.4 普通车床电控箱的组装与运行调试评分标准

序号	考核项目		评分标准	配分	得分
1	安装前检查		① 选错元件数量或型号规格,每处扣 2 分; ② 电器元件漏检或错检,每处扣 1 分。	10	
2	安装元器件		① 不按布置图安装,扣 15 分; ② 元器件安装不牢固,每处扣 2 分; ③ 元器件安装不整齐、不均匀对称、不合理,每处扣 2 分; ④ 损坏元器件,扣 15 分。	15	
3	布线		① 不按电路图接线,扣 15 分; ② 布线不符合要求,主电路每根扣 3 分,控制电路每根扣 2 分; ③ 接点松动、露铜过长等,每处扣 1 分; ④ 损坏导线绝缘或线芯,每处扣 3 分; ⑤ 导线乱线敷设,扣 20 分。	30	
4	通电前检查		① 不会对主电路进行检查,扣 4 分; ② 不会对控制电路进行检查,扣 4 分; ③ 不会对辅助电路进行检查,扣 2 分。	10	
5	故障分析与排除		① 会但不熟悉,扣 2 分; ② 掌握部分内容,扣 5 分; ③ 基本不会,扣 10 分。	10	
6	通电试车		① 第一次试车不成功,扣 5 分; ② 第二次试车不成功,扣 10 分; ③ 第三次试车不成功,扣 15 分。	15	
6	安全文明操作		① 穿拖鞋、衣冠不整,扣 5 分; ② 实验完成后未进行工位卫生打扫,扣 5 分; ③ 工具摆放不整齐,扣 5 分。	10	
7	定额时间	120 min	一般不允许超时,只有在修复故障过程中才允许超时,每超时 1 min,总分扣 5 分。		
8	开始时间		结束时间	总评分	

注:除定额时间外,各项最高扣分不应超过其配分。

拓展知识：自装农用电动排灌船配电盘电路

一、特殊变压器

（一）自耦变压器

图 9.2.16 所示为一种单相自耦变压器的原理图，其结构特点是闭合铁芯上只绕有一个匝数为 N_1 的一次绕组，该绕组的其中一部分匝数为 N_2，就为二次绕组。一次、二次绕组之间除了有磁的联系外，还有直接的电联系，这是自耦变压器区别于一般变压器的特点。由于同一主磁通穿过绕组，所以一次、二次电压之比与它的匝数成正比；在电源电压 U_1 一定时，磁通最大值 Φ_m 基本不变，同样存在着磁动势平衡关系，所以可得变压器一次、二次电流之比与它的匝数成反比，即

$$\left.\begin{aligned}\frac{U_1}{U_2}=\frac{N_1}{N_2}=K\\[2mm]\frac{I_1}{I_2}=\frac{N_2}{N_1}=\frac{1}{K}\end{aligned}\right\} \tag{9.2.4}$$

自耦变压器与普通变压器相比，可以节省材料，且效率高，但低压电路和高压电路直接有电的联系，所以一般电压比很大的电力变压器和输出电压为 12 V、36 V 的安全灯变压器都不采用自耦变压器。为保证安全，自耦变压器通常需进行绝缘处理。实验室中常用的调压器是一种可改变二次绕组匝数的自耦变压器，其外形和符号如图 9.2.16 所示。

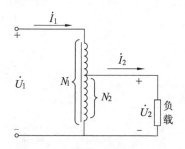

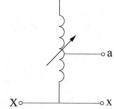

图 9.2.16　单相自耦变压器的原理图　　　　图 9.2.17　调压器的外形和符号

（二）仪用互感器

专供测量仪表使用的变压器称为仪用互感器，可分为电压互感器和电流互感器，它们都是根据变压器所具有的电磁关系制成的，其作用为使测量电路与被测高压线路在电气上绝缘，以保证人员和设备的安全，也可扩大测量仪表的量程；在自动控制和继电保护装置中还可以用来提取交流电压和电流信号。

1. 电压互感器

电压互感器常用来扩大电压测量范围，用字母 TV 表示（旧符号为 PT），主要用于高电压的测量电路中，是将一次侧的高电压按比例变为适合仪表或继电器使用的额定电压为 100 V 的变换设备。图 9.2.18 所示为电压互感器的外形和接线，电压表流过的电流很小。电压互

感器的工作状态与普通变压器的空载情况相似,其一次、二次侧电压比为

$$\frac{U_1}{U_2} = \frac{N_1}{N_2} = K_U$$

$$U_1 = K_U U_2 \qquad\qquad (9.2.5)$$

式中,K_U 是电压互感器的变换系数。

可见,利用电压互感器可将被测高电压变为低电压,电压表的读数 U_2 乘以电压比 K_U 就得到线路高电压 U_1,若将 K_U 考虑进去,可从与之配套的电压表上直接读出被测电压值。

使用电压互感器时应注意:

(1) 为保证工作安全,它的铁芯和二次绕组的一端都必须接地,否则会因绝缘损坏导致二次侧出现过高的电压而造成人员伤害和设备损坏。

(2) 电压互感器的二次绕组正常工作时电流很小,是按近似开路设计的,所以要防止短路。

图 9.2.18　电压互感器的外形和接线图

2. 电流互感器

电流互感器是根据变压器的原理制成的,用字母 TA 来表示(旧符号为 CT)。它主要用来扩大测量交流电流的量程。在测量交流电路的大电流(如测量容量较大的电动机、工频炉、焊机等的电流)时,常用的安培计的量程是满足不了测量要求的,而使用电流互感器不仅可以满足测量要求,还能使测量仪表与高压电路隔开,以保证人体与设备的安全。

电流互感器的外形和接线图如图 9.2.19 所示。它的一次绕组匝数一般只有一匝或几匝,且导线较粗,二次绕组匝数较多。使用时,其一次侧被串联到需要测量电流的电路中,二次侧与电流表或功率表的电流线圈相接。因为电流表的阻抗很小,所以二次侧接入了很小的阻抗,电流互感器运行时,相当于变压器的短路工作状态。通常电流互感器的励磁电流 I_0 极小,将其忽略,不会引入较大误差,所以一次侧被测电流 I_1 根据变压器原理,可通过电流表的电流 I_2 与匝数比计算出,即

$$\frac{I_1}{I_2} = \frac{N_2}{N_1} = K_I$$

$$I_1 = K_I I_2 \qquad\qquad (9.2.6)$$

式中,K_I 是电流互感器的变换系数。

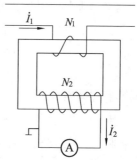

图 9.2.19　电流互感器的外形与接线图

由式(9.2.6)可见,使用电流互感器时,只要改变其一次、二次侧绕组的匝数比,就可在二次侧电流表量程不变的情况下测量出较大的电流。电流互感器的型号也很多,通常电流互感器二次绕组的额定电流规定为 5 A 或 1 A。电流互感器二次绕组接地,使用时绝对不允许开路。

测流钳是电流互感器的一种变形,它的铁芯如同一个钳子,用弹簧压紧。测量时将钳子压开而引入被测导线,这时该导线就是一次绕组,二次绕组绕在铁芯上并与安培计接通。利用测流钳可以随时随地测量线路中的电流,不必像普通电流互感器那样必须固定在一处或者在测量时要断开电路而将一次绕组串联进去。测流钳的原理如图 9.2.20 所示。

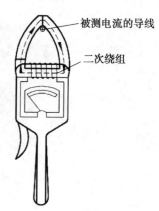

在使用电流互感器时,其二次绕组电路是绝对不允许断开的,这点和普通变压器是不一样的。因为它的一次绕组与负载是串联的,其中电流 I_1 的大小取决于负载的大小,而不是二次绕组电流 I_2 的大小。因此,当二次绕组电路断开时,如果在拆下仪表时未将二次绕组短接,I_2 的电流和磁动势立即消失,但是一次

图 9.2.20　测流钳原理图

组的电流 I_1 未变。这时铁芯内的磁通完全由一次绕组的磁动势 I_1N_1 产生,而二次绕组的磁动势为零,不能对一次绕组的磁动势起去磁作用,结果造成铁芯内产生很大的磁通。这样,一方面使铁损大大增加,可能导致铁芯发热温度过高而使电流互感器毁坏;另一方面会使二次绕组的感应电动势增大,感应电动势过高会对人员和设备带来危害。为了保证使用安全,电流互感器的铁芯及二次绕组的一端一定要接地。

二、自装农用电动排灌船配电盘电路原理

电动排灌船的泵体一般放在船头或船尾,以便出水管和岸上的水渠连接。自装农用电动排灌船配电盘电路如图 9.2.21 所示。

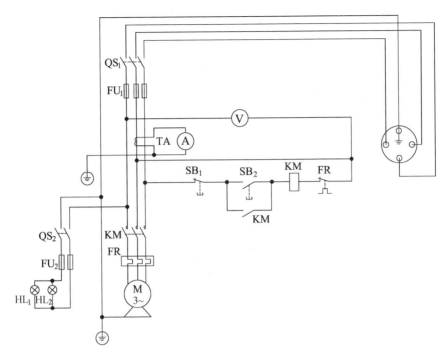

图 9.2.21 自装农用电动排灌船配电盘电路

农用排灌船所用电动机要用全封闭式。由于船上要有照明设施,因此配电盘上要有总开关、电压表、电流表、熔断器及电动机控制开关,还要安装控制照明的闸刀开关和熔断器。根据所控制的电动机容量选择熔断器及接触器。排灌船的电源线采用橡皮电缆,电缆两端各装一个 20 A 的四眼插头,一头插入船上配电盘上的四眼插座内,另一头插入岸上的配电箱插座内。电源线要防水侵入,从船上配电盘接到抽水机的一段电源线要穿过铁管,铁管须接地,以保证安全。

其工作原理如下:

农用排灌控制设备的动力源是三相交流感应电动机 M,电动机的供电受总电源开关 QS_1 和交流接触器 KM 的控制。

当接通总电源开关 QS_1 后,排灌设备处于待机状态。

按下启动按钮 SB_2,交流电源为交流接触器 KM 供电,KM 吸合,KM 的常开辅助触点为交流接触器提供自锁电源。同时,KM 的主触点接通,为电动机 M 供电,电动机开始工作。

电流互感器 TA 的输出接在电流表上,用来指示工作电流;交流电压表接在 L_1 和 L_2 之间,指示工作电压;同时 QS_2 接指示灯,HL_1、HL_2 指示交流输入电压是否正常。

在电动机供电电路中还设有热过载继电器 FR,当温度过高时可进行断路保护。

停机时,操作停机按钮 SB_1,使交流接触器 KM 失电,KM 切断电动机的供电,电动机停转。

注意事项:

(1) 使用电动排灌船时,要把引入电源线两边的插头插上并固定绑牢,以免振动使插头松脱。

(2) 岸上的电源线应用木杆撑高,严禁泡入泥水之中,以防漏电。

（3）使用电动排灌船前要检查所有电气设备，确认完好，电压正常，接地可靠时方能使用。

（4）抽水后要经常注意水泵运行情况，如果发现水管不出水、杂音大等情况，应停止电动机运行，进行检查。

（5）船内不可积水，电气设备在运行中要保持干燥。

低压电工作业理论考试[习题9]

项目简介

本项目为滚齿机电气安装与调试,其电气原理如图 10.0.1(见背面)所示。项目要求学员能够识读滚齿机控制电路的电气原理图,并且能够根据原理图画出电气安装布置图和电气安装接线图,最终能够完成滚齿机电控箱的安装接线与运行调试。

项目具体实施过程中分解成 2 个任务(如图 10.0.2 所示),分别为三相异步电动机正反转控制电路、滚齿机电控箱的组装与运行调试。要求通过 2 个任务的学习,最终通透地掌握本项目的理论和实践内容。

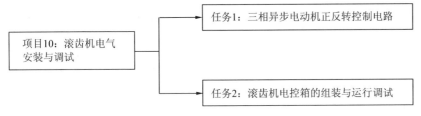

图 10.0.2 项目实施过程

项目目标

1. 了解行程开关的分类和原理,掌握行程开关的符号、技术参数、选用原则、接线与检测;
2. 掌握三相异步电动机正、反转控制原理;
3. 理解"互锁"的基本概念;
4. 能够完成三相异步电动机正、反转控制电路的安装接线、运行调试及故障排除;
5. 能够识读滚齿机的电气原理图,并能够根据原理图画出电气安装布置图与接线图;
6. 能够完成滚齿机电控箱的组装及通电调试。

滚齿机电气安装与调试

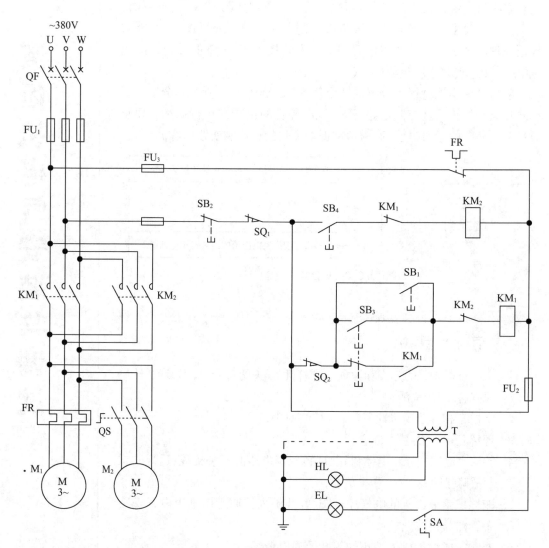

图 10.0.1　滚齿机的电气原理图

*任务 1 三相异步电动机正反转控制电路

任务目标

1. 掌握笼型电动机正、反转控制原理;
2. 理解掌握电气"互锁"和机械"互锁"的基本概念;
3. 能够根据笼型电动机正、反转的电气原理图画出电气安装布置图和接线图;
4. 掌握三相异步电动机正、反转控制电路的故障排除的基本技能,并完成安装接线与通电调试。

实训设备和元器件

任务所需实训设备和元器件如表 10.1.1 所示。

表 10.1.1 实训设备和元器件明细表

序号	代号	器件名称	型号规格	数量
1		三相交流电源	~3×380 V	1 套
2		电工仪表与工具	万用表、钢丝钳、螺丝刀、电工刀、剥线钳等	1 套
3	QF	低压断路器(三相)	DZ47-60 系列(根据线路电压和电流自定)	1 个
4	FU$_1$	低压熔断器	RT18 系列(3 极)	1 个
5	FU$_2$	低压熔断器	RT18 系列(2 极)	1 个
6	SB$_1$	正转按钮	LAY37-11BN(绿色)	1 个
7	SB$_2$	反转按钮	LAY37-11BN(绿色)	1 个
8	SB$_3$	停止按钮	LAY37-11BN(红色)	1 个
9	KM	接触器	CJX1 系列(线圈电压 380 V)	2 个
10	FR	热继电器	JR36 系列(根据电机 M$_1$ 选择对应的热元件号)	1 个
11	M	三相交流异步电动机	根据实训条件自定(额定电压 380 V)	1 台
12		导线	BVR1.5 mm^2 塑铜线	若干
13		U 型冷压接头,导轨及行线槽		若干

基 础 知 识

三相异步电动机正反转控制电路

在建筑工程中所用的电动机需要正、反转的设备很多,如电梯、桥式起重机等。由电动机原理可知,为了达到电动机反向旋转的目的,只要将定子绕组接到电源的三根线的任意两根对调即可。

1. 电路的构思

要使电动机可逆运转,可用接触器的主触点把主电路任意两相对调[如图 10.1.1(a)],再用两个启动按钮分别控制两只接触器通电,用一个停止按钮控制接触器失电,同时要考虑两只接触器不能同时通电,以免造成电源相间短路[如图 10.1.1(b)],为此将接触器的常闭触点加在对应的电路中[如图 10.1.1(c)],称为"互锁触点",其他构思与单相连动控制电路相同。

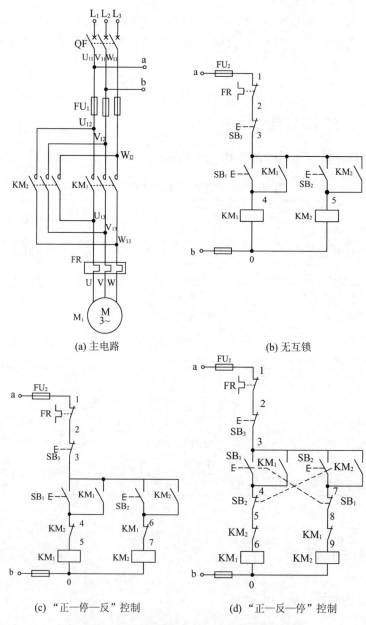

(a) 主电路　　　　　　　　　　(b) 无互锁

(c) "正—停—反"控制　　　　(d) "正—反—停"控制

图 10.1.1　三相异步电动机正、反转控制电路

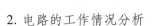

2. 电路的工作情况分析

启动时,闭合断路器 QF,将电源引入,以电机正转为例,按下正向按钮 SB_1,正向接触器 KM_1 线圈通电,其主触点闭合,使电机正向运转,同时自锁触点闭合形成自锁,其常闭即互锁触点断开,切断了反转通路,防止了误按反向启动按钮而造成的电源短路现象。这种利用辅助触点互相制约工作状态的方法形成了一个基本控制环节——互锁环节。

如想反转时,必须先按下停止按钮 SB_3,使 KM_1 线圈失电释放,电动机停止,然后再按下反向按钮 SB_2,电动机才可反转。

图 10.1.1(c)所示电路的工作过程为正转→停止→反转→停止→正转,由于正、反转的变换必须停止后才可进行,所以非生产时间多,效率低。为了缩短辅助时间,采用复合式按钮控制,可以从正转直接过渡到反转,反转到正转的变换也可以直接进行,并且此电路实现了双互锁,即接触器触点的电气互锁和控制按钮的机械互锁,使电路的可靠性得到了提高,如图 10.1.1(d)所示。其工作原理分析如下:

工作过程:

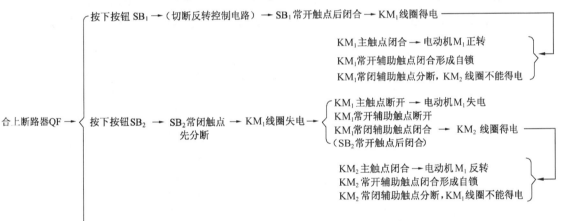

保护:熔断器 FU_1 对主电路起短路保护作用;熔断器 FU_2 对控制电路起短路保护作用;热继电器 FR 对电机起过载保护作用;接触器 KM_1/KM_2 具有失压、欠压保护作用。

 任务实施 1:三相异步电动机正反转控制电路安装与调试

1. 任务说明

首先根据表 10.1.1 准备好实训设备和元器件,然后对图 10.1.1(a)图主电路和(c)图所示的三相异步电动机接触器连锁正、反转控制电路的工作原理进行分析,并且根据正、反转控制电路的电气原理图画出电气安装布置图和接线图,最后完成三相异步电动机正、反转控制电路的安装与调试。

2. 工作原理

工作过程:先合上断路器 QF。

正转：

按下正转按钮SB$_1$ → KM$_1$线圈得电 → $\begin{cases} \text{KM}_1\text{主触点闭合} \\ \text{KM}_1\text{常开辅助触点闭合形成自锁} \rightarrow \text{电动机M}_1\text{正转} \\ \text{KM}_1\text{常闭辅助触点分断，KM}_2\text{线圈不能得电} \end{cases}$

反转：

先按下停止按钮SB$_3$ → KM$_1$线圈失电 → KM$_1$所有触点复位 → 电动机M$_1$失电停止转动；

再按下反转按钮SB$_2$ → KM$_2$线圈得电 → $\begin{cases} \text{KM}_2\text{主触点闭合} \\ \text{KM}_2\text{常开辅助触点闭合形成自锁} \rightarrow \text{电动机M}_1\text{反转。} \\ \text{KM}_2\text{常闭辅助触点分断，KM}_1\text{线圈不能得电} \end{cases}$

停止：

按下停止按钮SB$_3$ → KM$_1$/KM$_2$线圈失电 → KM$_1$/KM$_2$所有触点复位 → 电动机M失电停止转动；

保护：熔断器 FU$_1$ 对主电路起短路保护作用；熔断器 FU$_2$ 对控制电路起短路保护作用；热继电器 FR 对电机起过载保护作用；接触器 KM$_1$/KM$_2$ 具有失压、欠压保护作用。

3. 任务步骤

第 1 步：根据表 10.1.1 准备好电器元件，并检测断路器、熔断器、按钮和接触器、热继电器、电动机的质量好坏，特别要注意检查接触器线圈电压是否符合控制电路的电压等级。

第 2 步：按照图 10.1.2 所示在电器板上安装元器件，要求各元器件安装位置整齐、匀称，间距合理。

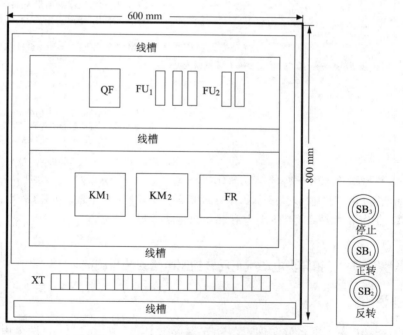

图 10.1.2　正、反转控制电路安装布置图

第 3 步：按照图 10.1.3 所示进行接线。接线应先接主电路，再接控制电路。线路安装应遵循横平竖直的原则，尽量做到合理布线、就近走线；编码正确、齐全；接线可靠，不松动、不压皮、不损伤线芯。

第 4 步：通电前检查。接线完成后，必须经过认真检查，才允许通电，以防错接、漏接造成电路不能正常工作或短路事故。检查步骤如下。

（1）对控制电路进行检查（将电机的接线端子拆除）。

① 将数字万用表打到 $2\ k\Omega$ 电阻挡，表棒分别放在 U_{11} 和 V_{11} 线端上，读数应为"∞"。

② 按下正转按钮 SB_1 时，读数应为接触器 KM_1 线圈的冷态直流电阻值（几百或一千多欧姆）。

③ 松开正转按钮 SB_1，手动按下接触器 KM_1 使衔铁吸合，读数也应为接触器 KM_1 线圈的冷态直流电阻值（几百或一千多欧姆），再手动按下接触器 KM_2 使衔铁吸合，读数变为"∞"。

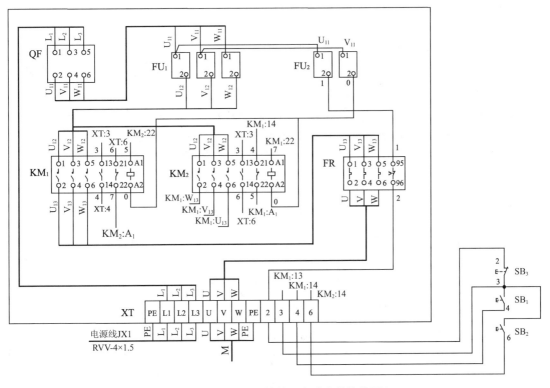

图 10.1.3 正、反转控制电路安装接线图

④ 按下反转按钮 SB_2 时，读数应为接触器 KM_2 线圈的冷态直流电阻值（几百或一千多欧姆）。

⑤ 松开反转按钮 SB_2，手动按下接触器 KM_2 使衔铁吸合，读数也应为接触器 KM_2 线圈的冷态直流电阻值（几百或一千多欧姆），再手动按下接触器 KM_1 使衔铁吸合，读数变为"∞"。

⑥ 按下启动/反转按钮（或手动按下 KM_1/KM_2 接触器），同时按下停止按钮 SB_3，读数应为"∞"。

（2）断开控制电路检查主电路有无开路或短路现象。

① 将数字万用表打到 $200\ \Omega$ 电阻挡或蜂鸣挡，表棒分别放在 L_1 和 U、L_2 和 V、L_3 和 W 线端上，读数都应为"∞"。

② 闭合断路器 QF，手动按下接触器 KM_1 使衔铁吸合，表棒分别放在 L_1 和 U、L_2 和 V、L_3

和 W 线端上,表上应都有读数或都发出蜂鸣声。

③ 闭合断路器 QF,手动按下接触器 KM₂ 使衔铁吸合,表棒分别放在 L₁ 和 W、L₂ 和 V、L₃ 和 U 线端上,表上应都有读数或都发出蜂鸣声。

第 5 步:通电调试。

检查接线无误后,接通交流电源,合上断路器 QF,电动机不转,按下正转按钮 SB₁,电动机连续正转,此时按下反转按钮 SB₂,电路无任何反应,按下停止按钮 SB₃,电动机 M₁ 应停止转动。按下反转按钮 SB₂,电动机连续反转,此时按下正转按钮 SB₁,电路无任何反应,按下停止按钮 SB₃,电动机 M₁ 应停止转动。若出现异常,则应分断电源,分析排查故障后使之正常工作。

若电动机连续正转或反转运行一段时间后,电源电压降到 320 V 以下或电源断电,则 KM₁ 或 KM₂ 主触点会断开,电动机停转。再次恢复电压 380 V(允许正负 10% 波动),电动机应不会自行启动——具有欠压、失压保护。

如果电动机 M₁ 转轴被卡住而接通交流电源,则在几秒内热继电器 FR 应动作,自动断开加在电动机上的交流电源(注意:接通不能超过 10 s,否则电动机过热会冒烟导致损坏)。

第 6 步:实验结束后关闭设备总电源,整理器材,做好实验室 5S 工作。

第 7 步:小组实验总结。

4. 评分标准

本任务实施评分标准如表 10.1.2 所示。

表 10.1.2　三相异步电动机正、反转控制电路安装调试评分标准

序号	考核项目	评分标准	配分	得分
1	安装前检查	① 选错元件数量或型号规格,每处扣 1 分; ② 电器元件漏检或错检,每处扣 1 分。	10	
2	安装元器件	① 不按布置图安装,扣 15 分; ② 元器件安装不牢固,每处扣 2 分; ③ 元器件安装不整齐、不均匀对称、不合理,每处扣 2 分; ④ 损坏元器件,扣 15 分。	15	
3	布线	① 不按电路图接线,扣 15 分; ② 布线不符合要求,主电路每根扣 3 分,控制电路每根扣 2 分; ③ 接点松动、露铜过长等,每处扣 1 分; ④ 损坏导线绝缘或线芯,每处扣 3 分; ⑤ 导线乱线敷设,扣 20 分。	30	
4	通电前检查	① 不会对主电路进行检查,扣 5 分; ② 不会对控制电路进行检查,扣 5 分。	10	
5	故障分析与排除	① 会但不熟悉,扣 2 分; ② 掌握部分,扣 5 分; ③ 基本不会,扣 10 分。	10	

续表

序号	考核项目		评分标准	配分	得分
6	通电试车		① 第一次试车不成功,扣 5 分; ② 第二次试车不成功,扣 10 分; ③ 第三次试车不成功,扣 15 分。	15	
7	安全文明操作		① 穿拖鞋、衣冠不整,扣 5 分; ② 实验完成后未进行工位卫生打扫,扣 5 分; ③ 工具摆放不整齐,扣 5 分。	10	
8	定额时间	120 min	一般不允许超时,只有在修复故障过程中才允许超时,每超时 1min,总分扣 5 分。		
9	开始时间		结束时间	总评分	

注:除定额时间外,各项最高扣分不应超过其配分。

任务实施 2*: 三相异步电动机正反转控制电路故障排除

1. 任务说明

本任务是低压电工作业安全技术实际操作考试的第三个题目(故障排除,考试配分 20 分,考试时间 10 min),任务要求各小组学员能够根据接触器联锁控制正、反转电路图,查找接错线电路板的故障并排除故障。

2. 故障现象与故障排除步骤

提示:故障排除后,再根据任务实施 1 中的通电前检查步骤进行测量,确定没有问题后再进行通电测试。

☞ **方法一**

在确保错误电路不会出现短路的情况下,可以先进行通电测试,查看故障现象,然后根据故障现象进行有目的的测量。一般会出现以下几种故障。

◎ **故障 1:接通电源,按下按钮没有任何反应**

第 1 步: 首先检查有没有电源,如果电源有电,则断开电源。

第 2 步: 闭合 QF,万用表打到蜂鸣挡,一只表笔固定在 L_1 上,另一只表笔依次放在 U_{11}、1、2、3 号端子看看有无蜂鸣,如果哪里没有蜂鸣,则说明表棒刚跨过的触头或连接线接触不良或断路。

第 3 步: 万用表一只表笔放在 L_2 上,另一只表笔依次放在 V_{11}、0(KM$_1$ 和 KM$_2$ 线圈的输出端)号端子,看有没有蜂鸣。

◎ **故障 2:按下正转按钮 SB$_1$,接触器 KM$_1$ 不吸合**

第 1 步: 万用表打到蜂鸣挡,按下按钮 SB$_1$,一只表笔固定在 3 号端子,另一只表笔依次移动到 4、5 号端,看是否有蜂鸣。

第 2 步: 万用表打到 2 kΩ 的电阻挡,另一只表笔移至 KM$_1$ 线圈的出线端,看有无线圈阻值。

◎ **故障 3：按下反转按钮 SB₂，接触器 KM₂ 不吸合**

第 1 步：万用表打到蜂鸣挡，按下按钮 SB₂，一只表笔固定在 3 号端子，另一只表笔依次移动到 6、7 号端，看是否有蜂鸣。

第 2 步：万用表打到 2 kΩ 的电阻挡，另一只表笔移至 KM₂ 线圈的出线端，看有无线圈阻值。

◎ **故障 4：按下按钮 SB₁，接触器 KM₁ 不自锁**

第 1 步：万用表打到蜂鸣挡，一只表笔放在 SB₃ 出线端或者 SB₁ 进线端（3 号端子），另一只表笔放在 KM₁ 辅助常开触点的进线端，看是否有蜂鸣。

第 2 步：万用表打到蜂鸣挡，一只表笔放在 SB₁ 出线端或者 KM₂ 常闭触点的进线端（4 号端子），另一只表笔放在 KM₁ 辅助常开触点的出线端，看是否有蜂鸣。

第 3 步：万用表打到蜂鸣挡，按下接触器 KM₁ 使衔铁吸合，看 KM₁ 接触器的辅助常开触点有无闭合，若没有蜂鸣，则所接的 KM₁ 辅助常开触点坏了。

◎ **故障 5：按下按钮 SB₂，接触器 KM₂ 不自锁**

第 1 步：万用表打到蜂鸣挡，一只表笔放在 SB₃ 出线端或者 SB₂ 进线端（3 号端子），另一只表笔放在 KM₂ 辅助常开触点的进线端，看是否有蜂鸣。

第 2 步：万用表打到蜂鸣挡，一只表笔放在 SB₂ 出线端或者 KM₁ 常闭触点的进线端（6 号端子），另一只表笔放在 KM₂ 辅助常开触点的出线端，看是否有蜂鸣。

第 3 步：万用表打到蜂鸣挡，按下 KM₂ 接触器使衔铁吸合，看 KM₂ 接触器的辅助常开触点有无闭合，若没有蜂鸣，则所接的 KM₂ 辅助常开触点坏了。

◎ **故障 6：KM₁ 和 KM₂ 都不自锁**

第 1 步：万用表打到蜂鸣挡，一只表笔放在 SB₃ 出线端（3 号端子），另一只表笔放在 KM₁ 辅助常开触点的进线端，看是否有蜂鸣。

第 2 步：万用表打到蜂鸣挡，一只表笔放在 SB₃ 出线端（3 号端子），另一只表笔放在 KM₂ 辅助常开触点的进线端，看是否有蜂鸣。

◎ **故障 7：按下按钮 SB₁，交流接触器线圈 KM₁ 吸合，电动机顺时针旋转；按下按钮 SB₂，交流接触器线圈 KM₂ 吸合，电动机也顺时针旋转。**

故障原因：主电路接错，正反转交流接触器相序没有调换。

☞ **方法二**

首先根据任务实施 1 中的通电前检查的步骤，对主电路和控制电路进行检查，如果在测量某条线路时出现的情况和任务实施 1 中所说的情况不相符，则按照电阻分段测量或分阶测量的方法对该条线路进行故障排查，直至出现任务实施 1 所说的现象后，再进行通电测试。

3. 评分标准

表 10.1.3 所示是低压电工作业安全技术实际操作第三个考题故障排除的评分标准。

表 10.1.3　三相异步电动机正反转控制电路故障排除评分标准

序号	考核点		配分	得分
1	能查找故障原因		10	
2	能排除故障		10	
3	不穿戴好防护用品,在总分内扣 2 分			
4	开始时间	结束时间	总评分	
备注	定额时间 10 min(超过本时间,本考题考试不及格)			

任务 2　滚齿机电控箱的组装与运行调试

任 务 目 标

1. 了解行程开关的分类与原理,掌握行程开关的符号、技术参数、选用原则、接线与检测;
2. 掌握三相异步电动机的点、长动控制电路;
3. 掌握三相异步电动机的自动往复控制电路;
4. 能够识读滚齿机的电气原理图,并能够根据原理图画出电气安装布置图与接线图;
5. 掌握滚齿机电控箱的安装及运行调试。

实 训 设 备 和 元 器 件

任务所需实训设备和元器件如表 10.2.1 所示。

表 10.2.1　实训设备和元器件明细表

序号	代号	器件名称	型号规格	数量
1		三相交流电源	~3×380 V	1 套
2		电工仪表与工具	万用表、钢丝钳、螺丝刀、电工刀、剥线钳等	1 套
3	QF	低压断路器	DZ47-60 系列(根据线路电压和电流自定)	1 个
4	FU$_1$	熔断器	RT18 系列(3 极)	1 个
5	FU$_2$	熔断器	RT18 系列(单极)	1 个
6	FU$_3$	熔断器	RT18 系列(2 极)	1 个
7	M$_1$	刀架电动机	根据实验室条件自定(额定电压 380 V)	1 个

序号	代号	器件名称	型号规格	数量
8	M_2	冷却泵电动机	根据实验室条件自定（额定电压 380 V）	1 个
9	KM_1	交流接触器	CJX1 系列（线圈电压 380 V）	1 个
10	KM_2	交流接触器	CJX1 系列（线圈电压 380 V）	1 个
11	FR	热继电器	JR36 系列（根据电机 M1 选择对应的热元件号）	1 个
12	QS	组合开关	HZ10D 系列	1 个
13	SB_1	按钮	LA38-11BN（绿色）	1 个
14	SB_4	按钮	LA38-11BN（绿色）	1 个
15	SB_3	按钮	LA38-11BN（黑色）	1 个
16	SB_2	按钮	LA38-11BN（红色）	1 个
17	SQ_1、SQ_2	行程开关	LX19-001（可根据实验室条件自定）	2 个
18	SA	旋钮	LA38-11X	1 个
19	T	照明变压器	BK-50	1 个
20	HL	指示灯	AD16-22DS	1 个
21	EL	照明灯	白炽灯泡 24 V	1 个
22		导线	BVR1.5 mm² 塑铜线	若干
23		U 型和管型冷压接头，导轨及行线槽		若干

基 础 知 识

一、三相异步电动机的点、长动控制电路

有些生产机械要求电动机既可以长动又可以点动，如一般机床在正常加工时，电动机是连续转动的，即长动，而在试车调整时，则往往需要点动。既有点动又有长动的控制电路为点、长动运转混合控制电路。下面介绍几种不同的既可长动又可点动的控制线路。

1. 利用开关控制的点、长动控制线路

利用开关控制的既能长动又能点动的控制线路如图 10.2.1 所示。图中 SA 为选择开关，当 SA 断开时，自锁回路断开，按下 SB_2 实现点动；若需长期运行，可合上开关 SA，将自锁触点接入，按下 SB_2 实现连续运行控制。

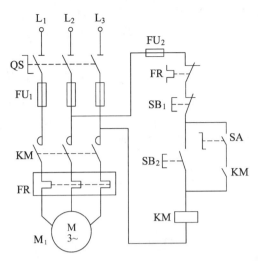

图 10.2.1 利用开关控制的点、长动控制线路

2. 利用复合按钮控制的点、长动控制线路

利用复合按钮控制的点、长动控制线路如图 10.2.2 所示。图中,SB_3 为点动按钮,它是一个复合按钮。动作过程情况:闭合电源开关 QS,按下启动按钮 SB_2,接触器 KM 线圈通电吸合并自锁,电动机连续运转;按下启动按钮 SB_3,SB_3 的常闭触点断开接触器 KM 的自锁回路,可实现电动机点动控制。

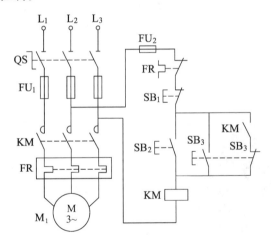

图 10.2.2 利用复合按钮控制的点、长动控制线路

二、行程开关

在电力拖动系统中,许多场合常常希望能按照被带动的生产机械的不同位置而改变电动机或传动动力部件的工作情况,如在某机床上的直线运动部件,当它们到达其边缘位置时,常要求能自动停止或反向运动。另外,在某些情况下,要求在生产机械行程中的个别位置上,能自动改变生产机械的运动速度。类似上述这些要求,可以利用行程开关来实现。

依据生产机械的行程发出命令，以控制其运动方向和行程长短的主令电器称为行程开关。若将行程开关安装于生产机械行程的终点处，用以限制其行程，则称为限位开关。

1. 行程开关的分类及原理

行程开关按其结构分为机械结构的接触式有触点行程开关和电气结构的非接触式接近开关。机械接触式行程开关分为直动式、滚轮式和微动式三种，其实物图如图 10.2.3 所示。这类开关是利用生产设备某些运动部件的机械位移碰撞行程开关，使其触头动作。接近开关分为高频振荡型、感应型、电容型、光电型、水磁及磁敏元件型、超声波型等，其实物图如图 10.2.4 所示。接近开关是一种非接触式开关，当物体接近某一信号机构时，信号机构发出接近信号，它不像机械式行程开关必须施以机械力。行程开关和接近开关图形及文字符号如图 10.2.5 所示。

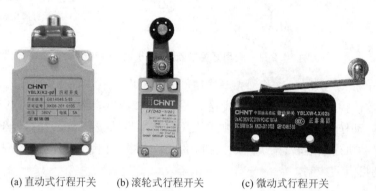

(a) 直动式行程开关　　(b) 滚轮式行程开关　　(c) 微动式行程开关

图 10.2.3　机械接触式行程开关实物图

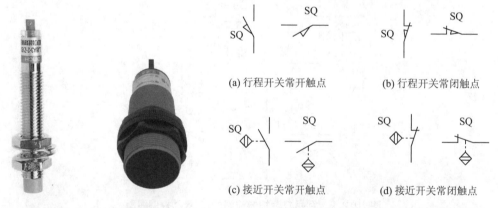

图 10.2.4　接近开关实物图

(a) 行程开关常开触点　　(b) 行程开关常闭触点

(c) 接近开关常开触点　　(d) 接近开关常闭触点

图 10.2.5　行程开关和接近开关图形及文字符号

（1）直动式行程开关。图 10.2.6(a) 为直动式行程开关的结构示意图。直动式行程开关动作原理与控制按钮相同，其触头的分合速度取决于生产机械的移动速度，当移动速度低于 0.4 m/min 时，触头分断太慢易产生电弧。

（2）滚轮式行程开关。图 10.2.6(b) 为滚轮式行程开关的结构示意图。当滚轮 1 受向左外力作用后，推杆 4 向右移动，并压缩右边弹簧 10，同时滚轮 5 也很快沿着擒纵件 6 向右滚动，小滚轮滚动又压缩弹簧 9，当滚轮 5 滚过擒纵件 6 的中点时，盘形弹簧 3 和弹簧 9 都使擒纵件 6 迅速转动，从而使动触头迅速与右边静触头分开，并与左边静触头闭合。滚轮式行程开关适用于低速运行的机械。

（3）微动开关。图 10.2.6(c)为微动开关的结构示意图。当推杆 6 受机械作用力压下时,弓簧片 2 产生机械变形,储存能量并产生位移,当达到临界点时,弹簧片连同桥式动触头瞬时动作。当外力失去后,推杆在弓簧片作用下迅速复位,触头恢复原来的状态。微动开关采用瞬动结构,触头换接速度不受推杆压下速度的影响。

（4）接近开关。接近开关广泛应用于机械、矿山、造纸、烟草、塑料、化工、冶金、轻工、汽车、电力、保安、铁路和航天等各个行业,主要用于限位、检测、计数、测速、液面控制和自动保护等,也可连接计算机、可编程序控制器(PLC)等作传感器头用。特别是电容式接近开关,可对多种非金属,如纸张、橡胶、烟草、塑料、液体、木材及人体进行检测,应用范围极广。

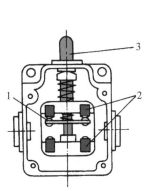

1—动触点;2—静触点;3—推杆;

(a) 直动式行程开关

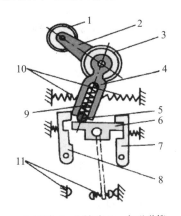

1—滚轮;2—上转臂;3—盘形弹簧;
4—推杆;5—小滚轮;6—擒纵件;
7、8—压板;9—弹簧;10—弹簧;11—触头;

(b) 滚轮式行程开关

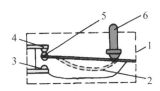

1—外壳;2—弓簧片;3—常开触点;
4—常闭触点;5—动触点;6—推杆;

(c) 微动开关

图 10.2.6　行程开关的结构示意图

2. 行程开关的型号规格与技术参数

常用的行程开关有 JLXK1、LX2、LX3、LX5、LX12、LX19A、LX21、LX22、LX29、LX32 等系列,常用的微动开关有 LX31、JW 等系列。JLXK1 和 LX 系列行程开关的具体型号含义如图 10.2.7 所示。常用的接近开关有 LJ、CWY、SQ 系列及引进国外技术生产的 3SG 系列等。

行程开关的主要技术参数有额定电压、额定电流、触点换接时间、动作角度或工作行程、触点数量、结构形式和操作频率等。

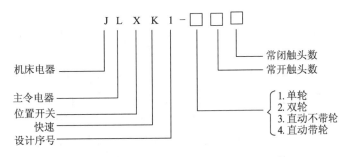

J L X K 1 - □□□

机床电器
主令电器
位置开关
快速
设计序号

常闭触头数
常开触头数

1. 单轮
2. 双轮
3. 直动不带轮
4. 直动带轮

(a) JLXK1系列

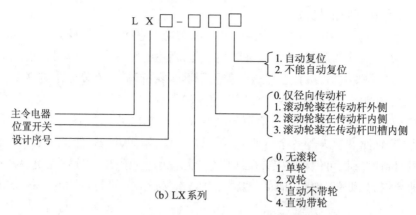

图 10.2.7　JLXK1 系列和 LX 系列行程开关型号含义

3. 行程开关的选用原则

（1）根据应用场合及控制对象进行选择。

（2）根据环境条件进行选择。

（3）根据控制回路电压、电流情况进行选择。

（4）根据机械传动情况选择行程开关的头部形式。

（5）根据机械传动、控制精度及是否允许接触等选择采用机械接触式行程开关还是非接触式接近开关。

一般来说，当物体接近它到一定距离范围内，它就发出信号，控制生产机械的位置或进行计数的场合，应采用接近开关。

三、自动往复控制电路

在生产中，有些生产机械（如导轨磨床、龙门刨床）需要自动往复运动，不断循环，以使工件能连续加工。

自动往复控制线路中设有两个带有常开、常闭触点的行程开关 SQ_1、SQ_2，分别安装在设备运动部件的两个规定位置，以发出返回信号，控制电动机换向。为了保证机械设备的安全，在运动部件的极限位置还设有限位保护用的行程开关 SQ_3、SQ_4。自动往复控制示意图和电气原理图如图 10.2.8 所示。

图 10.2.8 中，在挡铁碰撞行程开关后，接触器通电自动换接，电动机随之改变转向。SQ_3 和 SQ_4 用作限位保护，即限制工作台的极限位置。

工作过程：合上 QS，按下启动按钮 SB_2，KM_1 因线圈通电而吸合，电动机正转启动，通过机械传动装置拖动工作台向左移动，当工作台运动到一定位置时，挡铁 1 碰撞行程开关 SQ_2，使其常闭触点断开，接触器 KM_1 因线圈断电而释放，随即行程开关 SQ_2 的常开触点闭合，使接触器 KM_2 线圈通电吸合且自锁，电动机反转，拖动工作台向右移动。同时，行程开关 SQ_2 复位，为下一次工作准备。由于此时 KM_2 的常开辅助触点已经闭合自锁，电动机继续拖动工作台向右移动。当挡铁 2 碰到 SQ_1 时，情况与上述过程类似，如此工作台在预定的行程内自动往复移动。若在运行中 SQ_1 或 SQ_2 损坏，工作台继续移动，当挡铁碰撞到行程开关 SQ_3 或 SQ_4 时，SQ_3 或 SQ_4 的常闭触点断开电路，实现限位保护。

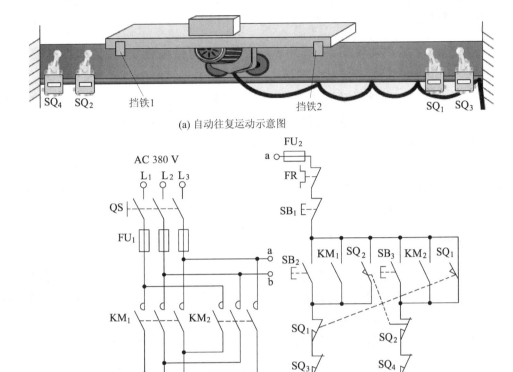

(a) 自动往复运动示意图

(b) 自动往复运动电气原理图

图 10.2.8　自动往复运动示意图和电气原理图

任务实施：滚齿机电控箱的组装与运行调试

1. 任务说明

工厂生产中常用的 Y3150 型滚齿机主要有两台电动机，M_1 是刀架电动机，为正、反转点动和单向启动运行；M_2 为冷却泵电动机，由转换开关控制正转启停。它的控制电路带有正反转到位限位开关，并附有低压照明和指示灯电路。Y3150 型滚齿机控制电路如图 10.0.1 所示。

本任务要求各小组首先根据表 10.2.1 准备好实训设备和元器件，然后对图 10.0.1 所示电路的工作原理进行分析，并且能够根据滚齿机的电气原理图画出电气安装布置图和接线图，最后完成 Y3150 型滚齿机电控箱的组装与运行调试。

2. 工作原理

合上断路器 QF，此时电动机不转，按下按钮 SB_1，此时接触器 KM_1 线圈得电吸合，KM_1 主触点闭合，使电动机 M_1 带动刀架向下移动工作，到达终点与行程开关 SQ_2 相碰后停止运转；若在未到达终点时，想让电动机 M_1 停止转动，可按下按钮 SB_2。如果要求刀架向上移动，按下启动按钮 SB_4 即可使电动机反转向上移动。如需刀架主电动机点动向下，按下启动按钮 SB_3 即可实现点动。EL 为滚齿机低压照明灯，由开关 SA 控制，HL 为电源指示灯。

注意：操作冷却电动机时，只要在刀架电动机运行后，拨动转换开关 QS，即可使冷却泵电动机工作。如果在工作时，限位开关 SQ_1 动作后，机床无法工作，只要用机械手柄使滚刀架移开限位开关与挡铁的接触处，机床便能工作。

3. 任务步骤

第 1 步：根据表 10.2.1 准备好电器元件，并检测断路器、熔断器、转换开关、按钮和接触器、热继电器、行程开关、变压器、电动机等元件的质量好坏，特别要注意检查接触器线圈电压是否符合控制电路的电压等级。

第 2 步：按照滚齿机的电气原理图设计电气安装布置图，并根据电气安装布置图在电器板上进行元件布置，要求各元器件在安装时位置整齐、匀称，间距合理。

第 3 步：根据滚齿机的电气原理图（在电气原理图上标注线号），结合电气安装布置图，设计出电气安装接线图，并根据电气安装接线图进行接线，在接线时应先接主电路，再接控制电路和辅助电路。线路安装应遵循横平竖直的原则，尽量做到合理布线、就近走线；编码正确、齐全；接线可靠，不松动、不压皮、不损伤线芯。

第 4 步：通电前检查。接线完成后，必须经过认真检查，才允许通电，以防错接、漏接造成电路不能正常工作或短路事故。

第 5 步：通电调试。

检查接线无误后，接通交流电源，按下相应按钮，若出现与工作原理所述相同的现象，说明电路正常。若出现异常，则应分断电源，分析排查故障后使之正常工作。

若电动机 M_1 连续正转或反转运行一段时间后，电源电压降到 320 V 以下或电源断电，则 KM_1 或 KM_2 主触点会断开，电动机停转。再次恢复电压到 380 V（允许正负 10% 波动），电动机应不会自行启动——具有欠压、失压保护。

如果电动机 M_1 转轴被卡住而接通交流电源，则在几秒内热继电器 FR 应动作，自动断开加在电动机上的交流电源（注意：接通时间不能超过 10 s，否则电动机过热会冒烟导致损坏）。

第 6 步：实验结束后关闭设备总电源，整理器材，做好实验室 5S 工作。

第 7 步：小组实验总结。

4. 评分标准

本任务实施评分标准如表 10.2.2 所示。

表 10.2.2 滚齿机电控箱的组装与运行调试评分标准

序号	考核项目		评分标准		配分	得分
1	绘制电气安装布置图		画错,每处扣1分。		10	
2	绘制电气安装接线图		画错,每处扣1分。		15	
3	安装前检查		① 选错元件数量或型号规格,每处扣1分; ② 电器元件漏检或错检,每处扣1分。		10	
4	安装元器件		① 不按布置图安装,扣15分; ② 元器件安装不牢固,每处扣2分; ③ 元器件安装不整齐、不均匀对称、不合理,每处扣2分; ④ 损坏元器件,扣15分。		15	
5	布线		① 不按电路图接线,扣10分; ② 布线不符合要求,主电路每根扣2分,控制电路每根扣2分; ③ 接点松动、露铜过长等,每处扣1分; ④ 损坏导线绝缘或线芯,每处扣2分; ⑤ 导线乱线敷设,扣10分。		20	
6	通电前检查		① 不会对主电路进行检查,扣4分; ② 不会对控制电路进行检查,扣4分; ③ 不会对辅助电路进行检查,扣2分。		10	
7	通电试车		① 第一次试车不成功,扣5分; ② 第二次试车不成功,扣10分。		10	
8	安全、文明操作		① 穿拖鞋、衣冠不整,扣5分; ② 实验完成后未进行工位卫生打扫,扣5分; ③ 工具摆放不整齐,扣5分		10	
9	定额时间	120 min	一般不允许超时,只有在修复故障过程中才允许超时,每超时1 min,总分扣5分。			
10	开始时间		结束时间		总评分	

注:除定额时间外,各项最高扣分不应超过其配分。

 拓展知识:万能转换开关

LW 型万能转换开关用在交、直流 220 V 及以下的电气设备中,可以对各种开关设备进行远距离控制,它可作为电压表、电流表测量换相开关,或小型电动机的启动、制动、正反转转换控制及各种控制电路的操作开关,其特点是开关的触点挡位多,换接线路多,一次操作可以实现多个命令切换,用途非常广泛,故称为万能转换开关。万能转换开关的文字符号为 SA,图形符号和触点通断表如图 10.2.9 所示。图 10.2.10 所示是常用的几种万能转换开关。

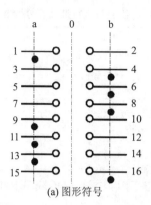

触点号	a	0	b
1-2	×		
3-4			×
5-6			×
7-8			×
9-10	×		
11-12	×		
13-14	×		
15-16			×

(a) 图形符号　　　　(a) 触点通断表

图 10.2.9　万能转换开关图形符号和触点通断表

图 10.2.9 中显示了开关的挡位、触头数目及接通状态,表中用"×"表示触点接通,否则为断开,由触点通断表可画出其图形符号。具体画法是:用虚线表示操作手柄的位置,用有无"."表示触点的闭合和打开状态。例如,在触点图形符号下方的虚线位置上画".",则表示当操作手柄处于该位置时,该触点处于闭合状态;若在虚线位置上未画"·",则表示该触点处于打开状态。

图 10.2.10　常用的几种万能转换开关

低压电工作业理论考试[习题 10]

项目简介

本项目为秸秆切碎机电气安装与调试,其电气原理图如图 11.0.1(见背面)所示。项目要求学员能够识读秸秆切碎机的电气原理图,并且能够根据原理图画出电气安装布置图和电气安装接线图,最终能够完成秸秆切碎机电控箱的安装与运行调试。

项目具体实施过程中分解成 2 个任务(如图 11.0.2 所示),分别为通风设备电控箱的组装及运行调试、秸秆切碎机电控箱的组装与运行调试。要求通过这 2 个任务的学习,最终通透地掌握本项目的理论和实践内容。

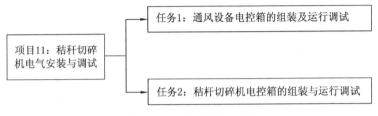

图 11.0.2　项目实施过程

项目目标

1. 掌握时间继电器的符号、技术参数、选型、接线与检测;
2. 掌握中间继电器的符号、技术参数、选型、接线与检测;
3. 了解单相交流异步电动机的结构和工作原理、分类,掌握其接线与检测;
4. 能够识读通风设备的电气原理图,并能够根据原理图画出电气安装布置图与接线图;
5. 能够完成通风设备电控箱的组装及通电调试;
6. 能够识读秸秆切碎机的电气原理图,并能够根据原理图画出电气安装布置图与接线图;
7. 能够完成秸秆切碎机电控箱的组装及通电调试。

项目 11

秸秆切碎机电气安装与调试

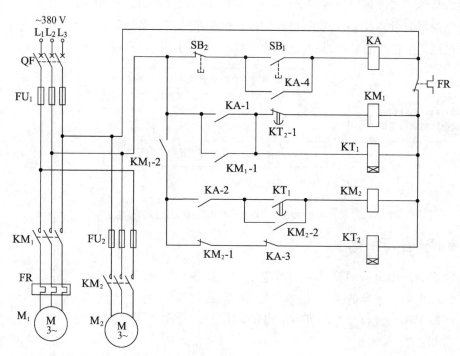

图 11.0.1 秸秆切碎机电气原理图

任务 1　通风设备电控箱的组装及运行调试

任 务 目 标

1. 掌握时间继电器的符号、技术参数、选用原则、接线与检测；
2. 了解单相交流异步电动机的结构和工作原理、分类，掌握其接线与检测；
3. 能够识读通风设备的电气原理图，并能够根据原理图画出电气安装布置图与接线图；
4. 能够完成通风设备电控箱的安装接线及通电调试。

实训设备和元器件

任务所需实训设备和元器件如表 11.1.1 所示。

表 11.1.1　实训设备和元器件明细表

序号	代号	器件名称	型号规格	数量
1		单相交流电源	~1×220 V	1 套
2		电工仪表与工具	万用表、钢丝钳、螺丝刀、电工刀、剥线钳等	1 套
3	QF	单相断路器	DZ47-60 系列	1 个
4	FU	低压熔断器	RT18 系列（1 极）	1 个
5	SB₁	停止按钮	LAY37-11BN（红色）	1 个
6	SB₂	启动按钮	LAY37-11BN（绿色）	1 个
7	KM	接触器	CJX1，线圈电压 220 V	1 个
8	KT	时间继电器（通电延时）	TYPE ST3，线圈电压 220 V	1
9	M	单相交流异步电动机	根据实训条件自定（电机额定电压 220 V）	1 台
10		导线	BVR1.5 mm² 塑铜线	若干
11		U 型冷压接头，导轨及行线槽		若干

基 础 知 识

一、时间继电器

时间继电器是一种按时间顺序进行控制的继电器。时间继电器是指从得到输入信号（线圈的通电或断电）起，需经过一段时间的延时后才输出信号（触点的闭合或断开）的继电器。它主要用于接收电信号至触点动作需要延时的场合，广泛应用于工厂电气控制系统中。

（一）时间继电器的种类

常见的时间继电器（如空气阻尼式、电子式、数字式等）的外形如图 11.1.1 所示。

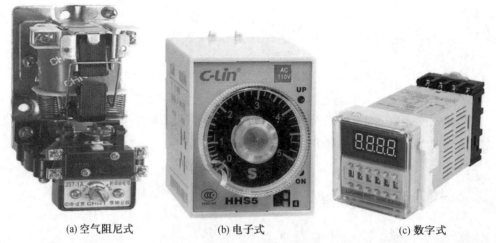

(a) 空气阻尼式　　　　　　(b) 电子式　　　　　　(c) 数字式

图 11.1.1　常见的时间继电器的外形

空气阻尼式时间继电器具有结构简单、延时范围较大、价格较低的优点，但其延时精度较低，没有调节指示，适用于延时精度要求不高的场合。空气阻尼式时间继电器典型的产品有 JS7、JS23、JSK 等系列。

电子式、数字式时间继电器主要有 JS11、JS20、JS14P、H3BA、ASTP-Y/N、ATDV-Y/N、ST3P 等。电子式时间继电器利用旋转刻度盘设定时间，数字式时间继电器利用数字按键设定时间，同时可通过数码管或液晶显示屏显示计时情况。它们的时间精度远远高于空气阻尼式时间继电器，现在电子式、数字式时间继电器的应用越来越广泛。

（二）时间继电器的符号与接线

时间继电器按延时特性分为通电延时型和断电延时型两类。通电延时型是指电磁线圈通电后触点延时动作；断电延时型是指电磁线圈断电后触点延时动作。通常在时间继电器上既有起延时作用的触点，也有瞬时动作的触点。

通电延时型时间继电器的电路符号如图 11.1.2 所示。

KT　　　　　　KT　　　　　　KT　　　　　KT　　　　　KT

通电延时线圈　　线圈通电延时　　线圈通电延时　　常开触点　　常闭触点
　　　　　　　　闭合触点　　　　　断开触点

图 11.1.2　通电延时型时间继电器的电路符号

ST3PA-B 型通电延时型时间继电器的接线端子如图 11.1.3 所示。

工作原理：当线圈通电时，瞬时触点动作，延时一定时间 t（设定值）后，延时触点动作；当线圈断电时，所有触点复位。

图 11.1.3　ST3P A-B 型通电延时型时间继电器的接线端子

注：②-⑦为电源，其中②为负极(零线)，⑦为正极(火线)；①-④、⑤-⑧为通电延时断开触点；①-③、⑥-⑧为通电延时闭合触点。

断电延时型时间继电器的电路符号如图 11.1.4 所示。

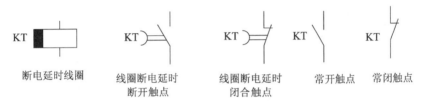

断电延时线圈　　线圈断电延时断开触点　　线圈断电延时闭合触点　　常开触点　　常闭触点

图 11.1.4　断电延时型时间继电器的电路符号

ST3PF 型断电延时型时间继电器接线端子如图 11.1.5 所示。

工作原理：当线圈通电时，所有触点动作；当线圈断电时，瞬时触点先复位，延时一定时间 t(设定值)后，延时触点复位。

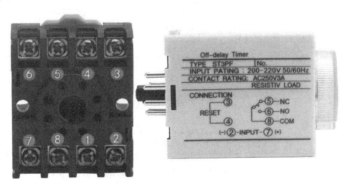

图 11.1.5　ST3PF 型断电延时型时间继电器的接线端子

注：②-⑦为电源，其中②为负极(零线)，⑦为正极(火线)；⑤-⑧为断电延时闭合触点；⑥-⑧为断电延时断开触点；③-④为复位触点，工作时，短接③-④，时间继电器复位。

（三）ST3P 系列时间继电器的型号规格和技术参数

ST3P 系列时间继电器适用于交流 50 Hz 或 60 Hz，额定电压 380 V 及以下或直流 24 V 的控制电路中作延时元件，按预定的时间接通或分断电路。其具有体积小、精度高、延时范围宽，可与 JSZ3 系列继电器等同互换使用等优点。ST3P 系列时间继电器型号含义如图 11.1.6 所示。

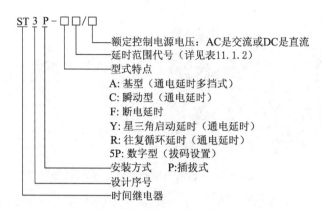

图 11.1.6　ST3P 系列时间继电器型号含义

ST3P 系列时间继电器的主要技术参数如表 11.1.2 所示。

表 11.1.2(a)　ST3P 系列时间继电器的主要技术参数

产品型号	ST3P-A□	ST3P-G□	ST3P-C□	ST3P-F	ST3P-FT1	ST3P-K	ST3P-Y	ST3P-R
	DC24 V；AC24 V、36 V、110 V、220 V、380 V 50/60 Hz　允许电压波动范围为(85%~110%)Ue							
延时范围	A：0.05-0.5 s/5 s/30 s/3 min B：0.1-1 s/10 s/60 s/6 min C：0.5-5 s/50 s/5 min/30 min D：1-10 s/100 s/10 min/60 min E：5-60 s/10 min/60 min/6 h F：0.25-2 min/20 min/2 h/12 h G：0.5-4 min/40 min/4 h/24 h			0.1~1 s 0.2~2 s 0.5~5 s 1~10 s 2.5~30 s 5~60 s		0.1~1s 0.25~2 s 0.5~5 s 1~10 s 2.5~30 s 5~60 s	1~10 s 2.5~30 s 5~60 s	0.1~6 s/60 s 1~10 s/10 min 2.5~30 s/30 min 5~60 s/60 min
工作方式	通电延时			断电延时		断开延时	延时星三角转换	循环延时
触点数量	延时 2 转换		延时 1 转换 瞬动 1 转换	延时 1 转换	延时 2 转换	延时 1 转换	延时星三角 转换瞬动 1 常开	延时 1 转换
触点容量	Ue/Ie：AC-15；AC220 V/0.75 A；AC380 V/0.47 A；DC-13 220 V/0.27 A；Ith：5 A							
重复误差	≤1%			≤5%			≤1%	
机械寿命	10⁶次							
电寿命	10⁵次							
安装方式	配合不同插座和附件可以实现装置式、面板式及 35 mm 导轨安装							

（机械寿命 10^6 次；电寿命 10^5 次）

表 11.1.2(b)　ST3P 系列时间继电器的主要技术参数

产品型号	ST3P-5PA	ST3P-5PB	ST3P-5PC	ST3P-5PF	ST3P-5PR
	DC24 V；AC24 V、36 V、110 V、220 V、380 V 50/60 Hz　允许电压波动范围为(85%~110%)Ue				
延时范围	0.1 s~99.9 s 1 s~999 s 0.1 min~99.9 min 1 min~999 min 0.1 h~99.9 h 1 h~999 h 10 s~9990 s			0.1 s~99.9 s	0.1 s~99.9 s 1 s~999 s 0.1 min~99.9 min 1 min~999 min 0.1 h~99.9 h 1 h~999 h 10 s~9990 s

续表

产品型号	ST3P-5PA	ST3P-5PB	ST3P-5PC	ST3P-5PF	ST3P-5PR
工作方式	通电延时			断电延时	断开延时
触点数量	延时 2 转换		延时 1 转换 瞬时 1 转换	延时 1 转换	延时 1 转换
触点容量	Ue/Ie：AC-15：AC220 V/0.75 A；AC380 V/0.47 A；DC-13 220 V/0.27 A；Ith：5 A				
重复误差	≤1%				
机械寿命	10^6 次				
电寿命	10^5 次				
安装方式	配合不同插座和附件可以实现装置式、面板式及 35 mm 导轨安装				

（四）时间继电器的选用

（1）根据系统的延时范围和精度选择时间继电器的类型和系列。在延时精度要求不高的场合，可选用空气阻尼式时间继电器；要求延时精度高、延时范围较大的场合，可选用电子式时间继电器。目前电气设备中较多使用电子式时间继电器。

（2）根据控制电路的要求选择时间继电器的延时方式（通电延时型或断电延时型）。

（3）时间继电器电磁线圈的电压应与控制电路电压等级相同。

（4）考虑延时触头种类、数量和瞬时触头种类、数量是否满足控制要求。

（五）应用案例

◎ 案例 1　学校铃声定时电路

如果学校上课都由人来控制拉铃，则铃声时间长短不一，难以掌握，装一个定时器控制响铃时间，便可解决这一问题。学校铃声定时电路如图 11.1.7 所示。

当需要拉铃时，合上开关 S，按下按钮 SB，此时时间继电器线圈 KT 得电吸合，电铃同时得电发出铃声。松开按钮 SB，由于 KT 吸合，KT 瞬时常开触点闭合（形成自锁），直到时间继电器经过调定的时间后（时间继电器可调到 1 min 或根据需要进行调整），其延时断开触点动作，使时间继电器失电释放，KT 瞬时常开触点断开，铃声停止。

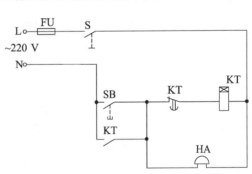

图 11.1.7　学校铃声定时电路

◎ 案例 2　楼房走廊照明灯自动延时关灯

图 11.1.8 所示为楼房走廊照明灯自动延时关灯电路。当人走进楼房走廊时，瞬时按下任何一只按钮后松开复位，KT 断电延时时间继电器线圈得电吸合，使 KT 断电延时断开触点闭合，照明灯点亮。延时断开触点经过一段

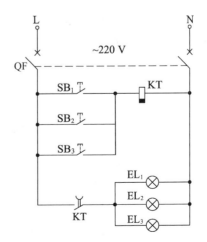

图 11.1.8　楼房走廊照明灯自动延时关灯电路

时间后打开,使走廊的照明灯自动熄灭。

二、单相交流异步电动机

单相交流异步电动机常用于功率不大的电动工具(如电钻、搅拌器等)和众多的家用电器(如洗衣机、电冰箱、电风扇、抽排油烟机等)。

下面介绍两种常用的单相异步电动机,它们都采用笼型转子,但定子有所不同。

1. 电容分相式异步电动机

图 11.1.9 所示为电容分相式异步电动机。在它的定子中放置一个启动绕组 B,它与工作绕组 A 在空间相隔 90°。绕组 B 与电容器串联,使两个绕组中的电流在相位上近于相差 90°,这就是分相。这样,在空间相差 90°的两个绕组,分别通有在相位上相差 90°(或接近 90°)的两相电流,也能产生旋转磁场。设两相电流为

$$i_A = I_{Am}\sin \omega t$$

$$i_B = I_{Bm}\sin(\omega t + 90°)$$

两相电流正弦曲线如图 11.1.10 所示。只要回忆一下三相电流是如何产生旋转磁场的,通过图 11.1.11 中就可以理解两相电流所产生的合成磁场也是在空间旋转的。在这旋转磁场的作用下,电动机的转子就转动起来。在接近额定转速时,有的借助离心力的作用把开关 S 断开(在启动时是靠弹簧使其闭合的),以切断启动绕组;有的采用启动继电器,并把它的吸引线圈串接在工作绕组的电路中,在启动时,由于电流较大,继电器动作,其常开触点闭合,将启动绕组与电源接通。随着转速的升高,工作绕组中电流减小,当减小到一定值时,继电器复位,切断启动绕组。也有的在电动机运行时不断开启动绕组(或仅切除部分电容),以提高功率因数,增大转矩。

除用电容来分相外,也可用电感和电阻来分相。如工作绕组的电阻小,匝数多(电感大);启动绕组的电阻大,匝数少,以达到分相的目的。

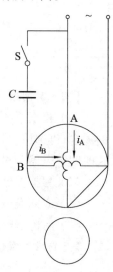

图 11.1.9　电容分相式异步电动机

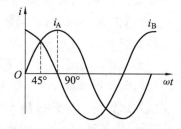

图 11.1.10　两相电流正弦曲线

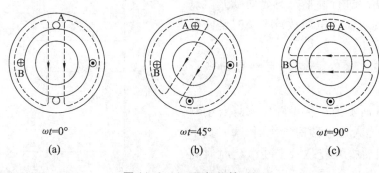

$\omega t=0°$　　　$\omega t=45°$　　　$\omega t=90°$

(a)　　　　　(b)　　　　　(c)

图 11.1.11　两相旋转磁场

改变电容器 C 的串联位置,可使单相异步电动机反转。在图 11.1.12 中,将开关 S 合在位置 1,电容器 C 与 B 绕组串联,电流 i_B 较 i_A 超前近 90°;当将 S 切换到位置 2 时,电容器 C 与 A 绕组串联,i_A 较 i_B 超前近 90°。这样就改变了旋转磁场的转向,从而实现电动机的反转。洗衣机中的电动机就是利用定时器的转换开关实现这种自动切换的。

2. 罩极式异步电动机

罩极式单相异步电动机的结构如图 11.1.13 所示。单相绕组绕在磁极上,在磁极的约 1/3 部位套一短路铜环。

在图 11.1.14 中,Φ_1 是励磁电流 i 产生的磁通,Φ_2 是 i 产生的另一部分磁通(穿过短路铜环)和短路铜环中的感应电流所产生的磁通的合成磁通。由于短路环中的感应电流阻碍穿过短路环磁通的变化,使 Φ_1 和 Φ_2 之间产生相位差,Φ_2 滞后于 Φ_1。当 Φ_1 达到最大值时,Φ_2 尚小;而当 Φ_1 减小时,Φ_2 才增大到最大值。这相当于在电动机内形成一个向被罩部分移动的磁场,它便使笼型转子产生转矩而启动。

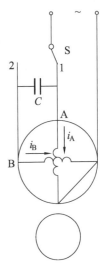

图 11.1.12　实现正反转的电路

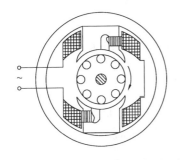

图 11.1.13　罩极式单相异步电动机的结构

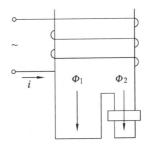

图 11.1.14　罩极式电动机的移动磁场

罩极式单相异步电动机结构简单,工作可靠,但启动转矩较小,常用于对启动转矩要求不高的设备中,如风扇、吹风机等。

知识链接

三相异步电动机单相运行问题

三相电动机接到电源的三根导线中由于某种原因断开了一线,就成为单相电动机运行。如果在启动时就断了一线,则不能启动,只能听到嗡嗡声。这时电流很大,时间长了,电机就会被烧坏。如果在运行中断了一线,则电动机仍将继续转动。若此时还带动额定负载,则势必超过额定电流。时间一长,也会使电动机烧坏。这种情况往往不易察觉(特别是在无过载保护的情况下),在使用三相异步电动机时必须注意。

任务实施：通风设备电控箱组装及运行调试

1. 任务说明

各类通风设备广泛应用于企业工业生产过程中,图 11.1.15 所示为某通风设备的电气原理图。本任务要求各小组首先根据表 11.1.1 准备好实训设备和元器件,然后对图 11.1.15 所示的通风设备工作原理进行分析,并且能够根据电气原理图画出电气安装布置图和接线图,最后完成通风设备电控箱的组装与运行调试。

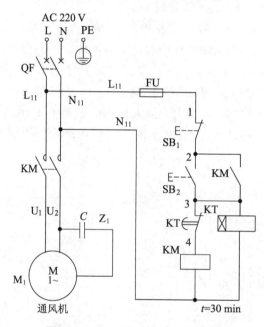

图 11.1.15　通风设备电气原理图

2. 工作原理

启动:闭合断路器 QF,按下启动按钮 SB_2,接触器 KM 线圈和通电延时时间继电器 KT 线圈同时得电,KM 主触点闭合通风机运转,KM 辅助常开触点闭合自锁,30 min 后,KT 延时断开触点断开,KM 线圈失电,KM 触点复位,KT 线圈失电,通风机停止运行。

停止:如果在通风机运转过程中,想要使其停止运行,则可以按下按钮 SB_1,使接触器 KM 和时间继电器 KT 线圈同时失电,KM 触点复位,通风机停止运行。

保护:熔断器 FU 对控制电路起短路保护作用,接触器 KM 起失压、欠压保护作用。

3. 任务步骤

第 1 步:根据表 11.1.1 准备好电器元件,并检测断路器、熔断器、按钮和接触器、时间继电器、电动机等元件的质量好坏,特别要注意检查接触器和时间继电器的线圈电压是否符合控制电路的电压等级。

第 2 步：按照通风设备的电气原理图设计电气安装布置图，要求各元器件安装位置整齐、匀称，间距合理。

第 3 步：根据通风机的电气原理图（在电气原理图上标注线号），结合电气安装布置图，设计出电气安装接线图，并根据电气安装接线图进行接线，在接线时应先接主电路，再接控制电路。线路安装应遵循横平竖直的原则，尽量做到合理布线、就近走线；编码正确、齐全；接线可靠，不松动、不压皮、不损伤线芯。

第 4 步：通电前检查。接线完成后，必须经过认真检查以后，才允许通电，以防错接、漏接造成电路不能正常工作或短路事故。

第 5 步：通电调试。

检查接线无误后，接通交流电源，按下相应按钮，若出现与工作原理所述相同的现象，说明电路正常。若出现异常，则应分断电源，分析排查故障后使之正常工作。

第 6 步：实验结束后关闭设备总电源，整理器材，做好实验室 5S 工作。

第 7 步：小组实验总结。

4. 评分标准

本任务实施评分标准如表 11.1.3 所示。

表 11.1.3　通风设备电控箱组装及运行调试评分标准

序号	考核项目	评分标准	配分	得分
1	绘制电气安装布置图	画错，每处扣 1 分。	10	
2	绘制电气安装接线图	画错，每处扣 1 分。	15	
3	安装前检查	① 选错元件数量或型号规格，每处扣 1 分； ② 电器元件漏检或错检，每处扣 1 分。	10	
4	安装元器件	① 不按布置图安装，扣 15 分； ② 元器件安装不牢固，每处扣 3 分； ③ 元器件安装不整齐、不均匀对称、不合理，每处扣 3 分； ④ 损坏元器件，扣 15 分。	15	
5	布线	① 不按电路图接线，扣 10 分； ② 布线不符合要求，主电路每根扣 3 分，控制电路每根扣 2 分； ③ 接点松动、露铜过长等，每处扣 1 分； ④ 损坏导线绝缘或线芯，每处扣 3 分； ⑤ 导线乱线敷设，扣 10 分。	20	
6	通电前检查	① 不会对主电路进行检查，扣 5 分； ② 不会对控制电路进行检查，扣 5 分。	10	
7	通电试车	① 第一次试车不成功，扣 5 分； ② 第二次试车不成功，扣 10 分。	10	

续表

序号	考核项目		评分标准	配分	得分
8	安全、文明操作		① 穿拖鞋、衣冠不整,扣5分; ② 实验完成后未进行工位卫生打扫,扣5分; ③ 工具摆放不整齐,扣5分。	10	
9	定额时间	120 min	一般不允许超时,只有在修复故障过程中才允许超时,每超时 1 min,总分扣5分。		
10	开始时间		结束时间	总评分	

注:除定额时间外,各项最高扣分不应超过其配分。

任务2　秸秆切碎机电控箱的组装及运行调试

任务目标

1. 掌握中间继电器的功能符号、技术参数、选型、接线与检测;
2. 能够识读秸秆切碎机控制电路的电气原理图,并能够根据原理图画出电气安装布置图与接线图;
3. 能够完成秸秆切碎机电控箱的安装接线及运行调试。

实训设备和元器件

任务所需实训设备和元器件如表11.2.1所示。

表 11.2.1　实训设备和元器件明细表

序号	代号	器件名称	型号规格	数量
1		三相交流电源	~3×380 V	1 套
2		电工仪表与工具	万用表、钢丝钳、螺丝刀、电工刀、剥线钳等	1 套
3	QF	低压断路器	DZ47-60 系列	1 个
4	FU_1	熔断器	RT18 系列(3 极)	1 个
5	FU_2	熔断器	RT18 系列(3 极)	1 个
6	M_1	切料电动机	根据实验室条件自定(额定电压 380 V)	1 个
7	M_2	给料电动机	根据实验室条件自定(额定电压 380V)	1 个
8	KM_1	交流接触器	CJX1 系列(线圈电压 380 V)	1 个
9	KM_2	交流接触器	CJX1 系列(线圈电压 380 V)	1 个
10	FR	热继电器	JR36 系列(根据电机 M_1 选择对应的热元件号)	1 个
11	SB_1、SB_2	启动按钮、停止按钮	LA68H-2H	1 个

续表

序号	代号	器件名称	型号规格	数量
12	KA	中间继电器	JZ7-44(线圈电压 380 V)	1 个
13	KT$_1$	时间继电器	ST3P 系列（通电延时型,线圈电压 380 V）	1 个
14	KT$_2$	时间继电器	ST3P 系列（通电延时型,线圈电压 380 V）	1 个
15		导线	BVR1.5 mm^2 塑铜线	若干
16		U 型和管型冷压接头, 导轨及行线槽		若干

 ## 基 础 知 识

中间继电器

1. 中间继电器的作用与分类

中间继电器本质上是电压继电器,它是用来远距离传输或转换控制信号的中间元件。其输入的是线圈的通电或断电信号,输出的是多对触头的通断动作。它不但可用于增加控制信号的数目,实现多路同时控制,而且因为触头的额定电流大于线圈的额定电流,所以可用来放大信号。

按电磁式中间继电器线圈电压种类不同,又有直流中间继电器和交流中间继电器之分。有的电磁式直流继电器更换不同电磁线圈时,便可成为直流电压继电器、直流电流继电器及直流中间继电器,若在铁芯柱上套有阻尼套筒,又可成为电磁式时间继电器。因此,这类继电器具有"通用"性,又称为通用继电器。

2. 中间继电器的符号与接线

中间继电器的外形和符号如图 11.2.1 所示,其结构和工作原理与接触器类似。该继电器由静铁芯、动铁芯、线圈、触头系统和复位弹簧等组成。其触头对数较多,没有主辅触头之分,各对触头允许通过的额定电流是一样的,额定电流多数为 5 A,有的为 10 A。吸引线圈的额定电压有 12 V、24 V、36 V、110 V、127 V、220 V、380 V 等多种,可供选择。

(a) JZ7-44型交流中间继电器

(b) CDZ9–62型直流继电器

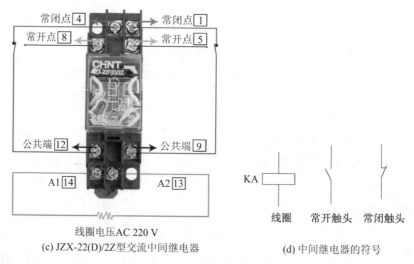

(c) JZX-22(D)/2Z型交流中间继电器　　(d) 中间继电器的符号

图 11.2.1　中间继电器的外形和符号

3. 中间继电器的型号规格和技术参数

常用的电磁式中间继电器有 JZ7、JZX、JQX、JDZ2、JZ14 等系列。JZ14 系列中间继电器的型号、规格、技术数据如表 11.2.2 所示。

表 11.2.2　JZ14 系列中间继电器型号、规格、技术数据

型号	电压种类	触头电压/V	触头额定电流/A	触头组合		额定操作频率/(次/每小时)	通电持续率/%	吸引线圈电压/V	吸引线圈消耗功率
				常开	常闭				
JZ14-□□J/□	交流	380		6	2			交流 110、127、220、380	10 VA
JZ14-□□Z/□	直流	220	5	4	4	2000	40	直流 24、48、110、220	7 W
				2	6				

JZ14 系列型号含义如图 11.2.2 所示。

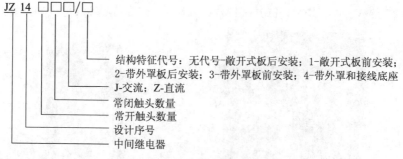

JZ 14 □□□/□

结构特征代号：无代号-敞开式板后安装；1-敞开式板前安装；2-带外罩板后安装；3-带外罩板前安装；4-带外罩和接线底座
J-交流　Z-直流
常闭触头数量
常开触头数量
设计序号
中间继电器

图 11.2.2　JZ14 系列型号含义

4. 中间继电器的选用

（1）触点的额定工作电压和电流需大于或等于所接电路的电压和电流。

（2）根据电路图的控制要求，选择触点的类型和数量。

（3）中间继电器线圈的额定电压一定要和所接控制电路的电源电压一致。

任务实施：秸秆切碎机电控箱的组装及运行调试

1. 任务说明

秸秆切碎机主要用于切碎秆草、麦草、青饲等，是农村深加工或生产牲畜饲料广泛使用的一种切碎机。其共有两台电动机，要求切料电动机 M_1 启动并运行一段时间后给料电动机 M_2 才能自动启动，以免来不及切料而堵死切刀；停机时要求 M_2 停机后 M_1 才能自动停机。

图 11.0.1 为秸秆切碎机的电气原理图，本任务要求各小组首先根据表 11.2.1 准备好实训设备和元器件，然后对图 11.0.1 所示的工作原理进行分析，并且能够根据秸秆切碎机的电气原理图画出电气安装布置图和接线图，最后完成秸秆切碎机电控箱的组装与运行调试。

2. 工作原理

启动：接通断路器 QF 后，按下启动按钮 SB_1，中间继电器 KA 得电吸合，KA-4 常开触点闭合自锁，即松开 SB_1 后，KA 仍保持得电吸合状态。KA-1 常开触点闭合，使 KM_1 得电吸合并自锁，切料电动机 M_1 开始运转，同时时间继电器 KT_1 线圈得电，经过 30 s 延时后，KT_1 延时闭合触点闭合，KM_2 得电吸合并自锁，给料电动机 M_2 运转送料，设备进入工作状态。

停止：当工作完毕停机时，按下按钮 SB_2，KA 线圈失电，KA-2 常开触点断开，使得 KM_2 线圈失电，KM_2 主触点断开，M2 电动机停止运行，KM_2-1 常闭触点复位，KA-3 常闭触点复位，使得 KT_2 线圈得电，延长设定的时间后，KT_2-1 延时断开触点断开，使得 KM_1 线圈断电，KM_1 所有触点复位，电机 M_1 停止运行，整个工作过程结束。

保护：熔断器 FU_1 对整个电路具有短路保护作用；FU_2 对给料电机的主电路具有短路保护作用；热继电器 FR 对切料电动机具有过载保护作用；接触器 KM_1 和 KM_2 具有失压和欠压保护作用。

3. 任务步骤

第 1 步：根据表 11.2.1 准备好电器元件，并检测断路器、熔断器、按钮和接触器、热继电器、中间继电器、时间继电器、电动机等元件的质量好坏，特别要注意检查接触器、中间继电器、时间继电器的线圈电压是否符合控制电路的电压等级。

第 2 步：按照秸秆切碎机的电气原理图设计电器元件布置图，要求各元器件安装位置整齐、匀称，间距合理。

第 3 步：根据秸秆切碎机的电气原理图（在电气原理图上标注线号），结合电气安装布置图，设计出电气安装接线图并根据电气安装接线图进行接线，在接线时应先接主电路，再接控制电路。线路安装应遵循横平竖直的原则，尽量做到合理布线、就近走线；编码正确、齐全；接线可靠，不松动、不压皮、不损伤线芯。

第 4 步：通电前检查。接线完成后，必须经过认真检查，才允许通电，以防错接、漏接造成电路不能正常工作或短路事故。

第5步：通电调试。

检查接线无误后，接通交流电源，按下相应按钮，若出现与工作原理所述相同的现象，说明电路正常。若出现异常，则应分断电源，分析排查故障后使之正常工作。

若电动机 M_1 和 M_2 连续运行一段时间后，电源电压降到 320 V 以下或电源断电，则 KM_1 和 KM_2 主触点会断开，电动机停转。再次恢复电压 380 V（允许正负 10% 波动），电动机应不会自行启动——具有欠压、失压保护。

如果电动机 M_1 转轴被卡住而接通交流电源，则在几秒内热继电器 FR 应动作，自动断开加在电动机上的交流电源（注意：不能超过 10 s，否则电动机过热会冒烟导致损坏）。

第6步：实验结束后关闭设备总电源，整理器材，做好实验室 5S 工作。

第7步：小组实验总结。

4. 评分标准

本任务实施评分标准如表 11.2.3 所示。

表 11.2.3　秸秆切碎机电控箱组装及运行调试评分标准

序号	考核项目		评分标准	配分	得分
1	绘制元件布置图		画错，每处扣 1 分。	10	
2	绘制电气安装接线图		画错，每处扣 1 分。	15	
3	安装前检查		① 选错元件数量或型号规格，每处扣 1 分； ② 电器元件漏检或错检，每处扣 1 分。	10	
4	安装元器件		① 不按布置图安装，扣 15 分； ② 元器件安装不牢固，每处扣 2 分； ③ 元器件安装不整齐、不均匀对称、不合理，每处扣 2 分； ④ 损坏元器件，扣 15 分。	15	
5	布线		① 不按电路图接线，扣 10 分； ② 布线不符合要求，主电路每根扣 2 分，控制电路每根扣 2 分； ③ 接点松动、露铜过长等，每处扣 1 分； ④ 损坏导线绝缘或线芯，每处扣 2 分； ⑤ 导线乱线敷设，扣 10 分。	20	
6	通电前检查		① 不会对主电路进行检查，扣 5 分； ② 不会对控制电路进行检查，扣 5 分。	10	
7	通电试车		① 第一次试车不成功，扣 5 分； ② 第二次试车不成功，扣 10 分。	10	
8	安全文明操作		① 穿拖鞋、衣冠不整，扣 5 分； ② 实验完成后未进行工位卫生打扫，扣 5 分； ③ 工具摆放不整齐，扣 5 分。	10	
9	定额时间	120 min	一般不允许超时，只有在修复故障过程中才允许超时，每超时 1 min，总分扣 5 分。		
10	开始时间		结束时间	总评分	

注：除定额时间外，各项最高扣分不应超过其配分。

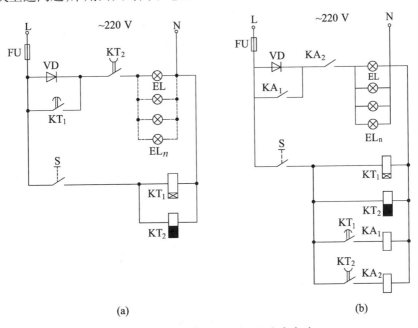

拓展知识：延长冷库照明灯泡寿命电路

冷库的温度通常在零下十几度,由于温度过低,灯泡常常在开灯或关灯的瞬间灯丝烧断。为解决上述问题,采用两只时间继电器进行控制,如图11.2.3(a)所示。

图 11.2.3　延长冷库照明灯泡寿命电路

图 11.2.3(a)所示的电路中,KT_1 为通电延时时间继电器,KT_2 为断电延时时间继电器。开灯时,合上灯开关 S,通电延时时间继电器 KT_1 和断电延时时间继电器 KT_2 线圈同时得电吸合,KT_2 断电延时断开触点立即闭合,照明灯电路在串入整流二极管 VD 的作用下,灯泡两端的电压仅为 99 V,进行低电压预热开灯,待通电延时时间继电器 KT_1 延时后,KT_1 通电延时闭合触点闭合,从而短接整流二极管 VD,照明灯全电压正常点亮。

关灯时,断开开关 S,KT_1、KT_2 线圈均断电释放,KT_1 通电延时闭合触点立即断开,使整流二极管 VD 又重新串入电路中,而 KT_2 延时断开触点由于延时时间未到仍处于闭合状态,照明灯 EL 载入低电压准备熄灯,经 KT_2 延时后,KT_2 延时断开触点复位,电灯熄灭。也就是说,开灯时,先低电压预热再全压点亮;而在关灯时,则不全压关灯,而是经低电压降温后再熄灭,这样就大大延长了照明灯的使用寿命。

若冷库照明灯很多,时间继电器触点容量不够,可采用图11.2.3(b)所示电路进行扩容。图 11.2.3(b)所示电路中整流二极管可根据负荷电流而定,但耐压必须大于 400 V;KT_1 选用 JS7-1A 或 JS7-2A 型通电延时时间继电器,线圈电压为 220 V;KT_2 选用 JS7-3A 或 JS7-4A 型断电延时时间继电器,线圈电压为 220 V;KA_1、KA_2 选用 JZ7-44 型中间继电器,线圈电压为 220 V。

图 11.2.3(b)电路常见故障及排除方法如表 11.2.4 所示。

表 11.2.4　常见故障及排除方法

故障现象	原因	排除方法
合上 S,灯不亮,短接 KA₂常开触点,灯亮,短接 S,无反应	与 KT₁、KT₂、KA₁、KA₂线圈连接的导线脱落	检查恢复接线
合上 S,灯 EL 即全压亮,继电器 KT₁、KT₂、KA₁、KA₂均动作	① KT₁时间电器延时时间调整过短; ② KA₁常开触点分不开; ③ KA₁机械部分卡住; ④ 整流二极管 VD 短路	① 重调; ② 换新; ③ 修理; ④ 更换
关灯时,不降压延时关灯	KT₂时间继电器延时时间调整过短	重调
合上 S,开始灯不亮,几秒钟后,全压点亮而关灯时没有降压步骤	① 整流二极管烧坏断路; ② 与整流二极管连接的导线脱落	① 更换; ② 检查重接

低压电工作业理论考试［习题 11］

参 考 文 献

［1］王民权.电工基础［M］.北京:清华大学出版社,2013.

［2］徐超明.电工技术项目教程［M］.北京:北京大学出版社,2013.

［3］许珊.电工电子技术实训教程［M］.北京:北京邮电大学出版社,2013.

［4］丁慎平.电工基础与电器组装实践［M］.镇江:江苏大学出版社,2014.

［5］秦曾煌.电工学简明教程(第二版)［M］.北京:高等教育出版社,2007.

［6］曲桂英.电工基础及实训［M］.北京:高等教育出版社,2005.

［7］程智宾,杨蓉青,邱玉英,等.电工技术一体化教程.北京:机械工业出版社,2016.

［8］王继辉.电工技术与应用项目教程［M］.北京:机械工业出版社,2015.

［9］刘为民,孙向红.低压电工作业［M］.南京:东南大学出版社,2011.

［10］张孝三.电气系统安装与控制(上册)［M］.上海:上海科学技术出版社,2009.

［11］赵俊生.电气控制与 PLC 技术项目化理论与实训.北京:电子工业出版社,2009.

［12］徐建俊,居海清.电机拖动与控制［M］.北京:高等教育出版社,2015.

［13］殷建国.工厂电气控制技术［M］.北京:经济管理出版社,2006.

［14］王兰君,黄海平,邢军.新电工实用电路 600 例［M］.北京:电子工业出版社,2015.

［15］王俊峰.电工实用电路 300 例［M］.北京:机械工业出版社,2009.

［16］秦钟全.低压电工上岗技能一本通［M］.北京:化学工业出版社,2012.

［17］黄文娟,陈亮.电工电子技术项目教程［M］.北京:机械工业出版社,2013.

［18］孙青淼.电工技能训练项目化教程［M］.西安:西安电子科技大学出版社,2016.

［19］黄海平,黄鑫.巧接电气线路一点通［M］.北京:科学出版社,2008.

［20］吴文琳.电工实用电路 300 例［M］.北京:中国电力出版社,2011.

［21］徐鸿泽.低压电工作业［M］.南京:东南大学出版社,2011.

［22］韩雪涛,韩广兴,吴瑛.常用电气设备检修技能［M］.北京:人民邮电出版社,2011.